电网自动化运维专业模块化培训教材

电网监控技术

国网福建省电力有限公司◎编

中国电力出版社
CHINA ELECTRIC POWER PRESS

图书在版编目（CIP）数据

电网监控技术/国网福建省电力有限公司编. —北京：中国电力出版社，2023.11
电网自动化运维专业模块化培训教材
ISBN 978-7-5198-8363-8

Ⅰ．①电… Ⅱ．①国… Ⅲ．①电力系统运行－监视控制－技术培训－教材 Ⅳ．①TM734

中国国家版本馆 CIP 数据核字（2023）第 232364 号

出版发行：中国电力出版社
地　　址：北京市东城区北京站西街 19 号（邮政编码 100005）
网　　址：http://www.cepp.sgcc.com.cn
责任编辑：薛　红（010-63412346）
责任校对：黄　蓓　郝军燕
装帧设计：张俊霞
责任印制：石　雷

印　　刷：三河市航远印刷有限公司
版　　次：2023 年 11 月第一版
印　　次：2023 年 11 月北京第一次印刷
开　　本：787 毫米×1092 毫米　16 开本
印　　张：16.5
字　　数：325 千字
定　　价：75.00 元

编写人员名单

主　编　黄晓东

副主编　章佳莉　　林文彬　　黄毅杰　　叶　晖

　　　　沈诗源　　杨柳娟　　黄溯涵

电力系统是现代社会运转的重要支撑，而电网监控技术作为电力系统运行和管理的关键组成部分，对电力系统的安全、稳定和高效运行起着至关重要的作用。随着电力系统规模的不断扩大和复杂性的增加，电网监控技术也在不断创新和进步，以适应日益复杂的电力系统运行环境。

本教材旨在系统地介绍电网监控技术的基本原理、关键技术和应用实践，为电力系统工程师、研究人员以及相关领域的学习者提供一份全面而深入的学习材料。通过深入理解电网监控技术，读者将能够更好地把握电力系统的运行状况，及时发现和解决问题，提高电力系统的可靠性和安全性。

本教材内容包含了自动化通信的常见规约简介、智能电网调度技术支持系统功能介绍、网络及安全防护、主网自动化主站运维技术、机房动力环境监控系统与 UPS 电源系统五个模块的知识。在这些内容的基础上，将详细讨论电网监控系统在故障检测、安全评估、负荷预测、能源管理等方面的应用。通过学习本教材，读者将全面了解电网监控技术的发展现状和未来趋势，为应对电力系统运行中的各种挑战提供有力支持。本教材可作为高等院校电力系统其自动化专业相关课程的教学用书，也可作为研究生及相关专业本科生的学习辅助用书，还可作为有关工程技术人员的参考用书。

本教材由福建电力职业技术学院牵头并组织编写，由国网福州供电公司、国网泉州供电公司、国网龙岩供电公司、国网漳州供电公司、国网福建电科院专业人员负责编写。在编写本教材的过程中，参考了国内外众多相关领域的研究成果和实际工程经验，力求将最新的技术和最佳的实践融入教学内容中。同时，我们也特别关注实际应用，通过模块任务和实际操作指导，帮助读者更好地将相关知识应用到实际工作中。

最后，我们也欢迎读者提出宝贵的意见和建议，以便我们在未来的更新中改进和完善本教材。希望本教材能够成为电力系统监控领域的一本优秀教学参考书，为广大学习者提供一份系统而全面的学习材料，促进电网监控技术的研究与应用，为电力系统的安全、稳定和高效运行贡献力量。

编者

2023 年 11 月

前言

模块一　自动化通信的常见规约简介

【模块描述】

本模块介绍自动化通信常见规约，掌握循环式规约和应答式规约的概念及其特点，熟悉自动化通信常见规约及其应用情况。

【模块目标】

1．了解自动化通信的常见规约。

2．掌握规约分析能力。

【正文】

在电力调度自动化系统中，调度端与厂站端之间为了有效地实现信息传输，收发两端需预先对数据传输速率、数据结构、同步方式等进行约定，将这些约定称为数据传输控制规程，简称为通信规约。

一、数据通信规约

目前主要使用的通信规约可分为循环式规约和应答式规约两种。

（一）循环式规约

循环式规约是一种以厂站端远动终端（Remote Terminal Unit，RTU）为主动端，自发地不断循环向调度中心上报现场数据的远数据传输规约。在厂站端与调度中心的远动通信中，RTU 周而复始地按一定规则向调度中心传送各种遥测、遥信、电能量、事件记录等信息。调度中心也可以向 RTU 传送遥控、遥调命令及时钟对时等信息。在循环传送方式下，RTU 无论采集到的数据是否变化，都以一定的周期周而复始地向主站传送。循环方式独占整个通道（称点对点方式），调度中心与各 RTU 皆由放射式线路相连。为保证可靠性循环传送方式还要有主、备两种信道，信道投资较大。

循环式规约的主要特点如下：

（1）数据传送以现场为主，由于采用循环式规约的 RTU 不断循环上报现场数据给主站，而主站被动接收数据，即使发生暂时通信失败丢失一些数据，通信恢复正常后，被丢失的信息仍有机会上报，而不至于造成显著危害，因此这种方式对通道的要求不高，适合在质量比

1

较差的通道环境下使用。

（2）数据格式在发送端与接收端事先约定好，按时间顺序首先发送起始 SYN 同步字（同步字符 Synchronous Character），然后依次发送以 8 位的字节作为基本单位的控制字和信息字，如此周而复始，连续循环发送。

（3）循环式规约采用信息字校验的方式，将整检信息化整为零，当某个字符出错时，只需丢弃相应的信息字即可，而其他校验正确的信息字就可以接收处理，大大提高了传输数据的利用率，从而更加适合在质量比较差的通道环境下使用。

（4）循环式规约采用遥信变位优先插入传送的方式，重要数据发送周期短，大大提高了事故信息传送的响应速度，实时性强。由于采用现场数据不断循环上报的策略，一般数据发送周期长，实时较差，主站对一般遥测量变化的响应速度慢。

（5）循环式规约允许多个子站和多个主站间进行数据传输，由于采用循环式规约的 RTU 自发地不断循环上报现场数据，因此通道必须采用全双工通道，并且不允许多台 RTU 共线连接，而只能采用点对点的方式连接。

循环式规约中以帧长度是否可变分为可变帧长度和固定帧长度两种形式。

（二）应答式规约

应答式规约适用于网络拓扑是点对点、多点对多点、多点共线、多点环形或多点星形的远动通信系统，以及调度中心与一个或多个远动终端进行通信。通道可以是双工或半双工，信息传输为异步方式，允许多台 RTU 共线一个通道。在问答方式下，主站查询 RTU 是否有新的数据报告，如果有，主站请求 RTU 发送更新的数据，RTU 以新的数据应答。通常 RTU 对于数字量变化（遥信变位）优于模拟量，采用变化量超过预定范围时传送。

应答式规约是一个以调度中心为主动的远动数据传输规约。RTU 只有在调度中心主站发出查询命令才向调度中心发送回答信息。调度中心主站按照一定规则向各个 RTU 发出各种询问报文。RTU 按询问报文的要求以及 RTU 的实际状态，向调控中心回答各种报文。RTU 正确接收调度中心的报文后，按要求输出控制信号，并向调度中心回答相应报文。在应答式规约中，RTU 有问必答，当 RTU 收到主机查询命令后，必须在规定的时间内应答，否则视为本次通信失败。

对于点对点和多个点对点的网络拓扑，厂站端产生事件时（例如断路器跳闸，形成遥信状态变位信息），RTU 可触发启动传输，主动向调度中心报告事件信息，以满足实时性要求。当 RTU 未收到主机查询命令且无事件时，绝对不允许主动上报信息。

1. 应答式规约的优点

（1）应答式规约允许多台 RTU 以共线的方式共用一个通道。这样有助于节省通道，提高通道占用率，对于区域控制站和有较多数量的 RTU 通信场合，这种方式是很适合的。

（2）应答式规约可采用变化信息传送策略，从而大大压缩了数据块的长度，提高了数据传送速度。

（3）应答式规约既可以采用全双工通道，也可以采用半双工通道，既可以采用点对点方式，又可以采用一点多址或环形结构，因此通道适应性强。

2. 应答式规约的不足

（1）由于应答式规约为非主动上报规约，主站对数据的采集速度慢，尤其是通道的传输速率较低的场合。

（2）由于用变化信息传送策略，应答式规约对信道的要求较高，因为一次通信失败会带来比较大的损失，虽然可以采用通信失败后补发的方法解决上述问题，但补发次数有限，在通道质量较差时，仍会发生重要信息（如 SOE）丢失的现象。

（3）应答式规约往往采用整帧校验的方式，由于一帧信息量较大，因此出错的概率较大，校验出错后就必须整帧丢弃，并阻止重发帧，出现由于出错弃帧的情况时，必须经过重新询问，RTU 才重发前面由于出错而被丢弃的数据帧，从而更加降低了实时性。

（4）规约一般适用于多个子站和一个主站间进行数据传输。

二、调度自动化系统涉及的通信规约

电力调度自动化系统由厂站内系统、主站与厂站之间、主站侧系统三个层次组成。调度自动化系统涉及的通信规约主要有 101 规约、102 规约、103 规约和 104 规约。

DL/T 634.5101—2002 是国内等同采用国际电工委员会 TC57 技术委员会制定的 IEC 60870-5-101 基本远动配套标准，DL/T 719—2000《远动设备及系统 第 5 部分：传输规约 第 102 篇 电力系统电能累计量传输配套标准》是基于 IEC 60870-5-102《远动设备及系统 第 5-101 部分：传输规约基本远动任务配套标准》的电力系统电能累计量配套标准，DL/T 667—1999《远动设备及系统 第 5 部分：传输规约 第 103 篇 继电保护设备信息接口配套标准》是基于 IEC 60870-5-103 规约继电保护信息接口配套标准，DL/T 634.5104—2002 是基于 IEC 60870-5-104 标准传输协议子集的 IEC 60870-5-101 网络访问，它规定了 DL/T 634.5101—2002 应用层与 TCP/IP 提供的传输功能的结合。

（一）IEC 60870-5-101 规约

1. IEC 60870-5-101 规约的基本概念

IEC 60870-5-101 规约（简称 101 规约）是国际电工委员会（IEC）制定的《远动设备及系统 第 5-101 部分：传输规约基本远动任务配套标准》，对应我国电力行业标准 DL/T 634.5101—2002《远动设备及系统 第 5-101 部分：传输规约 基本远动任务配套标准》。

用于变电站与控制中心之间交换信息，不同控制中心之间交换信息，也可用于集控站与控制中心之间交换信息。

2. IEC 60870-5-101 规约的基本规则与应用

（1）通信方式。

1）串行、异步、1 位起始位、1 位停止位、1 位偶校验位、8 位数据位。

2）波特率与可变帧长的最大帧长度的关系：

a. 300bit/s 时最大帧长度用 60 个字节。

b. 600bit/s 时最大帧长度用 100 个字节。

c. 1200bit/s 时最大帧长度用 200 个字节。

d. 大于 1200bit/s 时最大帧长度用 255 个字节。

3）海明距离等于 4。

4）报文校验方式为纵向和校验。

5）通道方式为点对点、多点对点、多点共线。

6）规约在同一时间和同一方向上仅接收和处理一次链路传输服务，必须在下一次传输服务开始前完成上一次传输服务。

（2）帧格式说明。

1）固定帧长格式（见图 1-1）。

2）可变帧长格式（见图 1-2）。

启动字符(10H)
控制域
链路地址
校验码
结束字符(16H)

图 1-1　固定帧长格式图

启动字符(68H)
长度(L)
长度(L)
启动字符(68H)
控制域
链路地址
应用服务数据单元(ASDU)
校验码
结束字符(16H)

图 1-2　可变帧长格式

对图 1-1 和图 1-2 的说明：

a. 长度 L 包括控制域、链路地址、应用服务数据单元的字节数。

b. 链路地址为子站站址。

c．校验码是控制域、链路地址、应用服务数据单元所有字节的 256 模和。

（3）控制域的定义（见图 1-3）。

RES	PRM	FCB/ACD	FCV/DFC	功能码
D7	D6	D5	D4	D3—D0

图 1-3　控制域的定义

对图 1-3 的说明：

a．RES：保留位=0。

b．PRM：启动报文位=0：报文从从动站发出。

=1：报文从启动站发出。

启动站向从动站传输新一轮的发送/确认、请求/响应服务时，将前一轮 FCB 取相反值。若超时未能从被控站收到所期望的报文，或接收出现差错，则源站不改变帧计数位 FCB 的状态，重发原来的发送/确认、请求/响应服务。

c．FCB：帧计数位：启动站向从动站传输。用来消除传输中信息的丢失和重复。在复位命令的情况下帧计数位（FCB）总为零，从动站接收此命令将帧计数。

d．FCV：帧计数有效位：启动站向从动站传输。

=0：表示 FCB 变化无效。

=1：表示 FCB 变化有效。

e．ACD：访问请求位：从动站向启动站传输。

=0：表示子站无 1 级数据传输的访问要求。

=1：表示子站有 1 级数据传输的访问要求。

f．DFC：数据流控制位：从动站向启动站传输。

=0：表示子站可以继续接收数据。

=1：表示子站数据区满，无法接收新数据。

g．功能码（D3-D0）：控制域的链路功能码（非平衡模式）见表 1-1。

表 1-1　　　　　　　　　　控制域的链路功能码（非平衡模式）

PRM=1 启动站到从站			
功能代码序号	帧类型	服务功能	FCV
0	发送/确认	复位远方链路	0
1	发送/确认	复位用户进程	0
2	发送/确认	保留	
3	发送/确认	用户数据	1
4	发送/无回答	用户数据	0

PRM=1 启动站到从启站			
功能代码序号	帧类型	服务功能	FCV
5		备用	
6、7		保留	
8	请求访问	按要求的访问位响应	0
9	请求/响应	请求链路状态	0
10	请求/响应	请求 1 级用户数据	1
11	请求/响应	请求 2 级用户数据	1
12~15		保留	

PRM=0 从启站到启动站		
功能代码序号	帧类型	服务功能
0	确认	肯定认可
1	确认	否定认可
2~5		保留
6、7		保留
8	响应	用户数据
9	响应	无请求的数据
10		保留
11	响应	链路状态或访问要求
12		保留
13		保留
14		链路服务未工作
15		链路服务未完成

（4）应用服务数据单元（ASDU）的结构（见图 1-4）。

对图 1-4 的说明：

类型标识：代表传输的信息类型（1 字节）。

可变结构限定词：信息对象传送方式和对象个数（1 字节）。

传送原因：代表本帧信息传送原因（1 字节）。

ASDU 公共地址：用于区分不同应用服务数据单元（1 字节）。

信息对象地址：指明信息体具体地址（2 字节）。

信息元素集：具体信息内容。

信息对象时标：信息体时标。

3. 报文类型标识

类型标识定义了后续信息对象的结构、类型和格式。

类型标识
可变结构限定词
传送原因
ASDU公共地址
信息对象地址
信息对象地址
信息元素集
时标7(或3)个八位位组毫秒至年信息对象时标(不同报文类型可以没有时标)
……
信息对象n

数据单元标识符

信息体1

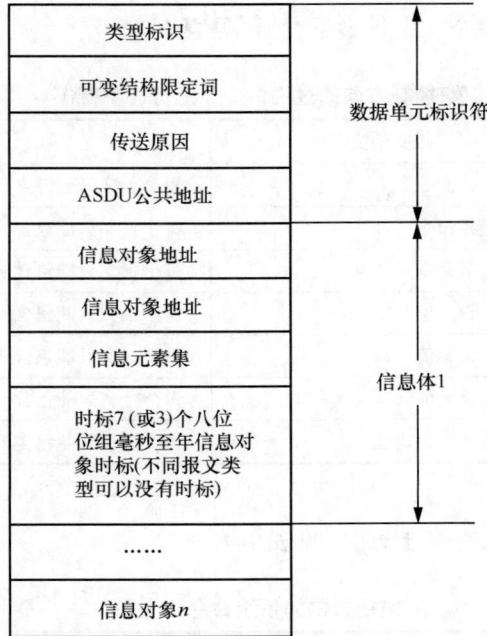

图 1-4 应用服务数据单元（ASDU）的结构

（1）监视方向的过程信息（上行信息）（见表 1-2）。

表 1-2 　　　　　　　　　　　监视方向的过程信息（上行信息）

报文类型（十进制）	报文语义	其他说明
0	任何情况都不用	
1	单位遥信	带品质描述、不带时标
3	双位遥信	带品质描述、不带时标
9	归一化遥测值	带品质描述、不带时标
11	标度化遥测值	带品质描述、不带时标
13	短浮点遥测值	带品质描述、不带时标
15	累计值	带品质描述、不带时标
20	成组单位遥信	带变位检出标志
21	归一化遥测值	不带品质描述、不带时标
30	单位遥信（SOE）	带品质描述、带绝对时标
31	双位遥信（SOE）	带品质描述、带绝对时标
34	归一化遥测值	带品质描述、带绝对时标
35	标度化遥测值	带品质描述、带绝对时标
36	短浮点遥测值	带品质描述、带绝对时标
37	累计量	带品质描述、带绝对时标

（2）控制方向的过程命令（上行、下行），见表 1-3。

表 1-3　　　　　　　　　　控制方向的过程命令（上行、下行）

报文类型（十进制）	报文语义	其他说明
45	单位遥控命令	每个报文只能包含一个遥控信息体
46	双位遥控命令	每个报文只能包含一个遥控信息体
47	档位调节命令	每个报文只能包含一个遥控信息体
48	归一化设定值	每个报文只能包含一个设定值
49	标度化设定值	每个报文只能包含一个设定值
50	短浮点设定值	每个报文只能包含一个设定值
136	归一化多个设定值	每个报文只能包含多个设定值

（3）监视方向的系统命令（上行），见表 1-4。

表 1-4　　　　　　　　　　监视方向的系统命令（上行）

报文类型（十进制）	报文语义	其他说明
70	初始化结束	报告厂站端初始化完成

（4）控制方向的系统命令（上行、下行），见表 1-5。

表 1-5　　　　　　　　　　控制方向的系统命令（上行、下行）

报文类型（十进制）	报文语义	其他说明
100	站召唤命令	带不同的限定词可以用于组召唤
101	累计量召唤命令	带不同的限定词可以用于组召唤
102	读命令	读单个信息对象值
103	时钟同步命令	需要通过测量通道延时加以校正
105	复位进程命令	使用前需要与双方确认
106	短浮点设定值	配合时钟同步命令使用

（5）控制方向的参数命令，见表 1-6。

表 1-6　　　　　　　　　　控制方向的参数命令

报文类型（十进制）	报文语义	其他说明
110	归一化遥测参数	每个报文只能对一个对象设定参数
111	标度化遥测参数	每个报文只能对一个对象设定参数
112	短浮点遥测参数	每个报文只能对一个对象设定参数
113	参数激活	每个报文只能对一个对象激活参数

4. 传输原因

传输原因见表 1-7。

表 1-7 传 输 原 因

传送原因（十进制）	语义	应用方向
0	任何情况都不用	任何情况都不用
1	周期、循环	上行
2	背景扫描	上行
3	突发	上行
4	初始化	上行
5	请求或被请求	上行、下行
6	激活	下行
7	激活确认	上行
8	停止激活	下行
9	停止激活确认	上行
10	激活终止	上行
11	远方命令引起的返送信息	上行
12	当地命令引起的返送信息	上行
20	响应站召唤	上行
21	响应第 1 组召唤	上行
22	响应第 2 组召唤	上行
……		
28	响应第 8 组召唤	上行
29	响应第 9 组召唤	上行
……		
34	响应第 14 组召唤	上行
35	响应第 15 组召唤	上行
36	响应第 16 组召唤	上行
37	响应累计量站召唤	上行
38	响应第 1 组累计量召唤	上行
39	响应第 2 组累计量召唤	上行
40	响应第 3 组累计量召唤	上行
41	响应第 4 组累计量召唤	上行
44	未知的类型标识	上行
45	未知的传送原因	上行
46	未知的应用服务数据单元公共地址	上行
47	未知的信息对象地址	上行

5. 信息对象地址分配方案

信息对象地址分配方案见表 1-8。

表 1-8 信息对象地址分配方案

信息对象名称	对应地址（十六进制）	信息量个数
遥信信息	1H～1000H	4096
继电保护信息	1001H～4000H	12288
遥测信息	4001H～5000H	4096
遥测参数信息	5001H～6000H	4096
遥控信息	6001H～6200H	512
设定信息	6201H～6400H	512
累计量信息	6401H～6600H	512
分接头位置信息	6601H～6700H	256

（二）IEC 60870-5-104 规约

1. IEC 60870-5-104 规约的基本概念

IEC 60870-5-104（简称 104 规约）是 IEC 60870-5-101 的网路访问。DL/T 634.5104—2009《远动设备及系统 第 5-104 部分：传输规约 采用标准传输规约集的 IEC 60870-5-101 网络访问》与 IEC 60870-5-104 等同采用。

2. IEC 60870-5-104 规约的基本规则及应用

（1）应用规约控制信息（APCI）的定义。

传输接口（TCP 到用户）是一个定向流接口，它没有为 IEC 60870-5-101 中的应用服务数据单元 ASDU 定义任何启动或者停止机制。为了检出 ASDU 的启动和结束，每个 APCI 包括下列的定界元素：一个启动字符，ASDU 的规定长度，以及控制域（见图 1-5）。可以传送一个完整的应用规约数据单元 APDU（或者，出于控制目的，仅仅是 APCI 域也是可以被传送的，见图 1-6）。

启动字符 68H 定义了数据流中的起点。

APDU 的长度域定义了 APDU 体的长度，它包括 APCI 的四个控制域八位位组和 ASDU。第一个被计数的八位位组是控制域的第一个八位位组，最后一个被计数的八位位组是 ASDU 的最后一个八位位组。ASDU 的最大长度限制在 249 以内，因为 APDU 域的最大长度是 253（APDU 最大值=255 减去启动和长度八位位组），控制域的长度是 4 个八位位组。

控制域定义了保护报文不至丢失和重复传送的控制信息，报文传输启动/停止，以及传输连接的监视等。

图 1-5　远动配套标准的 APDU 定义

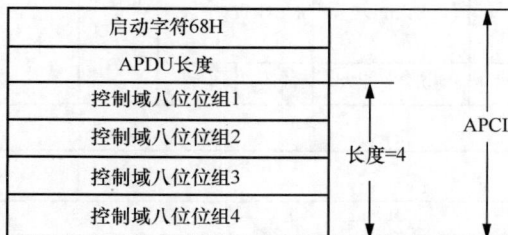

图 1-6　远动配套标准的 APCI 定义

有三种类型的控制域格式用于编号的信息传输（I 格式），编号的监视功能（S 格式）和未编号的控制功能（U 格式）。

控制域第一个八位位组的第一位比特= 0 定义了 I 格式，I 格式的 APDU 常常包含一个 ASDU。I 格式的控制信息如图 1-7 所示。

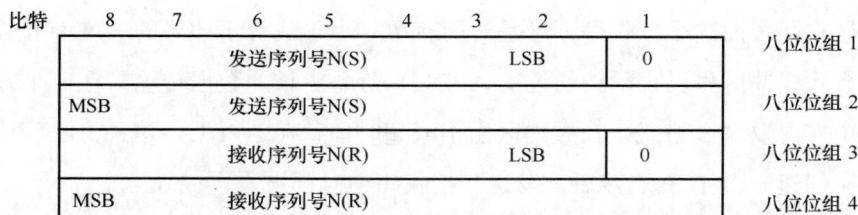

图 1-7　信息传输格式类型（I 格式）的控制域

控制域第一个八位位组的第一位比特=1 并且第二位比特=0 定义了 S 格式。S 格式的 APDU 只包括 APCI。S 格式的控制信息如图 1-8 所示。

控制域第一个八位位组的第一位比特=1 并且第二位比特=1 定义了 U 格式，U 格式的 APDU 只包括 APCI。U 格式的控制信息如图 1-9 所示。在同一时刻，TESTFR，STOPDT 或 STARTDT 中只有一个功能可以被激活。

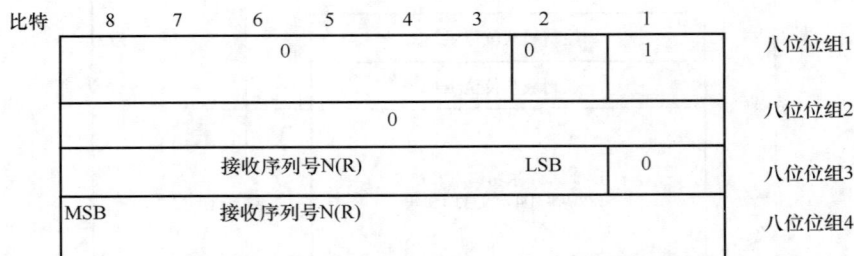

比特	8	7	6	5	4	3	2	1	
	0						0	1	八位位组1
	0								八位位组2
	接收序列号N(R)						LSB	0	八位位组3
	MSB	接收序列号N(R)							八位位组4

图 1-8　编号的监视功能类型（S 格式）的控制域

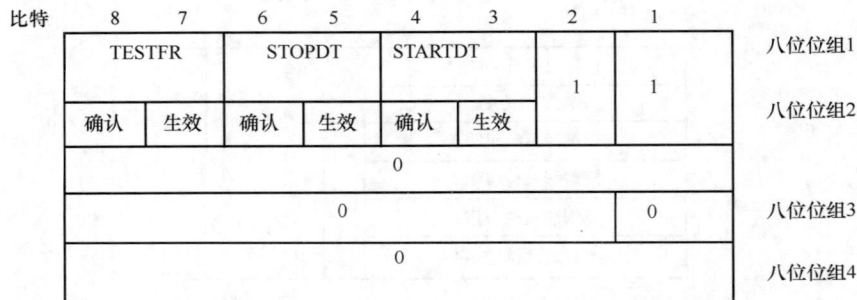

比特	8	7	6	5	4	3	2	1	
	TESTFR		STOPDT		STARTDT		1	1	八位位组1
	确认	生效	确认	生效	确认	生效			八位位组2
	0								
	0						0		八位位组3
	0								八位位组4

图 1-9　未编号的控制功能类型（U 格式）的控制域

（2）防止报文丢失和报文重复传送一般规则。发送序列号和接受序列号在每个 APDU 和每个方向上都应按顺序加一。发送方增加发送序列号而接受方增加接收序列号。当接收站按连续正确收到的 APDU 的数字返回接收序列号时，表示接收站认可这个 APDU 或者多个 APDU。发送站把一个或几个 APDU 保存到一个缓冲区里直到它将自己的发送序列号作为一个接收序列号收回，而这个接收序列号是对所有数字小于或等于该号的 APDU 的有效确认，这样就可以删除缓冲区里已正确传送过的 APDU。万一更长的数据传输只在一个方向进行，就得在另一个方向发送 S 格式，在缓冲区溢出或超时前认可 APDU。这种方法应该在两个方向上应用。在创建一个 TCP 连接后，发送和接收序列号都被设置成 0。

（3）测试过程。未使用但已建立的连接会通过发送测试 APDU（TESTFR=激活）并得到接收站发回的 TESTFR=确认，在两个方向上进行周期性测试。

发送站和接收站在某个具体时间段内没有数据传输（超时）会启动测试过程。每一帧接收到 I 帧、S 帧或 U 帧都会重新计时 $t3$。B 站要独立地监视连接。只要它接收到从 A 站传来的测试帧，它就不再发送测试帧。

测试过程也可以在"激活"的连接上启动，这些连接缺乏活动性，但需要确保连通。

（4）用启/停进行传输控制。控制站（例如 A 站）利用 STARTDT（启动数据传输）和 STOPDT（停止数据传输）来控制被控站（B 站）的数据传输。这个方法很有效。例如，当在站间有超过一个以上的连接打开从而可利用时，一次只有一个连接可以用于数据传输。定义 STARTDT 和 STOPDT 的功能在于从一个连接切换到另一个连接时避免数据的丢失。TARTDT 和 STOPDT 还可与单个连接一起用于控制连接的通信量。

当连接建立后，连接上的用户数据传输不会从被控站自动激活。即，当一个连接建立时 STOPDT 处于缺省状态。在这种状态下，被控站并不通过这个连接发送任何数据，除了未编号的控制功能和对这些功能的确认。控制站必须通过这个连接发送一个 STARTDT 指令来激活这个连接中的用户数据传输。被控站用 STARTDT 响应这个命令。如果 STARTDT 没有被确认，这个连接将被控制站关闭。这意味着站初始化之后，STARTDT 必须总是在来自被控站的任何用户数据传输（例如，一般的询问信息）开始前发送。任何被控站的待发用户数据都只有在 STARTDT 被确认后才发送。

STARTDT/STOPDT 是一种控制站激活/解除激活监视方向的机制。控制站即使没有收到激活确认，也可以发送命令或者设定值。发送和接收计数器继续运行，它们并不依赖于 STARTDT/STOPDT 的使用。

在某种情况下，例如，从一个有效连接切换到另一连接（例如，通过操作员），控制站首先在有效连接上传送一个 STOPDT 指令，受控站停止这个连接上的用户数据传输并返回一个 STOPDT 确认。挂起的内部计数器状态 ACK 可以在被控站收到 STOPDT 生效指令和返回 STOPTD 确认的时刻之间发送。收到 STOPDT 确认后，控制站可以关闭这个连接。另建的连接上需要一个 STARTDT 来启动该连接上来自于被控站的数据传送。

（5）端口号。每一个 TCP 地址由一个 IP 地址和一个端口号组成。每个连接到 TCP-LAN 上的设备都有自己特定的 IP 地址，而为整个系统定义的端口号却是一样的。IEC 60870-5-104 规约要求，端口号 2404 由 IANA（互联网数字分配授权）定义和确认。

（6）未被确认的 I 格式 APDU 最大数目（k）。k 表示在某一特定的时间内未被 DTE 确认（即不被承认）的连续编号的 I 格式 APDU 的最大数目。每一 I 格式帧都按顺序编好号，从 0 到模数 n 减 1。以 n 为模的操作中 k 值永远不会超过 $n-1$。

当未确认 I 格式 APDU 达到 k 个时，发送方停止传送。接收方收到 w 个 I 格式 APDU 后确认。模 n 操作时 k 的最大值是 $n-1$。

k 值的最大范围：1 到 32767（215-1）APDU，精确到一个 APDU，默认为 12。

w 值的最大范围：1 到 32767 APDU，精确到一个 APDU（推荐：w 不应超过 $2k/3$），默认为 8。

（7）应用参数。

1）ASDU 公共地址：2 个字节。

2）信息对象地址：3 个字节。

3）传送原因：2 个字节。

4）超时参数，见表 1-9。

表 1-9 超　时　参　数

参数	默认值	备注
$t0$	10s	连接建立的超时
$t1$	12s	发送或测试 APDU 的超时
$t2$	5s	无数据报文时确认的超时，$t2 < t1$
$t3$	15s	长期空闲状态下发送测试帧的超时
$t4$	8s	应用报文确认超时

（8）报文类型标识。

1）监视方向的过程信息，见表 1-10。

表 1-10 监视方向的过程信息

报文类型（十进制）	报文语义
1	单位遥信
3	双位遥信
9	归一化遥测值
11	标度化遥测值
13	短浮点遥测值
15	累计值
20	带变位检出标志的成组单位遥信
21	归一化遥测值
30	带绝对时标的单位遥信（SOE）
31	带绝对时标的双位遥信（SOE）
34	带绝对时标的归一化遥测值
35	带绝对时标的标度化遥测值
36	带绝对时标的短浮点遥测值
37	带绝对时标的累计量

2）控制方向的过程命令，见表 1-11。

表 1-11 控制方向的过程命令

报文类型（十进制）	报文语义
45	单位遥控命令
46	双位遥控命令
47	档位调节命令
48	归一化值设定命令
49	标度化值设定命令
50	短浮点值设定命令

3）监视方向的系统命令，见表 1-12。

表 1-12 监视方向的系统命令

报文类型（十进制）	报文语义
70	初始化结束

4）控制方向的系统命令，见表 1-13。

表 1-13 控制方向的系统命令

报文类型（十进制）	报文语义
100	总召唤命令
101	累计量召唤命令
102	读命令
103	时钟同步命令
105	复位进程命令

5）控制方向的参数命令，见表 1-14。

表 1-14 控制方向的参数命令

报文类型（十进制）	报文语义
110	归一化遥测参数
111	标度化遥测参数
112	短浮点遥测参数
113	参数激活

6）传输原因，见表 1-15。

表 1-15   传输原因

传送原因（十进制）	语义	应用方向
0	任何情况都不用	任何情况都不用
1	周期、循环	上行
2	背景扫描	上行
3	突发	上行
4	初始化	上行
5	请求或被请求	上行、下行
6	激活	下行
7	激活确认	上行
8	停止激活	下行
9	停止激活确认	上行
10	激活终止	上行
11	远方命令引起的返送信息	上行
12	当地命令引起的返送信息	上行
20	响应站召唤	上行
21	响应第 1 组召唤	上行
22	响应第 2 组召唤	上行
	……	
28	响应第 8 组召唤	上行
29	响应第 9 组召唤	上行
	……	
34	响应第 14 组召唤	上行
35	响应第 15 组召唤	上行
36	响应第 16 组召唤	上行
37	响应累计量站召唤	上行
38	响应第 1 组累计量召唤	上行
39	响应第 2 组累计量召唤	上行
40	响应第 3 组累计量召唤	上行
41	响应第 4 组累计量召唤	上行
44	未知的类型标识	上行
45	未知的传送原因	上行
46	未知的应用服务数据单元公共地址	上行
47	未知的信息对象地址	上行

7）信息对象地址分配方案，见表 1-16。

表 1-16　　　　　　　　　　　信息对象地址分配方案

信息对象名称	对应地址（十六进制）	信息量个数
遥信信息	1H～1000H	4096
继电保护信息	1001H～4000H	12288
遥测信息	4001H～5000H	4096
遥测参数信息	5001H～6000H	4096
遥控信息	6001H～6200H	512
设定信息	6201H～6400H	512
累计量信息	6401H～6600H	512
分接头位置信息	6601H～6700H	256

模块二　智能电网调度技术支持系统功能介绍

【模块描述】

本模块主要介绍基础平台（数据采集与交换、时钟同步）、电网运行稳态监控、网络分析（状态估计、短路电流计算、静态安全分析、灵敏度分析、调度员潮流）、保信、AVC、智能操作票、新技术应用（综合智能分析与告警、负荷批量控制）。

【模块目标】

通过本模块学习，应达到以下目标：熟悉智能电网调度技术支持系统的常用功能；了解智能电网调度技术支持系统的展示界面；掌握智能电网调度技术支持系统的技术内容。

【正文】

一、基础平台（数据采集与交换）功能介绍

（一）概述

数据采集与交换应用以 D5000 平台为基础，采用性能良好的实时数据库，运用先进的面向对象的技术，计算机通信子系统能完成不同协议的实时数据通信，具备传输遥测、遥信、遥控、遥调、计划等丰富的通信功能。计算机通信子系统具有主备机切换功能，多机互为备用，大大增强了计算机通信的可靠性。计算机通信子系统具备对实时数据的实时响应功能，采用事件驱动方式与同样基于 D5000 平台的 SCADA 子系统进行通信，使得通信数据具备实时性。计算机通信子系统与远方的每一个通信节点建立一条链路进行实时通信，各条链路之间相互独立，各条通信链路的性能和类型可以随通信的要求而各不相同，并且可以动态修改。计算机通信子系统具有丰富的监视工具，可以对通信的每一条链路进行详尽的监视，也可以对一条链路上的每一个厂站进行详尽的监视，还可以对通信中的每一个数据点进行动态跟踪，而且可以对每一条链路上的源码数据进行监视。计算机通信子系统具有丰富的控制工具，可以利用 D5000 平台对每一个进程进行启动、停止和切换操作，也可以对通信的每一条链路进行启动、停止和重启操作，还可以对通信的数条同类型链路进行一次性启动、停止和重启操作。计算机通信子系统具有功能丰富、使用方便的维护工具，可以对每一条通信链路进行方

便的调试和测试，也可以对每一条通信链路的资源占用情况进行动态的监视，可以利用友好的人机界面进行维护，也可以通过字符型界面对计算机通信子系统进行远程维护。计算机通信子系统具有设计合理的记录功能，能够在需要的时刻记录和保存通信过程的点、线和某个断面，对于分析和评价通信系统的功能和性能具有重要的作用。

（二）界面介绍

1. 链路管理

通过"数据采集管理界面"，可以观察到各个链路及其"链路状态"，也可对各链路进行链路启停、链路控制、链路切换、召唤全数据、轮询设置和同步时间等等操作。数据采集管理界面—链路管理如图 2-1 所示。

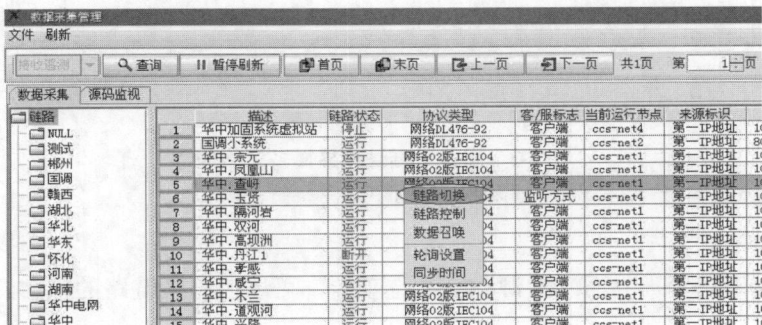

图 2-1 数据采集管理界面—链路管理

2. 数据管理

通过"数据采集管理界面"，可以查看某条链路的信息（接收遥测、发送遥测、接收遥信、发送遥信），也可以进行遥信的在线取反、遥测的系数设置等操作。数据采集管理界面—数据管理如图 2-2 所示。

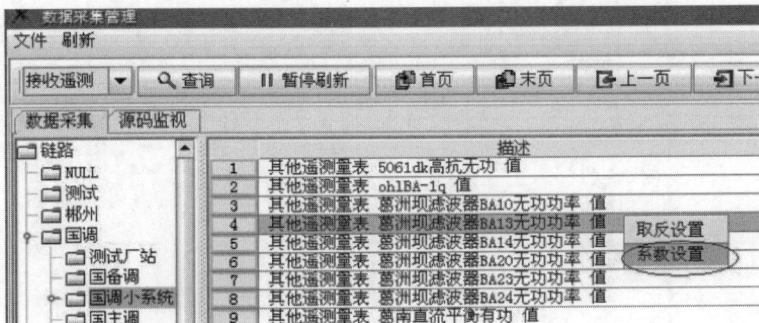

图 2-2 数据采集管理界面—数据管理

3. 多源管理

通过"多源数据管理界面",可以参看某个厂站的数据信息,包括数据质量（好数据或者坏数据）、数据来源（网络通道 1 或者网络通道 2、优先级别）、展示在人机界面上的结果值、数据刷新时间,如图 2-3 所示。

图 2-3 多源数据管理界面多源管理

4. 源码监视

通过"数据采集管理界面"的源码监视选项卡,可以监视某链路的报文源码的类型（实时报文、实时发送报文、实时接收报文、实时+分析报文、实时+分析发送报文、实时+分析接收报文）,数据采集管理界面—编码监视如图 2-4 所示。

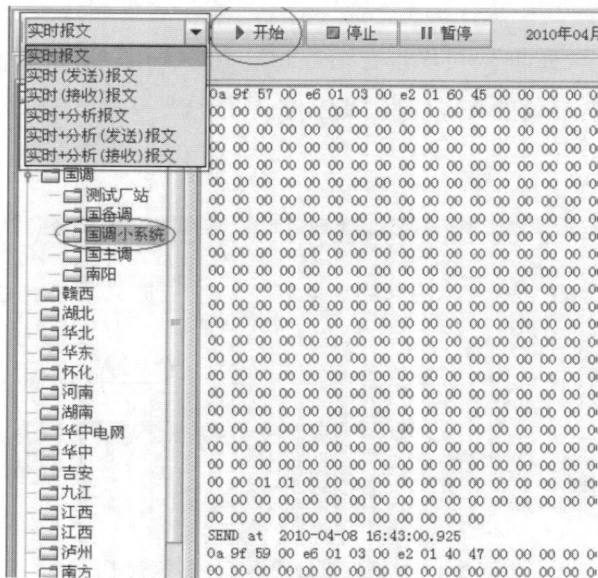

图 2-4 数据采集管理界面—编码监视

二、电网运行稳态监控

（一）概述

电网运行稳态监控是架构在统一支撑平台上的应用子系统，是智能电网调度技术支持系统的最基本应用，用于实现完整的、高性能的电网实时运行稳态信息的监视和设备控制，为其他应用提供全方位、高可靠性的数据服务。主要实现以下功能：数据接收与处理、数据计算与统计考核、控制和调节、网络拓扑、画面操作、断面监视、事件和报警处理、计划处理、电网调度运行分析、一次设备监视、开关状态检查、趋势记录、事故追忆及事故反演等。

电网运行稳态监控处理前置应用采集上来的实时数据，是调度员的眼睛和操作工具，用户的数据监视和操作，如远方遥控等都依赖于电网运行稳态监控应用提供的强大丰富的功能，特别是随着电力系统无人值班站的增多，许多原来在厂站端处理的事情，现在需要主站端的调度员根据系统实时运行情况，及时地调度处理。所以，正确理解电网运行稳态监控的基本数据，掌握电网运行稳态监控的操作，快速响应、及时解决系统出现的问题，就显得十分重要。系统为了安全高效地实现电网运行稳态监控的监控功能，在任何重要的控制操作执行之前，系统自动检查口令和安全性，任何操作或事件都能记录、存储或打印出来。

（二）电网运行稳态监控建模

电网运行稳态监控需要定义的数据种类比较多，既有公共的模型数据，也有电网运行稳态监控专有的参数。不同类型的数据、不同功能的参数需在相应的数据表中定义。

1. 电网运行稳态监控表定义流程

系统的数据库遵循 IEC 61970 规范，从模型的概念建立整个系统。按照面向对象的设计概念，设备是系统数据库的核心。一个设备是电力系统的一个具体设施，设备所特有的属性都附属于该设备。所有的遥测量和遥信量都不是单独存在的，都是设备的属性，从设备派生而来。比如一条母线，指的是现实世界中存在的一条负责传输电能的线路，母线的 A、B、C 三相相电压，AB、BC、CA 三相线电压，电压相角，电压的上下限值等一系列量测量都是母线的属性。系统的数据库将设备的常用的遥信、遥测属性直接附属在该设备上。系统中有一类特殊的设备表：其他遥信量表、其他遥测量表、保护信息表，这些表属于设备类表，但这些表中的记录都只有一个单独的遥信或者遥测属性。变电站的保护装置作为特殊的设备，每一个保护信号在保护信息表中添加一条记录。一些单点的信号放入其他遥信量表。一些无法归到设备的遥测以及一些在设备上放不下的遥测放入其他遥测量表。比如：变电站直流屏电压这个单独的遥测就直接放入其他遥测量表。电网运行稳态监控数据表定义总体流程如图 2-5 所示。

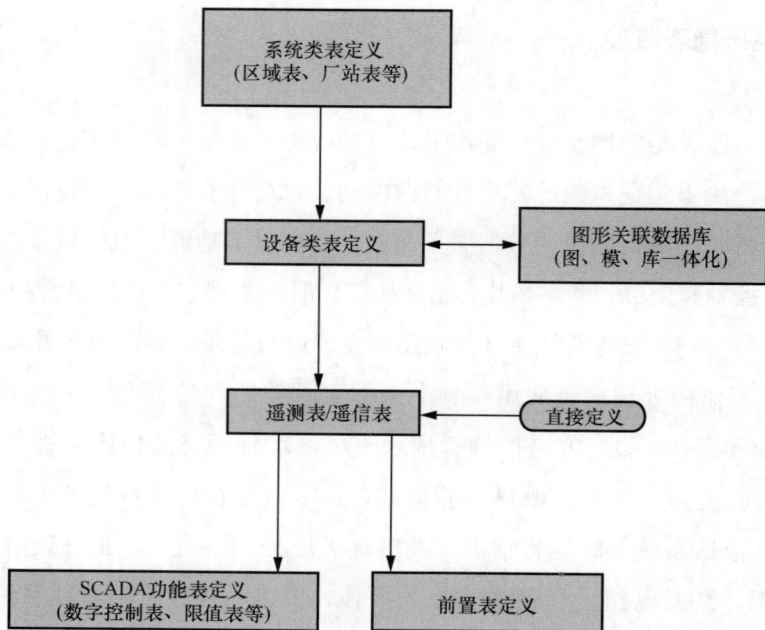

图 2-5　电网运行稳态监控数据定义流程

2. 电网运行稳态监控表简介

电网运行稳态监控表大致分为五类，现分别介绍如下：

（1）系统类。系统类下的表主要是描述整个电网模型的基础数据，包括厂站表、电压类型表、区域表等，是对整个电网的一个框架描述，其中厂站表是对所有实际厂站及虚拟厂站的描述，是系统类中最主要的一张表。

（2）设备类。设备类下的表是对电网模型中各类设备的具体定义和描述，包括断路器表、隔离开关表（刀闸表）、接地开关表（接地刀闸表）、母线表、变压器表、交流线段表等。

（3）参数类。参数类下的表大部分是设备类表自动触发出来的，是定义一些特殊属性的地方，如合理上、下限和告警方式等，包括遥信表、遥测表、遥控关系表等。

（4）计算类。计算类下的表是电网运行稳态监控功能类表，主要是对需要计算或监视处理的信息进行二次定义和描述，包括计算点表、限值表、事故跳变定义表等。

（5）计划值类。计划值类下的表是对计划信息的定义和描述，包括计划定义表和计划数据表。

（三）电网运行稳态监控画面介绍

常用的监视画面主要包括：主画面、厂站图、潮流图等，如图 2-6～图 2-11 所示。

图 2-6　厂站目录

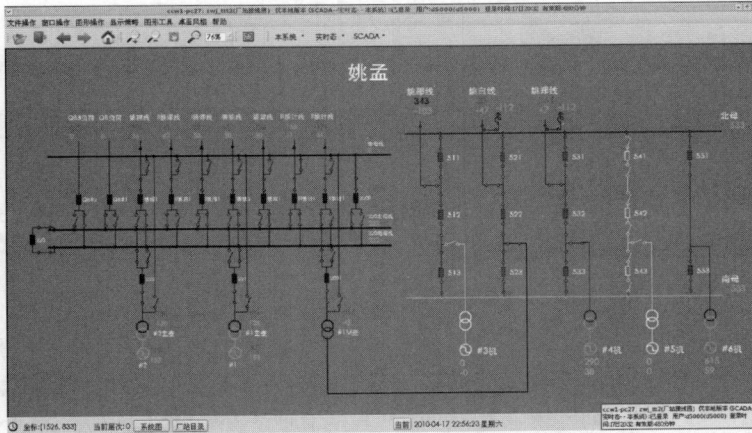

图 2-7　厂站接线图

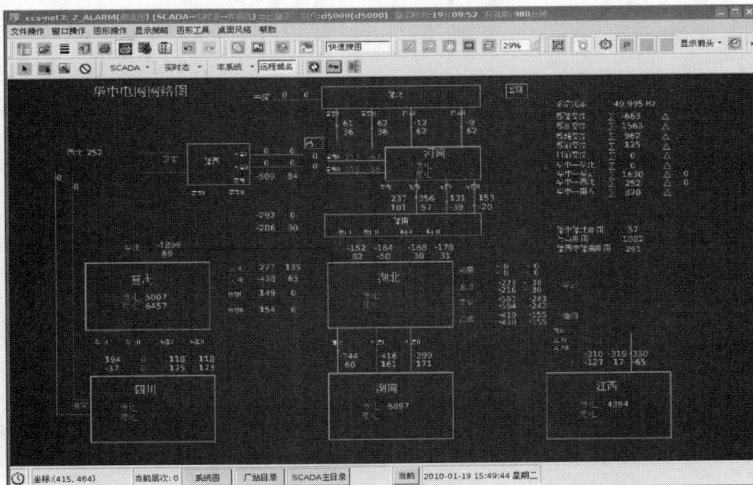

图 2-8　电网潮流图

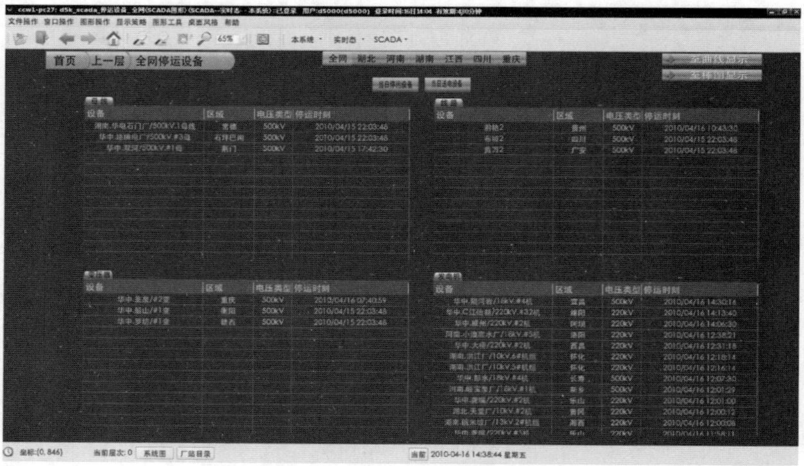

图 2-9　停运设备一览表

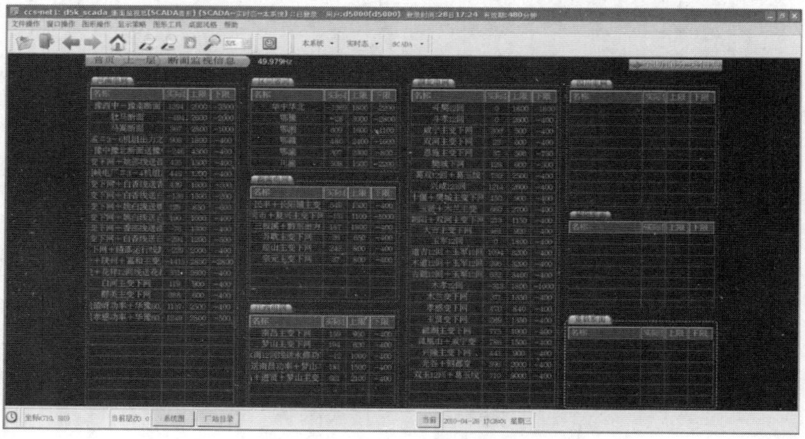

图 2-10　断面监视信息

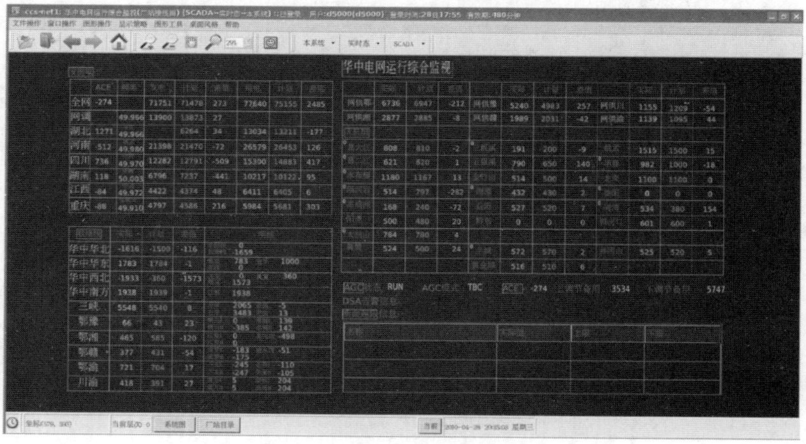

图 2-11　综合监视信息

（四）通用菜单操作

1. 系统全遥信对位

开关、刀闸变位后，厂站图上变位的开关、刀闸将闪烁显示，用以提示变位信息。"系统遥信对位"即对全系统进行遥信对位确认停闪操作，恢复系统中遥信的正常显示。

2. 厂站全遥信对位

开关、刀闸变位后，厂站图上变位的开关、刀闸将闪烁显示，用以提示变位信息。"厂站全遥信对位"即在当前厂站中进行遥信对位确认停闪操作，恢复当前厂站中的正常显示。

3. 召唤全数据

选择该菜单项，相当于向前置子系统召唤全数据，刷新后台数据。

4. 全厂今日变位

选择该菜单项，弹出该厂今日变位查询结果窗口，若无变位，则告警内容为空。

5. 全厂今日越限

选择该菜单项，弹出该厂今日遥测越限查询结果窗口，若无越限，则告警内容为空。

6. 全厂今日 SOE

选择该菜单项，弹出该厂今日 SOE 查询结果窗口，若无 SOE，则告警内容为空。

（五）开关类型设备菜单操作介绍

1. 参数检索

选择该菜单项可以查看开关设备的基本参数。

2. 设置标志牌

选择该菜单项可以对所选开关挂标志牌。对挂好的标志牌也可以通过右键点击标志牌进行移动、删除和查看修改注释的操作。

3. 遥信封锁

选择该菜单项可以对开关进行人工置位操作。具体人工置位操作分两类：

（1）遥信封锁/解除封锁：封锁操作后系统将以人工封锁的状态为准，不再接受实时的状态，直到遥信解封锁为止。

（2）遥信置数：置数操作后，在该开关未被新数据刷新之前以置数状态为准，当有变化数据或全数据上送后，置数状态即被刷新。点击选择所需的遥信封锁或遥信置数菜单项，将开关设为相应的状态，设置成功后被设开关将显示封锁或置数颜色，以示区分。

4. 遥信对位

单个开关变位后，将闪烁显示，用以提示变位信息。"遥信对位" 操作确认并停止闪烁，恢复开关正常显示。

5. 禁止/恢复处理

选择该菜单项可以对开关进行禁止/恢复操作。具体禁止/恢复操作分两类四种操作。

（1）遥控闭锁：选择该菜单，系统将封闭开关的遥控功能，同时该开关的遥信状态将被置上"遥控闭锁"。

（2）遥控解闭锁：选择该菜单，针对"遥控闭锁"，解除遥控闭锁，恢复开关的遥控功能。未被遥控闭锁的开关，该菜单项被隐去。

（3）抑制告警：选择该菜单项后，该开关的告警信息将不出现在告警窗中，但可以通过告警查询查到。

（4）恢复告警：选择该菜单，将解除开关的"抑制告警"设置，开关的告警信息重新上告警窗。未被抑制告警的开关，该菜单项被隐去。

6. 单人遥控

该对话窗口分为三个部分，最上面的部分是遥控的设备名称说明，中间的部分是遥控操作交互，下面的部分是确认按钮。调度员的操作主要在中间的交互区，操作步骤如下：确认操作员一栏无误后，输入口令，并键入回车确认。输入确认遥信名，一般为开关号，键入回车确认。操作状态被激活：选择操作状态后，点击按钮，进入遥控预置阶段，若反校未成功，则提示预置失败。若反校成功。则提示预置成功。点击"遥控执行" 按钮，执行遥控。

7. 监护遥控

该对话窗口分为三个部分，最上面的部分是遥控的设备名称说明，中间的部分是遥控操作交互，下面的部分是确认按钮。

调度员的操作主要在中间的交互区，操作步骤如下：确认操作员一栏无误后，输入口令，并键入回车确认。确认遥信名，一般为开关号，键入回车确认。操作状态被激活，选择完操作状态后，选择监护节点，本席为操作席，操作员选择监护员所在工作站节点，点击"发送"。则在监护员所在工作站上弹出监护员确认窗口，监护员在该窗口中键入口令，并以回车确认后，"确认遥信名"一栏即被激活，监护员输入遥信名并键入回车确认，在监护员确认过程期间，操作员操作席提示操作员等待。监护员确定后，在操作员操作席界面上操作员确定信息后关闭。操作员此时即可在其遥控操作界面上点击按钮，进入遥控预置阶段，若反校未成功，则提示预置失败，若反校成功，则提示预置成功。点击"遥控执行"按钮，执行遥控。

8. 今日遥信变位

选择该菜单项，弹出该开关今日变位查询结果窗口，若无变位，则告警内容为空。

（六）遥测操作

1. 参数检索

选择该菜单项可以查看遥测量的基本参数。

2. 遥测封锁

在对话框中输入封锁值以及备注（备注部分为可选项，根据调度员习惯，可以空缺），点击"确定"按钮，将当前设备的遥测值固定为输入的封锁值，直到"解除封锁"为止。快捷操作方式：遥测封锁操作也可以不通过菜单操作，可以直接双击遥测量，系统即会弹出遥测封锁的操作界面，供调度员操作。

3. 解除封锁

选择该菜单项，解除当前遥测量的封锁状态。若当前遥测量未被置封锁，则该菜单项被隐去。快捷操作方式：解除封锁操作也可以不通过菜单操作，可以直接双击已被遥测封锁的遥测量，系统即会弹出是否解除封锁的提示框，供调度员操作。

4. 遥测置数

选择该菜单项，在对话框中输入"置入值"，点击"确认"按钮，将当前设备的遥测值设为输入值，当有变化数据或全数据上送后，置数状态及所置数据即被刷新。

5. 今日越限

选择该菜单项，弹出该遥测量今日越限的告警查询结果窗口，若该遥测量未越限监视或无越限告警，则告警内容为空。

6. 今日曲线

选择该菜单项，弹出该遥测量的今日的曲线查询窗口。

7. 人工对端代

对线端上的量测来说，选择该菜单项，该遥测量将由对侧厂站的数据来代替。

8. 解除对端代

对线端上的量测来说，选择该菜单项，将解除量测的"人工对端代"设置，该遥测量将恢复接收前置的数据。未被"人工对端代"的量测，该菜单项被隐去。

9. 取状态估计结果

选择该菜单项，该遥测量将由状态估计的结果值来代替。

（七）事故追忆

1. 记录部分

（1）进入"事故追忆界面"。

（2）参数修改：可以修改中间文件保存时间、事故前记录时间和事故后记录时间。

（3）手动触发场景。

（4）删除场景操作。

2．事故追忆反演部分

（1）启动事故反演界面。

（2）点击选择场景按钮，在弹出的场景列表中选择要反演的场景。

（3）点击开始反演按钮后，开始反演该场景文件；反演过程中可以快放、慢放、暂停、停止；并可以拖动反演进度条调整反演时间。

3．事故追忆分析部分

（1）启动事故分析界面。

（2）定义分析组，添加要分析的遥信和遥测测点。

（3）进行事故追忆分析，等分析结束之后查看分析结果；分析结果可以通过表格或曲线的方式表现出来。

（八）备用监视模块

备用监视模块作为电网运行稳态监控功能的一部分，负责监视系统有功、无功备用情况，低频、低压减负荷和紧急拉路实际投入容量以及电容、电抗实际投入容量，在备用不足时发送告警消息，并提供实时备用信息的浏览功能和历史存储功能。

备用监视模块的功能包括自动处理和任务处理两部分：自动处理部分对发电机、发电厂、区域的向上、向下快速备用，10、30min 向上、下旋转备用和无功备用以及变电站、区域的电容、电抗投入情况进行周期处理，处理结果更新到对应的发电机、厂站、区域记录中；任务处理部分对备用监视定义表中的记录进行处理，将结果更新到备用监视定义表中，在备用不足时发送告警消息。

（九）调度运行分析模块

调度运行分析模块利用实时监控与预警类各应用的输出结果，对调度运行数据进行统计分析，为调度运行值班人员及时掌握电网和技术支持系统的运行情况及后续分析提供支持。

调度运行分析模块目前已经实现对频率、断面潮流、厂站电压合格率、系统负荷、系统备用和一次调频电量的统计功能。

1．任务配置

打开 java 控制台，在系统维护菜单中点击运行分析任务定义菜单项，启动运行分析系统任务定义界面。

（1）增加新任务，在工具栏上点击新建按钮，或者在左侧面板树形图节点的右键菜单中选择"新建"菜单项，填写任务的具体信息，步骤如下：

1）填写任务英文、中文描述。

2）设置所属类别和所属子类别，既可选择现有类别、子类别，也可填写新的类别和子类别。

3）选择统计类型。目前统计类型包括极大极小值、位于区域外时间（兼做极大极小值统计）、位于两段区域内时间、厂站电压合格率、断面过载、断面重载、负荷变化率、一次调频电量等，其中的厂站电压合格率和断面过载、重载监视任务信息由程序自动填入，无需人工维护，一次调频电量统计只需填写一条任务记录，程序会在频率发生扰动后计算所有机组的一次调频电量并存入商用库。

4）设置统计周期。统计周期可以设置为小时、班、天、周和月，其中班的个数和每班开始时间可以作为一项任务灵活设置。

5）指定数据源。数据有三种获取方式：实时库、通用计算和商用库。数据源为实时库时，双击数据源 ID 文本框，弹出实时库数据选择对话框，选择表名、记录名和所属域后，点击"确定"按钮，该信息自动填入数据源 ID 文本框，数据源为通用计算时，则会显示公式及操作数配置面板，可以对计算公式和操作数进行设置；数据源为商用库时，查询语句填写在公式表达式文本框中。

6）限值设定（可选）。如果限值为常数，则选中"常数限值"复选框，在文本框 1 中输入限值，如果限值取自实时库，则取消"常数限值"复选框，双击文本框 2，在弹出的实时库数据选择对话框中选择限值的 ID，选择方式与数据源的选择相同。完成所有设置后，点击菜单栏上的保存按钮，将该项任务存入关系库和实时库。

（2）修改现有任务，现有任务按所属类别和子类别分类显示在左侧面板的树形图中，点击叶节点，该任务的具体信息显示在右侧面板中，在右侧面板中更改任务信息后点击任务栏上的保存按钮，将修改更新到商用库和实时库中。

（3）删除任务，在左侧树形图中叶节点的右键菜单中选择"删除"菜单项，将该任务从商用库和实时库中删除。

2. 实时统计信息浏览

打开画面浏览器，运行监视画面，点击"运行分析" 按钮进入运行分析界面，可以浏览到频率、断面潮流、厂站电压合格率、负荷指标和备用指标的统计信息。

3. 历史统计信息查询

统计周期结束后，统计信息被存入商用库，可以在浏览器上对历史统计信息进行查询。

4. 运行指标体系可视化浏览

打开浏览器画面，点击运行分析进入运行指标体系可视化浏览，可以浏览到综合评估画面、安全评估画面、安全预警画面、安全监控画面、质量评估画面。

5. 电网运行稳态告警简介

电网运行稳态监控告警都被归入电力系统这一大类中，其中包括：遥信变位、遥测越限、SOE、稳定监控、遥信操作、遥测操作、控制操作、置牌操作、设备操作、事故、其他事件、计划值事件、一次设备监视、备用不足。

遥信变位：是对前置送来的开关、保护等设备的分（复归）、合（动作）事件的告警，存储在 yx_bw 表中，告警状态包括：分闸、合闸、复归、动作等。

遥测越限：是对预先定义好的需要监视的遥测量发生越限情况的告警，存储在 yc_over 表中，告警状态包括：正常、越正常上限、越正常下限、越事故上限、越事故下限等。

SOE：是对前置送来的事件顺序记录的告警，存储在 yx_soe 表中，告警状态包括：分、合。

稳定监控：是对定义好的稳定断面监视的结果情况进行的告警，存储在 sec_over 表中，告警状态包括：正常、越一级限、越二级限、越三级限、越四级限。

遥信操作：是画面上的遥信进行人工操作时产生的告警，存储在 op_yx 表中，告警状态包括：遥信封锁分、遥信封锁合、解除封锁、遥信置数分、遥信置数合、遥信对位、告警抑制、告警恢复等。

遥测操作：是画面上的遥测进行人工操作时产生的告警，存储在 op_yc 表中，告警状态包括：遥测置数、遥测封锁、解除封锁等。

控制操作：控制操作是遥控、遥调和调档操作的告警，存储在 op_ctrl 表中，告警状态包括：遥控预置分、遥控预置合、遥控预置撤销、遥控执行分、遥控执行合、调档预置升、调档预置降、调档预置急停、调档预置撤销、调档执行升、调档执行降、调档执行急停等。

置牌操作：是画面上的标志牌操作的告警，存储在 op_token 表中，告警状态包括：设置、解除、移动等。

设备操作：设备操作是画面上的设备投运操作的告警，存储在 op_dev 表中，告警状态包括：投运、未投运。

事故：是对系统内发生的事故信息的告警，存储在 accident_info 表中，告警状态包括：事故分闸、事故越限、事故跳变等。

其他事件：是对系统内发生的除以上事件的告警，存储在 sca_other_warn 表中，告警状态包括：遥信坏数据、数据无效、遥测不变化、跳变等。

计划值事件：是对系统内计划值事件的告警，存储在 plan_event_warn 表中，告警状态包括：计划值数据更新、计划值超时未到、计划值不合理等。

一次设备监视：是对系统内一次设备状态变化的告警，存储在 dev_state_warn 表中，告警状态包括：故障跳闸、退出运行、充电、投入运行等。

备用不足：是对系统内备用不足的告警，存储在 reserve_mon 表中，告警状态，包括：备用不足、备用不足恢复。

三、网络分析系列应用功能介绍

（一）状态估计简介

1．功能简述

状态估计应用是调度自动化系统的基本应用。状态估计根据电网模型参数、结线连接关系和一组有冗余的遥测量测值和遥信开关状态，求解描述电网稳态运行情况的状态量——母线电压幅值和相角的估计值，并求解出量测的估计值，检测和辨识量测中的不良数据，为其他应用功能提供一套完整、准确的电网实时运行方式数据。

2．主要功能

模型校验、电网拓扑分析、电网可观测性分析、量测预校验功能、在线辨识开关/刀闸的遥信状态错误、在线辨识不良遥测、多电气岛估计计算、交直流混合系统状态估计计算、参数估计、状态估计考核指标统计、状态估计结果输出为 E 格式文件。

（二）状态估计功能说明

1．主界面

主界面如图 2-12 所示。

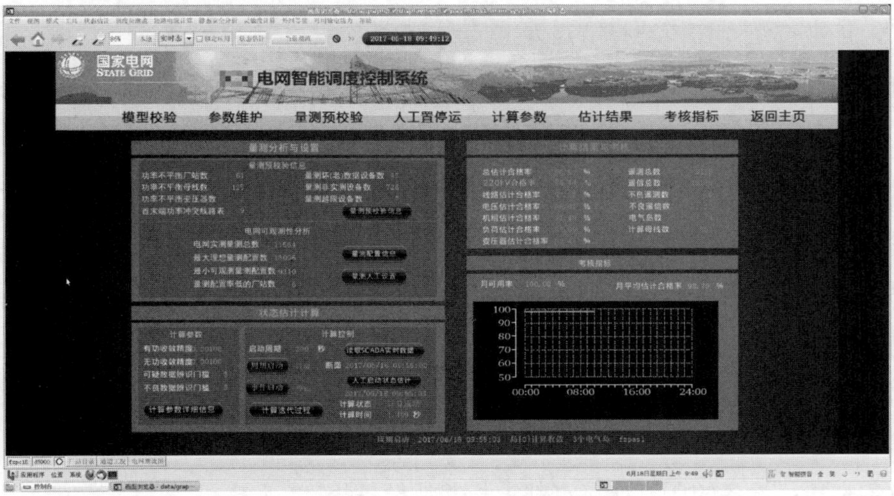

图 2-12　状态估计主界面

2．模型校验

状态估计应用导入新的电网模型时，需要对新的电网模型进行校验，校验电网模型参数是否存在极大偏差、元件的结点属性是否错误等，并将校验出的错误信息分类展示。

单击"状态估计主画面"上的"模型校验"按钮切换到"模型校验"画面。如图 2-13 所示。

图 2-13 模型校验界面

（1）状态估计节点状态。此界面通过表格的形式展示当前状态估计应用的主备状态。如果要切换状态估计应用的节点主备状态，选择"是否切换为主节点"为"是"，并将其他的设置为"否"，点击按钮"切换选择节点为主节点"即可。

同步模型到选择节点：选择一个节点的"是否同步模型"为"源节点"，选择另一个或多个节点的"是否同步模型"为"目标节点"，点击按钮"同步模型到选择节点"，即将源节点状态估计应用下的模型同步到目标节点状态估计应用下。

（2）模型校验及错误信息总览。

1）连接点错误：展示连接点为 0 或-1 的设备。

2）设备属性错误：展示设备参数错误，连接点与其他设备未相连等信息。设备属性错误又按设备分类为：线路属性错误、变压器属性错误、机组属性错误、负荷属性错误、刀闸属性错误、断路器属性错误、电容电抗器属性错误、直流换流器属性错误。

3）设备空挂：设备的所有连接点都未与其他设备相连。

4）设备单端悬空：设备的连接点未与其他设备相连。

（3）导入最新模型和模型校验。当电网模型发生变化时，需要做"模型复制"后"模型验证"。对校验出的模型错误进行修改。

导入最新模型：点击"模型复制"按钮将电网的最新模型导入 pas_rtnet 的主节点。

启动模型校验：点击"模型验证"按钮，对最新导入的模型进行校验，并将校验发现的模型错误信息分类展示出来。

3. 计算参数设置

单击"状态估计主画面"上的"计算参数"按钮切换到"计算参数"画面。如图 2-14 所示。

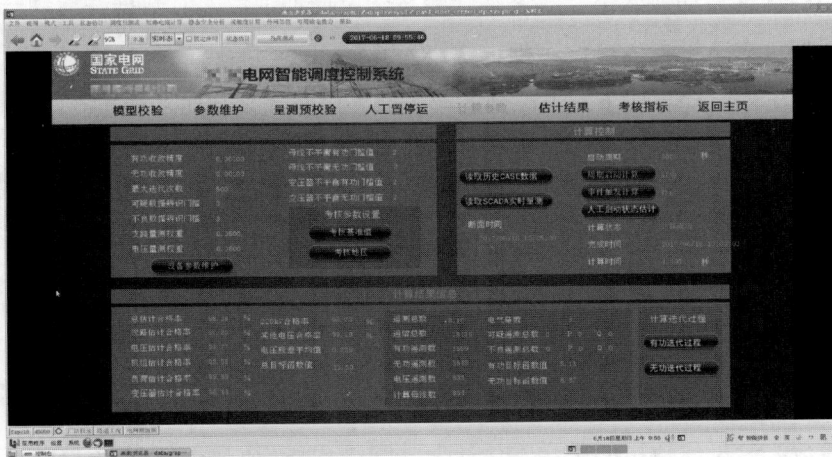

图 2-14 计算参数设置界面

（1）计算参数设置。

有功收敛精度：当两次迭代的相角变化量小于此收敛精度时，认为有功迭代收敛（一般为 0.0001）。

无功收敛精度：当两次迭代电压幅值标幺值变化量小于此收敛精度时，认为无功迭代收敛（一般为 0.0001）。

最大迭代次数：如果迭代次数大于此数据仍然没有满足收敛条件，状态估计将停止迭代，并输出迭代不收敛的信息（一般设为 50）。

可疑数据辨识门槛：如果某个量测的残差大于可疑数据检测门槛值，则认为该量测为可疑数据。

不良数据辨识门槛：如果某个量测的残差大于不良数据辨识门槛值与其权重的乘积则认为该量测为不良数据。不良数据检测和辨识门槛值应视量测系统质量而定。如量测总体质量较好，可适当降低门槛值。

量测权重：这里给出权重的实际是量测的方差，方差越小说明量测精度越高，计算中使用的权重为量测方差的倒数。也就是说：如果甲量测的权重为 0.01，乙量测的权重为 0.001，则乙的权重要大于甲。

参考母线：状态估计计算的电压参考节点，此节点被认为电压相角为 0。

（2）状态估计运行控制。状态估计的启动方式包括：人工启动、周期启动、事件启动。

人工启动：点击"人工启动状态估计"触发一次状态估计，此方式主要应用于调试或研究分析。

周期启动：周期启动方式下，状态估计会按一定周期读取实时数据并启动一次状态估计计算，启动周期可人工设置，单位为秒，通常为 60～300s。

事件启动：事件启动方式下，当电网运行方式发生较大变化时（如重要线路投切），状态估计接收到触发计算事件，并触发一次实时数据读取和状态估计计算。

通常情况下，实时态下的状态估计处于周期启动和事件启动方式。

（3）计算结果信息。

遥测总数：被状态估计采用的遥测数，按遥测类型分类包括有功遥测、无功遥测和电压遥测。

遥信总数：被状态估计采用的遥信数。

计算母线数：该母线数指的是状态估计做完网络拓扑后所形成的计算母线数。该数字并不是指网络中实际的物理母线数。因为，在计算时一些并列运行的母线将被合成为一条计算母线；而一些不是物理母线的节点也有可能被处理成计算母线。该数字的大小可以反映出状态估计的计算量的大小。

电气岛数：状态估计计算收敛的电气岛数。

可疑遥测总数：可疑数据是状态估计可疑数据检测的结果，可疑数据包括无功可疑数据和有功可疑数据。

不良遥测总数：不良数据是状态估计不良数据辨识的结果，不良数据包括无功不良数据和有功不良数据。

目标函数值：目标函数是状态估计计算所得的量测残差平方和。它与残差平均值都是表征量测系统质量的数据。一般来讲，目标函数和残差平均值越小，表示量测系统的量测值与状态估计值之间的差距越小。目标函数值包含有功目标函数值和无功目标函数值。

遥测估计合格率：按遥测所属元件分为线路估计合格率、电压估计合格率、机组估计合格率、负荷估计合格率、变压器估计合格率；也可按电压等级统计状态估计合格率。

4. 电网可观测性分析

单击"状态估计主画面"上的"量测预校验"标题栏的"量测配置信息"切换到"电网

可观测性分析"画面。电网可观测性分析结果包括地区量测配置情况、厂站量测配置情况和不可观测母线列表，如图 2-15 所示。

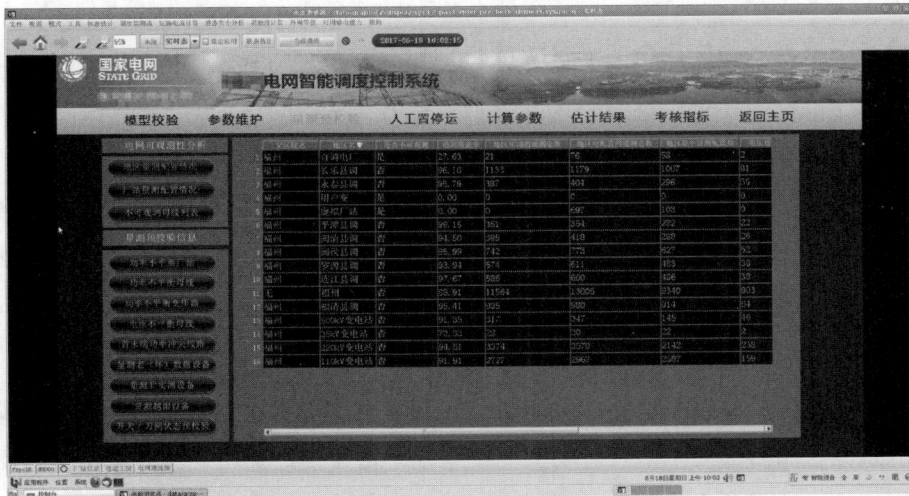

图 2-15 地区量测配置情况

5. 量测预校验

量测预校验结果给出了状态估计计算前，根据各遥测、遥信间的相互关系进行逻辑判断，找出的不良遥测或不良遥信。

单击"状态估计主画面"上"量测预校验"，切换到"量测预校验信息"画面，如图 2-16 所示。

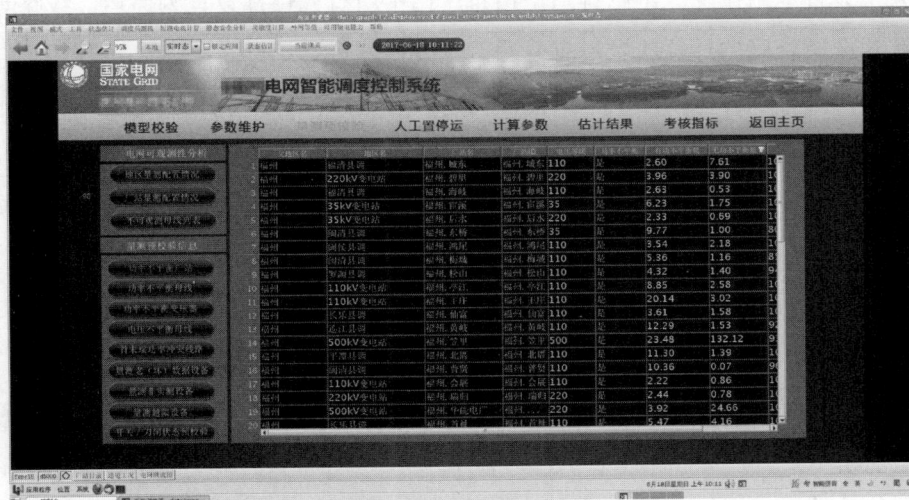

图 2-16 功率不平衡厂站信息

功率不平衡厂站：流入与流出功率量测的不平衡量大于某数值的厂站；

功率不平衡母线：流入与流出功率量测的不平衡量大于某数值的母线；

功率不平衡变压器：变压器三侧（两侧）功率量测之和大于某数值的变压器；

首末端功率冲突线路：线路两端有功量测之和大于某数值的线路；

量测老（坏）数据设备：量测质量位为老数据或坏数据的设备；

量测非实测设备：量测质量位为非实测的设备；

量测越限设备：量测质量位为实测非坏数据，且数值超过设备限值范围内的设备；

开关/刀闸状态预校验：状态估计计算前，根据各遥测和遥信间的相互关系进行逻辑判断，找出的不良遥信。其中也包括整站遥信值全为分的判断。

6. 量测人工设置

（1）人工设置伪量测。通过在厂站图上，针对某一量测值设置伪量测。选中需要设置的量测，点击右键，在右键菜单中"有功实测值"处单击左键，弹出"人工置数"对话框，输入要修改的数值，然后单击"永久修改"。

启动状态估计计算时将采用人工设置的数值进行计算。获取实时数据后，人工置数恢复为实时量测。

（2）人工设置量测屏蔽。量测屏蔽即将量测置为不可用，在状态估计时不考虑此量测；设置方法为：选择"屏蔽有功量测"或者"屏蔽无功量测"，也可以选择"整站设备屏蔽"。屏蔽后，需要执行"使用有功量测""使用无功量测"或者"整站设备屏蔽解除"才会重新考虑此量测量。

（3）人工设置厂站排除。厂站排除是指将厂站中所有元件都设置为停运，线路等值为负荷。一般针对调试阶段的厂站或者没有量测采集的厂站进行厂站排除。

设置厂站排除可以在厂站图中单击任意设备的右键，在右键菜单中选择"厂站排除"。当厂站量测及模型正常之后，选择"厂站排除解除"，厂站参与到状态估计计算中。

（4）人工设置设备停运。单击"状态估计主画面"上的"人工置停运"按钮切换到"人工置停运"画面。

人工置停运界面包含设置量测屏蔽的设备、设置停运的设备和设置排除计算的厂站。

7. 估计结果列表

以表格的形式展示状态估计结果，分为以下几个表格画面：厂站估计结果、线路估计结果、电压估计结果、机组估计结果、负荷估计结果、变压器估计结果、电容电抗器估计结果、直流换流器估计结果、电气岛信息、计算母线信息。

这些表格按照元件分类列出了状态估计的结果，表中包含状态估计计算后的估计值和计算前的量测值。

其中线路、机组、负荷、变压器按照有功残差的大小排列，电容电抗器按无功残差的大小排列，母线按电压残差的大小排列，以便查看和分析。

单击"状态估计主画面"上的"估计结果"按钮切换到"估计结果信息"画面，如图 2-17 所示。

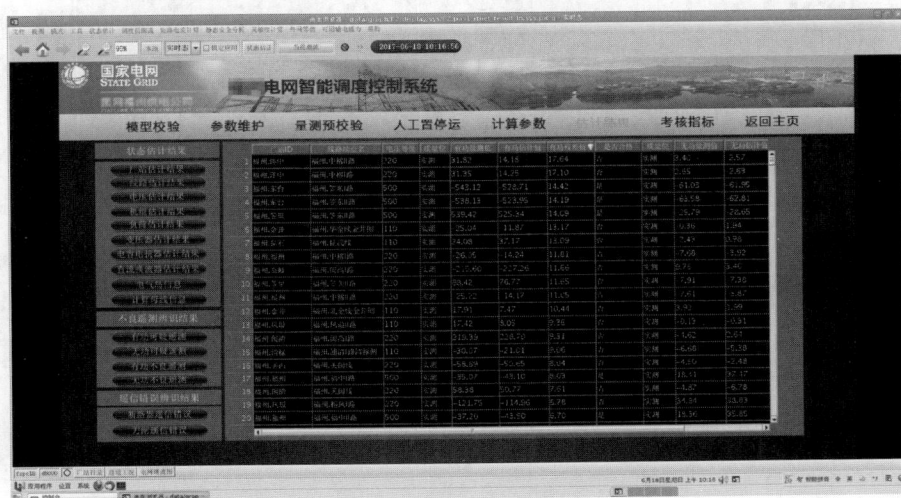

图 2-17　线路估计结果

不良数据辨识包括：

1）不良遥测辨识结果。单击"状态估计主画面"上的"估计结果"栏的"有功不良遥测"项切换到"有功不良数据"画面。

有功可疑数据：某个有功量测的残差大于不良数据检测门槛值则认为该量测为有功可疑数据；

无功可疑数据：某个无功量测的残差大于不良数据检测门槛值则认为该量测为无功可疑数据；

有功不良数据：某个有功量测的残差大于不良数据辨识门槛值与其权重的乘积则认为该量测为有功不良数据；

无功不良数据：某个无功量测的残差大于不良数据辨识门槛值与其权重的乘积则认为该量测为无功不良数据。

2）遥信错误辨识结果。单击"状态估计主画面"上的"估计结果"栏的"断路器遥信错误"项切换到"遥信错误辨识结果"画面，分表展示了断路器的遥信错误和刀闸的遥信错误信息。

8. 考核指标统计

单击"状态估计主画面"上的"考核指标"切换到"考核指标"画面，如图 2-18 所示。可以查看"日合格率曲线"及年、月、日、小时合格率信息。在"地区合格率"栏中，可以查看分类统计的信息。

图 2-18 考核指标界面

年合格率曲线：由每月平均估计合格率组成年合格率曲线；

月合格率曲线：由每日平均估计合格率组成月合格率曲线；

日合格率曲线：由每次状态估计的估计合格率组成日合格率曲线；

年合格率列表：以列表方式展示每年各个地区的年状态估计计算次数、年收敛次数、年可用率、年覆盖率、年平均估计合格率等信息；

月合格率列表：以列表方式展示每年每月各个地区的月状态估计计算次数、月收敛次数、月可用率、月覆盖率、月平均估计合格率等信息；

日合格率列表：以列表方式展示每年每月每天各个地区的日状态估计计算次数、日收敛次数、日可用率、日覆盖率、日平均估计合格率等信息；

小时合格率列表：以列表方式展示每年每月每日每小时内各个地区的小时状态估计计算次数、小时收敛次数、小时可用率、小时覆盖率、小时平均估计合格率等信息；

地区合格率：展示最近一次状态估计的各地区、各类元件的遥测估计合格率统计结果。

9. 拓扑结构画面

在状态估计主画面中，打开画面浏览器的"状态估计"菜单，选择"网络拓扑"菜单项，这时画面浏览器的左半部分会弹出一个浮动窗口用于显示"网络站拓扑图"。在左边的树状结构中选择一个厂站，可以在浏览器下半部分显示该厂站的拓扑结构。如图 2-19 所示。

此外，在右边画面中打开一座厂站的单线图画面，左边浮动窗口中的"厂站拓扑结构"画面会自动刷新，显示该厂站的拓扑结构。左边和下边的浮动窗口可以拖动。

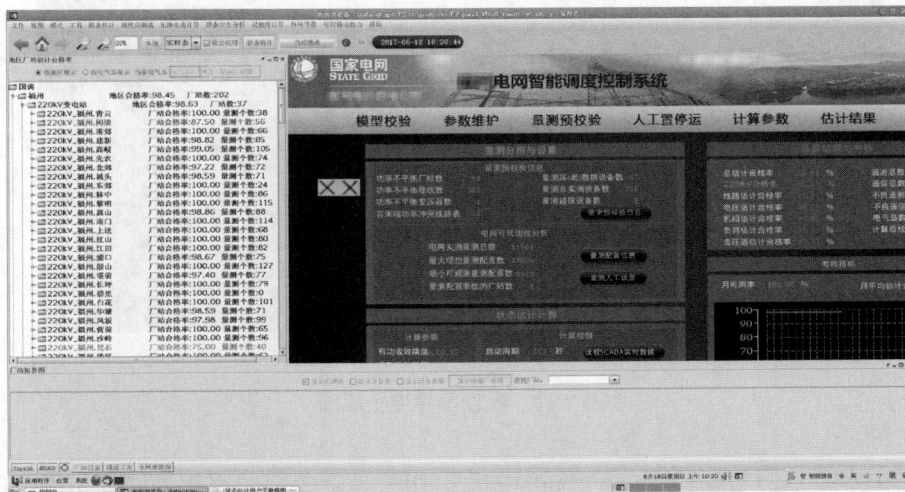

图 2-19　厂站拓扑结构图

10. 结果输出

（1）CASE 保存与恢复。点击控制台的"数据库"菜单的"CASE 管理"按钮，打开 CASE 管理工具界面。登录后，在左侧按钮中选择"数据断面"，单击保存按钮，弹出"需要新建 CASE 数据断面，请确认"的对话框，点击确定后，弹出"断面数据输入对话框"，填写保存断面的名称、描述，及选择应用"PAS_RTNET"，点击"确定"按钮保存。

当前应用选择"PAS_RTNET"，会看到所有保存的状态估计断面，选中之前保存的断面，右键选择"取出断面"，在弹出的 CASE 恢复对话框中选择应用名为"状态估计"，并选择需要恢复的状态。

（2）E 格式文件。E 格式文件是按《国家电网有限公司电网运行数据交换规范》要求输出的标准格式文件，文件保存路径为：/home/d5000/fuzhou/var/log/etext_bak/。

（3）调度员潮流。调度员潮流应用是调度自动化系统的基本应用。调度员潮流根据状态估计提供的电网模型及量测数据研究当前电力系统可能出现的运行状态，校核调度计划的安全性，分析近期电网运行方式的变化。

（4）调度员潮流功能说明。

1）启动 D5000 人机系统后，打开 D5000 智能电网调度系统画面浏览器以后，点击 "研究分析"按钮，进入网络分析主界面，点击网络分析主画面上的"调度员潮流"框，进入调度员潮流主界面。如图 2-20 所示。

图 2-20　调度员潮流主画面

2）数据读取。可以选择实时运行断面数据、历史运行断面数据作为调度员潮流的基态运行断面。

实时运行断面数据。从状态估计获取电网实时运行断面，在"调度员潮流主画面"上单击"读取状态估计数据"按钮。断面取出后，调度员潮流主画面上的"断面时刻"为当前状态估计的断面时间。

历史运行断面数据。从保存的历史数据 CASE 中获取电网历史运行断面数据。

以上无论任何一种方式，都支持在基态潮流断面基础上进行方式调整。在实时运行断面数据基础上改变运行方式、历史运行断面数据都称为研究方式数据。研究方式下的电网设备的投切状态和运行数据可以由调度员任意修改。

3）计算参数设置。用户通过此画面可以修改潮流计算的主要控制参数，包括：潮流算法；有功收敛精度；无功收敛精度；最大迭代次数。

4）控制参数。点击调度员潮流主画面上计算参数控制设置中的"计算参数设置"按钮，进入计算参数设置页面，画面如图 2-21 所示。

在计算参数页面中右键点击"有功收敛精度"和"无功收敛精度"动态数据，显示右键菜单，右键点击动态数据，选择"调度员潮流参数修改"菜单项，弹出对话框如下，进行调度员潮流有功收敛精度或无功收敛精度修改。

对于最大迭代次数、功率基准值、控制器最大迭代次数、缓冲机联合调整收敛精度、无功调整策略、母线电压联合调整及是否平启动的调整与上文相同。

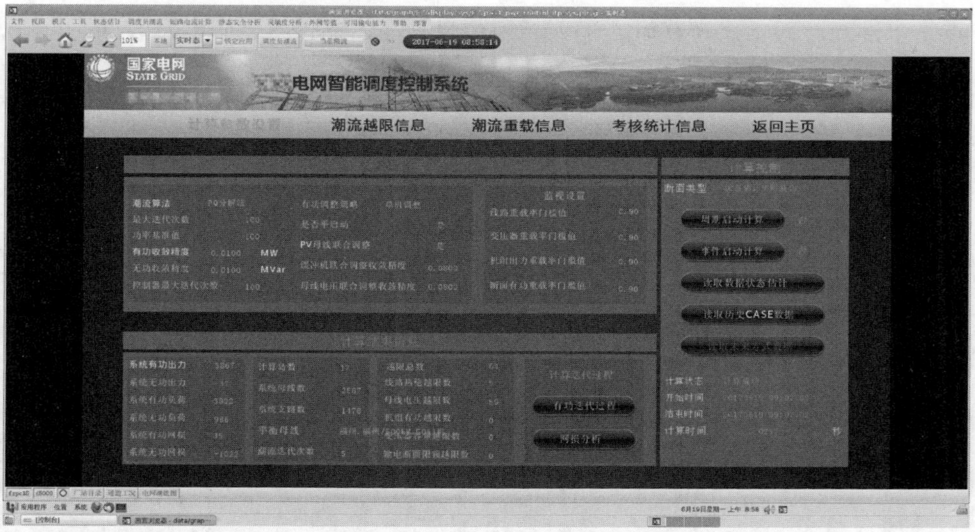

图 2-21 计算参数设置画面

5）启动计算。用户可以控制周期启动是否启动，以及人工启动潮流计算。

a．周期启动。在调度员潮流主画面上点击周期启动下的"周期启动计算"按钮，点击后显示为：否，则周期启动停止；点击后显示为：是，则表示每隔一定周期自动启动潮流计算。调度员潮流的周期是与状态估计的周期一致的，且只有当状态估计周期启动后，调度员潮流才能够周期启动。

b．人工启动计算。点击人工启动计算按钮，进行人工启动潮流，上面显示当前的运行状态，如：计算中，计算成功等信息，以及启动时间、结束时间和计算时间等信息。可以清晰地观察潮流的计算过程。

6）结果分析。本部分主要包含潮流计算的结果如：区域统计信息、潮流计算结果、越限信息、重载信息和单端开断元件等信息。

a．区域统计信息。点击区域统计信息按钮，进入区域统计页面，即网损分析画面（见图 2-22）。

b．潮流计算结果。主要包括潮流计算后设备的潮流结果情况，如线路、变压器、母线、负荷、电容电抗器及直流换流器等电气元件的结果信息。

当点击调度员潮流主菜单中选择"潮流计算结果"菜单，进入潮流结果信息页面，在左侧树状结构中，选择需要查看潮流计算结果的厂站，然后选择查看某类设备的潮流计算结果。

c．越限信息。主要包括设备的越限信息，如：线路、变压器、断面及母线电压等越限的详细信息。

当点击"潮流越限信息"栏时，进入越限信息画面，在设备越限信息表的右上端，可以显示设备的越限总数信息，可以对设备的越限情况有一个详细的了解，越限信息表主要包含：设备名、厂站名、越限类型名称、限值、越限百分比及越限类型全称等信息。

图 2-22　统计信息

d．重载信息。主要包括重载信息，如：支路、机组、断面及母线电压等的重载情况。

当点击"潮流重载信息"按钮时，进入重载信息页面，在图形上显示支路重载信息、机组重载信息、断面及母线电压的重载信息，以及在各表的右上方显示设备的重载数目。

e．单端开断元件。主要包含开断元件的信息，点击结果分析中的单端开断元件，进入单端开断元件信息页面，表格的主要信息有：线路描述、首段电压、末端电压、是否首段开断和是否末端开断信息。

7）单线图操作。用户可以在单线图（包括系统图和厂站图）上进行：开关和刀闸开合，投切和调整发电机出力，投切和调整负荷功率，投切母线，投切和调整变压器抽头，线路、变压器及母线的投切操作，厂站总负荷计算，区域总负荷和区域机组负荷计算。

在各元件操作面板上，点击"确定"按钮，实现要调整的操作，点击各控制画面上的"确定并计算"按钮，实现要调整的操作并启动潮流计算。

a．开关的开合操作。在厂站图上，切换至调度员潮流应用下，用户可以在需要变位的开关处点击鼠标右键，单击弹出菜单上的"设置开合"，画面显示如图 2-23 所示。

设置开合的对话框如图 2-24 所示。点击"确定并启动计算"或者"确定"按钮，完成操作。

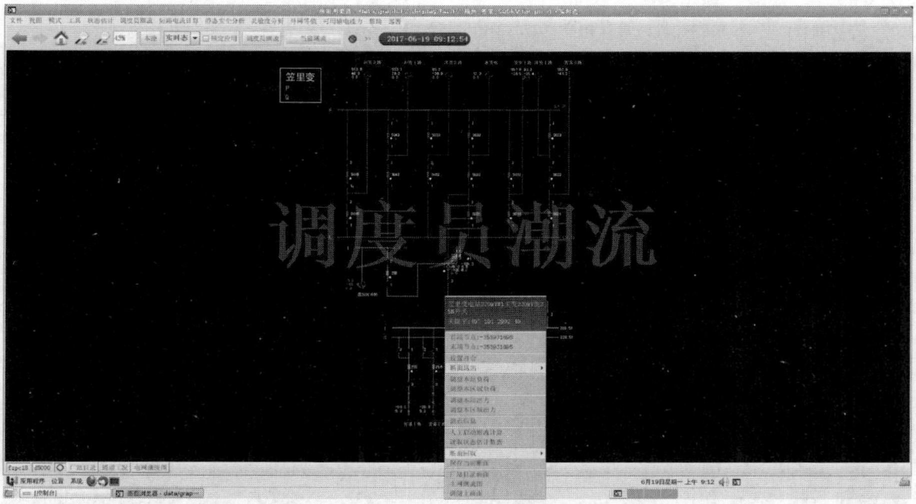

图 2-23　开关开合操作右键菜单显示

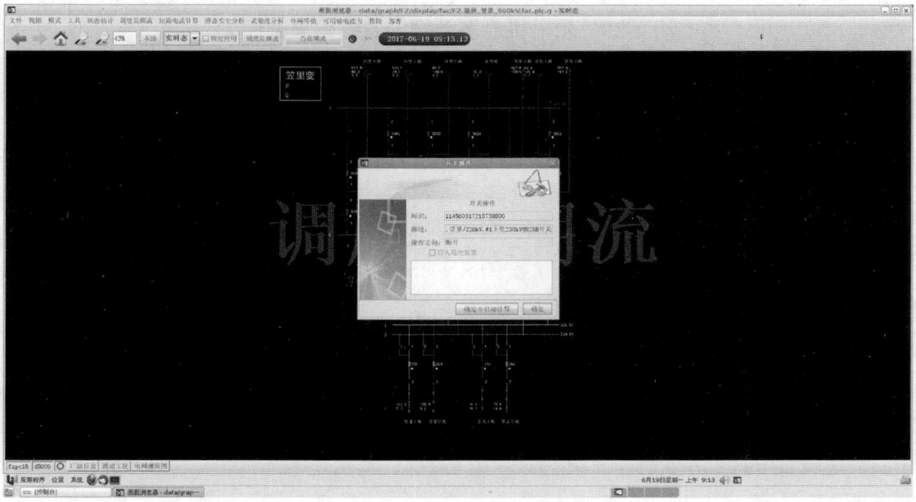

图 2-24　开关开合操作对话框画面

b．刀闸的开合操作。在厂站图上，切换至调度员潮流应用下，在需要变位的刀闸处点击鼠标右键，单击弹出菜单上的"设置开合"；操作方法同开关一致。

c．发电机操作。在厂站图上，把图形切换至调度员潮流应用下，在发电机处点击鼠标右键，显示机组右键菜单，如图 2-25 所示。

点击右键菜单中的"出力调整"，弹出发电机调节对话框，用户可以调整发电机的有功、无功和 PV 母线电压等，在发电机动态数据的右键菜单中，还有机组投切选项。在弹出对话框中点击"确定并启动计算"或者"确定"按钮，完成机组的投切操作。

8）厂站与区域出力批量调整。右键点击动态数据，选择"调整本站出力"或"调整本区域出力",分别弹出"本站机组出力调整"或"本区域出力调整"对话框。

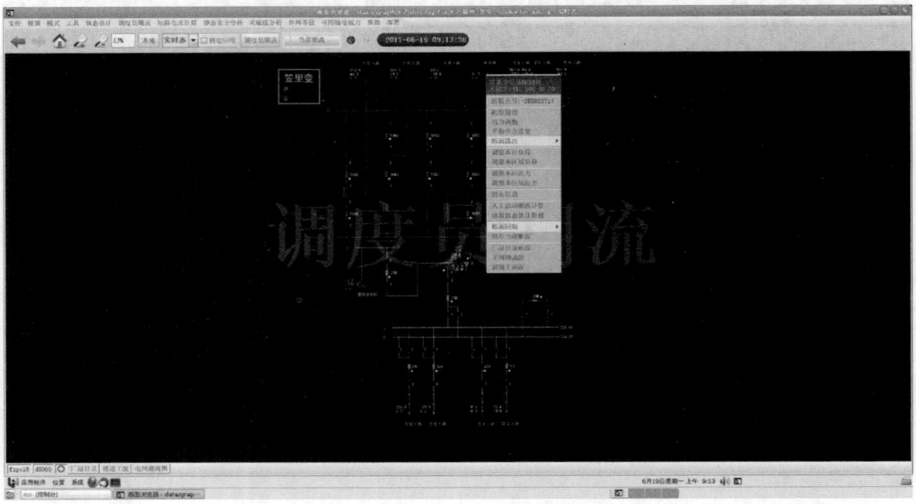

图 2-25　发电机动态数据的右键菜单画面

9)负荷功率调整操作。进入厂站接线图,切换至调度员潮流应用下,右键直接点击负荷动态数据,点击进入"调整负荷"选项,在弹出对话框中输入数值;点击"确定并启动计算"按钮,完成负荷有功无功调整的操作。

10)厂站与区域负荷批量调整。在厂站图上,负荷处点击右键,在弹出的菜单上,选择"调整本站负荷"。

11)变压器操作。进入厂站图,把图形切换至调度员潮流应用下,鼠标右键点击变压器图标,选择"调整分接头"菜单。用鼠标右键点击变压器图标,选择"变压器投切"菜单项。用户可以进行变压器的投切操作。

12)线路开合操作。在全网图上鼠标右键某条线路,可以直接开合线路,自动拉合线路两端的开关和刀闸。

13)投切母线画面。用鼠标右键在厂站图上右键点击某条母线,在右键菜单中选择"母线投切",弹出对话框,点击"确定并启动计算"或者"确定"可以直接投切母线路。

14)初始态恢复及断面选取。在右键菜单上选择"断面回取",可恢复到最初的潮流状态、上一次操作的潮流状态或任意一次操作的潮流状态。

"恢复上一次操作断面",将上一次操作保存的断面恢复到当前数据库中。

"恢复任一操作断面",显示自拷库以来操作所有保存的断面,用户可任意挑选其中一个断面恢复到当前断面。

"恢复基准断面",恢复已保存的潮流初始断面。

"设置当前断面为基准断面"，将当前断面替换基准断面。

15）潮流前后对比。潮流前后对比，元件操作后，可切换显示操作前的潮流状态。

点击工具栏处"当前潮流"则显示为下拉框中的"有功对比"和"无功对比"等信息。

16）潮流转移信息。表格中显示为设备的有功无功潮流转移情况，点击页面上的"潮流转移信息"，可进入潮流转移信息的页面，潮流转移信息主要包含线路、变压器、断面及母线电压的潮流转移情况，在表格中显示的有设备描述、厂站描述、有功初值、无功初值、当前有功、当前无功、有功差异、无功差异等信息。

在调度员潮流主菜单中选择"调度员潮流转移分析结果"，可以打开潮流转移的多窗口画面，更加直观地观察到每次操作的潮流转移情况。

17）误差分析结果。考核计算：该菜单项用于比较电网合解环试验时潮流结果和 SCADA 实时数据的误差。

在潮流主画面上，点击"误差分析信息"按钮，选择某一条记录然后点击"查看元件比较信息"，可以看到详细的误差分析结果。

18）考核指标结果信息。单击主画面上"考核统计信息"进入到考核统计信息画面，显示日可用率列表、月可用率列表、年可用率列表和历史运行记录信息。

（5）短路电流计算简介。

1）短路电流计算（Short Circuit Calculation）是对用户规定的故障条件（包括各种短路故障和断线故障），计算故障后各支路电流和各母线电压，用来校核开关遮断容量和检查继电保护定值是否适当的程序。

2）预想故障：预想故障是由调度人员和运行分析人员设定的，它包括各种可能的故障及其组合。

3）故障组：故障组是具有某种特征的若干故障的集合。这些物理特征可以是：按开断元件类型划分，如线路、变压器等；按地区划分，如 A 地区故障、B 地区故障等；按故障电压等级划分，如 110、220、500kV 等；按故障类型划分，如三相短路等。

4）实时模式：是指在电网当前模型基础上，基于实时运行方式进行分析计算。

5）研究模式：是指在选定的电网模型基础上，改变电网运行方式进行分析计算。

（6）短路电流计算功能说明。短路电流计算包括单相接地短路电流计算、两相接地短路电流计算、两相短路电流计算、三相短路电流计算、单相断线计算、两相断线计算、三相断线计算。

1）主界面。打开 D5000 智能电网调度系统画面浏览器以后，点击按钮"研究分析"，进入网络分析主界面，点击网络分析主画面上的"短路电流计算"按钮，进入短路电流计算主界面。如图 2-26 所示。

图 2-26　短路电流计算主界面

2）数据读取。

a．状态估计数据。在线模式可读取实时状态估计断面进行分析计算。点击短路电流计算主画面的"读取状态估计数据"按钮，即可读取最新的状态估计断面。

b．历史 CASE 数据读取。研究模式下也可以读取历史 CASE 断面进行分析计算。点击短路电流计算主画面的"读取历史 CASE 数据"，弹出 CASE 管理对话框，选择相应的备份实体。

3）计算参数设置。

a．参数设置。在短路电流计算主画面上，设置扫描参数栏，在该区域设置短路电流计算的扫描参数，主要包括扫描变压器低压侧、扫描机端节点、校核故障类型、开关遮断容量裕度等信息。

b．运行短路电流计算断路器遮断容量扫描程序。点击短路电流计算主画面中"断路器遮断容量扫描"框中的"人工启动计算"，即可启动一次短路电流计算断路器遮断容量扫描。

c．形成短路故障分析计算模型。运行短路电流计算短路故障分析计算前，要根据当前模型生成短路电流计算使用的三序计算模型。

在短路电流计算主画面上单击"短路故障分析计算"框中的"形成计算模型"按钮，即可生成当前模型的三序计算模型。如图 2-27 所示。

d．运行短路电流计算短路故障分析计算程序。点击短路电流计算主画面中"短路故障分析计算"框中的"人工启动故障分析计算"按钮，即可启动一次短路电流计算短路故障分析计算。如图 2-28 所示。

图 2-27　形成故障分析计算模型画面

图 2-28　运行短路故障分析计算画面

4）短路故障管理。

a. 故障设置。点击短路电流计算主画面的"设置短路故障"按钮或在厂站图上的线路或变压器图元上单击右键，在弹出的菜单中选择"故障设置"菜单项，进入故障设置窗口。

在弹出的故障设置对话框中选择故障类型、故障点距离（距首端）、短路故障节点电阻、短路故障接地电抗。

设置完成后在"当前故障列表"标题签中查看设置的故障结果。

b．故障修改。在"当前故障列表"标题签中选择要修改的故障，点击下方的"修改故障"按钮，在弹出的故障设置对话框中修改故障类型、故障点距离（距首端）、短路故障节点电阻、短路故障接地电抗。

c．故障删除。在"当前故障列表"标题签中选择要修改的故障，点击下方的"删除故障"按钮，删除当前故障，单击"刷新"按钮查看删除故障后的故障列表。

5）短路电流计算结果的显示和保存。短路电流计算的计算结果主要有遮断容量本次扫描结果、遮断容量历史扫描结果、故障分析计算故障点电流（三相/三序）、节点电压（三相/三序）、支路电流（三相/三序）等相关信息。

a．遮断容量本次扫描结果。点击短路电流主画面的"本次扫描结果"按钮，即可查看最近一次断路器遮断容量扫描的扫描结果。

本次扫描结果列表显示扫描元件的元件名称、计算值、越限百分比等信息。

b．遮断容量历史扫描结果。点击短路电流主画面的"历史扫描结果"按钮，即可查看历史断路器遮断容量扫描的扫描结果。

在弹出的窗口中选择要显示的日期，单击"详细结果"按钮，在弹出的新窗口中查看扫描结果。

扫描结果信息列表显示扫描元件的元件名称、元件类型、所属厂站、遮断容量、计算值、越限百分比、短路类型等信息。

c．故障点电流计算结果。点击短路电流主画面的"故障点电流"按钮，即可查看最近一次短路故障分析计算的故障点电流计算结果，分别展示三相结果和三序结果。

故障点电流计算结果列表显示扫描元件的元件名称、元件类型、所属厂站、短路电流三相相角、幅值，三序实部、虚部等信息。

d．节点电压计算结果。点击短路电流主画面的"节点电压"按钮，即可查看最近一次短路故障分析计算的节点电压计算结果。

节点电压计算结果列表显示扫描元件的元件名称、元件类型、所属厂站、短路电流三相相角、幅值，三序实部、虚部等信息。

e．支路电流结果。点击短路电流主画面的"支路电流"按钮，即可查看最近一次短路故障分析计算的支路电流计算结果。

支路电流计算结果列表显示扫描元件的元件名称、元件类型、所属厂站、短路电流三相相角、幅值，三序实部、虚部等信息。

f．机组电流结果。在"计算结果主画面"点击"机组电流"按钮，即可查看最近一次短路故障分析计算的机组电流计算结果。

机组电流计算结果列表显示扫描元件的元件名称、元件类型、所属厂站、正序电流、负序电流。

（7）静态安全分析简介。

1）静态安全分析（Contingency Analysis－安全分析）。在电力系统假定断合某些元件的条件下，对系统安全水平进行评估的程序。

2）预想故障：预想故障是由调度人员和运行分析人员设定的，它包括各种可能的故障及其组合，可以规定监视元件及条件故障，以自动产生多重故障。

3）条件故障：主开断元件的动作引起开断，当监视元件越限时，条件开断元件随之动作。这种带有条件监视元件和条件开断元件的故障称为条件故障。条件故障包含条件监视元件及条件开断元件，它们配合使用，模拟继发性故障。

4）故障集：故障集是由调度人员和运行分析人员给出的包括各种可能的多重故障，运行中使用者可以激活感兴趣的故障组进行分析计算。

5）故障组：故障组是具有某种特征的若干故障的集合。这些物理特征可以是：按开断元件类型划分，如线路、变压器等；按地区划分，如 A 地区故障、B 地区故障等；按故障电压等级划分，如 110、220、500kV 等。

（8）静态安全分析功能说明。

1）主界面如图 2-29 所示。

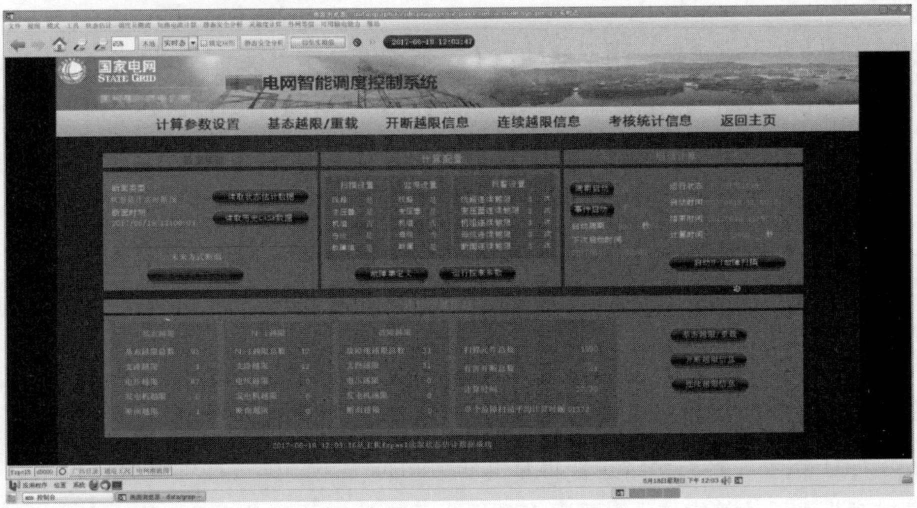

图 2-29 静态安全分析主界面

2）计算参数设置。

a. 扫描设置。扫描设置是指是否参与静态安全分析计算，针对每个设备都有三种扫描方式：详细分析、正常过滤和不扫描。详细分析是指对该设备直接进行全潮流计算；正常过滤是先快速判断该设备开断是否会引起越限，如果不会引起越限则不再进行潮流分析，否则进行潮流分析其造成的越限程度；不扫描即不进行开断处理。

在安全分析主画面上，可快速定义不同类型的设备进行故障扫描。N-1 扫描元件类型包括线路、变压器、发电机、电气母线。故障组包含当前激活的故障组以及激活的具体故障。

在计算参数设置栏的"扫描设置"里单击各类设备按钮也可以修改该类设备是否参与扫描。单击"详细设置"打开扫描详细设置画面，针对区域、厂站或者具体设备进行设置"正常过滤""详细分析"或者"不扫描"。

在厂站图上，针对具体元件设置其是否参与扫描，也可以在越限重载等表格中单击右键，在右键菜单中选择"扫描"，进行设备的快速扫描设置。

b．监视设置。同扫描设置方法一样，可以对设备进行监视设置。设置为监视则在 N-1 扫描分析中会监视该设备有没有越限，如果有越限则记录越限信息；设置为不监视则不会判断该设备是否越限。

设备监视包括线路、变压器、发电机、母线和断面。

批量监视设置，在计算参数页面中，点击"详细设置"，在弹出的对话框中对相应的元件进行批量监视设置。

3）运行安全分析程序。运行安全分析程序是进行预想故障分析的关键步骤，静态安全分析具有在线和研究两种运行模式。

在线模式启动方式应包括：周期启动、人工启动。

研究模式由人工启动。点击安全分析主画面的"人工启动"，即可启动一次安全分析计算。

在静态安全分析主画面或者计算参数设置画面上可以设置是否周期启动和修改启动周期。

安全分析主画面的运行状态会提示计算过程中的相应信息。

"基态计算中"表示系统正在进行基态潮流分析；

"N-1 计算中"表示系统正在进行 N-1 设备的扫描与详细分析计算中；

"基态不收敛"表示系统基态潮流不收敛，可检查初始断面进行核实；

"故障扫描计算中"表示系统正在进行安全分析故障组扫描与详细分析计算中；

"计算成功"表示计算完毕。主画面上会提示本次计算的启动时间、停止时间、计算时间、平均计算时间、收敛率等基本信息。

4）潮流控制参数。点击安全分析主画面的"计算参数设置"，可设置关于潮流计算的相关参数。

潮流控制参数配置如最大迭代次数、有功收敛精度、无功收敛精度、PV 母线电压联合调整、缓冲机联合调整方式（等比例、按机组容量、按剩余机组容量）。

其中，缓冲机联合调整是指基本潮流收敛后，将缓冲机上吸收的不平衡功率按用户指定的分配方法，分给选中的参与 AGC 调整的平衡机。"指定平衡机"中指定的机组将按指定的缓冲机联合调整方式进行分配。

PV 母线电压联合调整是将 PV 母线设在高压母线上，通过调整几台机组的无功出力来维持 PV 母线的电压。

5）自动装置管理设置。自动装置是安全分析中重要的系统保护策略，其设置为：在主画面上点击"计算参数控制"再点击"自动装置管理"按钮，在右键菜单中添加自动装置，填入设置名称，启动条件电网运行方式判据及动作行为。

6）断面的设置与修改。断面的定义方法如下：

在安全分析主画面上，进入"计算参数设置"栏，点击"自定义断面"按钮，弹出自定义断面设置的对话框。

在自定义断面中任意断面上点右键，在右键菜单中选择"增加断面组"项，断面列表自动增加一条空断面记录，同时，在右键菜单上，可以完成断面的修改和删除操作。

7）启动计算。用户可以通过启动计算中的周期启动、事件启动和人工启动计算方式进行计算。

a. 周期启动。点击计算控制框中的"周期启动"按钮，点击后显示为：否，则周期启动停止，点击后显示为：是，则进行周期启动。

b. 人工启动计算。在主界面上点击"启动 N-1 故障扫描"按钮或者在计算参数设置界面点击"人工启动计算"按钮，进行人工启动计算，下方会显示当前的运行状态，如：计算中、计算成功等信息，以及启动时间、结束时间和计算时间等信息。

8）预想事故分析结果的显示和保存。静态安全分析计算后的结果主要有基态越限信息、开断元件与详细越限元件信息、越限元件与相关开断元件信息、连续越限信息、不收敛信息等相关信息。

9）基态越限/重载。点击安全分析主画面的"基态越限/重载"，即可查看最近一次安全分析的初始断面基态越限信息和重载信息。

基态越限信息列表显示越限元件的元件名称、元件类型、所属厂站、限值、计算值、越限数值、越限百分比、潮流方向等信息。基态重载信息显示重载的元件、重载类型、计算值、限值、重载率。

10）开断越限信息。点击安全分析主画面的"开断越限信息"，即可查看最近一次安全分析计算的开断信息总览以及对应的详细越限信息。

"开断信息总览"显示当前有越限的故障相关统计信息、显示相应的故障名称、所在厂站、开断电压等级、开断类型、越限元件总数，以及对应的越限断面、越限线路、越限变压器、越限机组、越限母线、自动装置动作数等总览信息。

"越限详细信息"显示详细越限信息，有故障信息、对应的越限元件信息、潮流方向、越限元件电压等级、越限类型、越限元件所在厂站、限值、计算值、越限百分比以及基态时的初始值等信息。

点击画面中的"越限信息"，即可查看最近一次安全分析计算的越限总览信息以及对应的开断详细信息。

"越限信息总览"显示当前所有故障引起的越限元件总览信息，相应的越限名称、所在越限元件厂站、越限元件所在电压等级、越限类型、越限累计次数、限值、最大越限值、最大越限百分比、引发最大越限的故障名称、连续越限次数等。

"开断详细信息表"显示引起元件越限的所有故障的详细信息，显示越限元件信息、对应的开断元件信息、开断厂站名称、开断元件电压等级、开断类型、限值、计算值、越限百分比以及基态时的初始值等。

11）连续越限信息。点击安全分析主画面的"连续越限信息"，即可查看故障扫描中连续出现越限的元件及其该元件越限时的最大越限程度。

"连续越限信息"显示具体的连续越限详细信息，包含越限描述、最大开断描述、连续越限次数、限值、计算值、开断电压、越限元件电压和越限元件所在厂站等属性。

12）故障与故障组定义与激活。安全分析提供方便的故障及故障集定义手段，可定义单、多重故障（多个元件同时断／合）和条件故障（带有条件监视元件和条件开断元件的故障），故障元件包括：线路元件、变压器元件、开关（合／断）、母线等。

安全分析允许按用户的要求将不同的故障进行分组，可以指定某个故障组或不同组的某些故障批量参加故障扫描，可以指定某个故障组中的某些故障不参加本次安全分析，也可以指定某个故障组不参加故障扫描。

点击安全分析主画面的"故障集定义"按钮，弹出"故障与故障组定义与激活"的相关设置界面。

13）定义开断故障的方法。故障定义画面分为两部分，左侧是开断故障定义的列表信息，右侧根据左侧的内容分别显示故障总览信息以及故障详细信息。

在这个画面上可以完成如下操作：定义一个新的开断故障；修改原有故障的定义内容；定义和修改条件监视元件；定义和修改条件故障；删除原有的定义。

右键单击"故障列表",选择"新增故障"或者点击菜单编辑选中下拉菜单"增加",界面右边出现一个空的故障定义画面。

下面给出了开断故障定义的简要步骤:

a. 选中"主开断定义"的增加按钮,弹出"选择设备"对话框。

b. 在"选择设备"对话框,根据电压等级,所属厂站以及元件类型选择想要开/合的元件类型(机组、线路、变压器、电容器、母线、开关、刀闸等),双击或点击"下移"将其选进已选设备列表,系统自动根据元件当前状态得到其操作未来状态(如当前合,未来即分)。

c. 系统支持多个元件同时断/合。根据需要,可反复进行这一个过程,直到所有的开/合元件都被显示到"已选设备"方框中。然后用鼠标单击"确定"关闭对话框。

d. 根据需要,可重复"增加"继续选择主开断设备,也可"删除"已选择的相关元件。

e. 选中"条件组列表"的增加按钮,自动增加一个"条件组"名称。

f. 选中"条件监视"的增加按钮,弹出"选择设备"对话框。选择想要监视的元件类型(机组、线路、变压器、电容器等),同时可修改越限类型以及限值。

g. 重复步骤 f.的操作,直到欲监视的元件都在"条件监视元件"方框中被显示出来,这一组条件监视元件按与操作组合在一起。

h. 选中"条件开断元件"增加按钮,弹出"选择设备"对话框。选择想要条件开断的元件类型(机组、线路、变压器、电容器、母线、开关、刀闸等)。

i. 重复步骤 h.的操作,直到所有的条件开断元件都在"条件开断"方框中被显示出来。

j. 系统支持多个条件组按或关系组合。根据需要,可重复步骤 e.的操作,定义多个条件组定义,也可删除不需要的条件组。

k. 用鼠标单击"保存"按钮,保存当前定义的故障。

l. 如果不想保存当前故障,可以用鼠标单击"取消"清除当前定义。

14)修改开断故障的方法。用鼠标选中"故障列表"中某个已经定义好的故障,便会直接显示已保存故障的各类详细信息。可根据需要增加、删除、修改各种属性。当故障修改完成之后,用鼠标单击"保存"按钮保存该故障定义。

15)删除已定义的开断故障。要想删除一个预定义的故障可以先选择对应故障,右键点击调出对应菜单,选择"删除故障",即删除了该故障。

16)开断故障激活。用鼠标选择某个故障"是否激活"项中的激活或不激活,从而修改该故障的激活状态。故障只有被激活后才参与计算。

17)开断故障组定义与激活。完成开断故障定义后,按照用户的要求可将不同的故障进行分组,分组的方式可以根据用户的需求而定。如有必要,相同的故障可以属于不同的故障组。

安全分析灵活方式的程序设计成按照激活的故障组进行分析。因此，要想运行安全分析程序，必须要有激活的开断故障组。

a．开断故障组定义。故障组的定义方法如下：

选择故障定义对话框的"故障组"按钮，对话框切换到故障组的定义、删除、激活界面。

选择菜单"编辑"，选择"增加"下拉菜单，故障组列表自动增加一条空故障组记录。

在对话框中输入故障组描述。"故障列表"的"可选择故障"显示当前库中所有已定义的可以被选择的故障列表，选出希望包含的故障，点击"＞"，该故障就进入右边一栏"已选故障信息"列表框，成为当前故障组中包含的故障。点击"≫"，所有已定义的故障进入右侧的框中（即该故障组包含所有的故障）。"＜"和"≪"完成相反的操作，可以将右栏中选定的故障或全部故障从当前的故障组中删除。只有当故障被添加到故障组中，才会随故障组一起进行分析计算。

当所有的子故障都定义完毕，单击"保存"按钮关闭对话框。

选中刚才定义的故障组名称，就会在下面"故障列表"的"已选故障信息"看到故障组中已经包含有的子故障。

b．故障组删除。首先选中要删除的故障组，然后单击"删除"按钮，系统提示"真的要删除吗？"信息，确定就删除选择的故障组信息。

c．开断故障组激活。用鼠标选择某个故障组"是否激活"项中的激活选中框，从而修改该故障组的激活状态。故障组只有被激活后才参与计算。

18）开断故障回写潮流。设置故障的回写标志位，启动计算后，潮流计算结果将显示在画面上。

19）安全分析历史运行信息。"安全分析历史运行信息"显示每次安全分析计算的运行日期、故障次数、运行收敛次数、收敛率、运行总时间、单次故障平均计算时间以及备注等相关信息。

20）安全分析日运行信息。日可用率信息显示每天的运行信息，包括计算次数、扫描故障总数、收敛故障总数、收敛率、总计算时间、单次计算平均时间等信息。月可用率信息表和年可用率信息表显示的分别是每月的运行信息和每年的运行信息。

（9）灵敏度分析简介。灵敏度是利用系统中某些物理量的微分关系，来获得因变量对自变量敏感程度的方法。根据灵敏度大小，可指导控制自变量的输入，达到控制因变量输出的目的。灵敏度计算能够计算网络有功损耗对机组有功出力的灵敏度和罚因子，为系统经济运行提供基本数据。灵敏度计算能够计算网络有功损耗对无功注入点的灵敏度，为降低线损提供参考数据。能够计算支路有功潮流对母线注入有功、母线电压对母线注入无功的灵敏度，为调度运行或其他应用提供基础数据。能够计算节点电压对机组无功、变压器分接头的灵敏度，为电压控制提供控制依据。

1）网损有功灵敏度：系统有功网损对各机组有功出力的灵敏度（也称网损微增率），即网络损耗增量与机组有功出力增量的比值 $\partial P_L / \partial P_G$。并从网损灵敏度导出罚因子 $1/（1-\partial P_L / \partial P_G）$。

2）支路有功对节点有功灵敏度：支路有功潮流对机组有功出力的灵敏度，即支路首端有功增量与机组有功出力增量的比值 $\partial P_l / \partial P_G$（本模块下，支路有功对节点有功灵敏度为支路首端有功增量绝对值对机组增量的比值，与潮流方向无关）。

3）母线电压对节点无功灵敏度：母线电压对机组无功出力灵敏度，即母线电压增量对机组无功出力增量的比值 $\partial V_i / \partial Q_G$，母线电压对容抗器投切的灵敏度，即母线电压增量对投切电容电抗器产生的无功增量的比值 $\partial V_i / \partial Q_c$。

4）母线电压对变压器变比灵敏度：母线电压对变压器抽头的灵敏度，即母线电压增量对变压器变比增量的比值 $\partial V_i / \partial K_t$。

5）支路无功对节点无功灵敏度：支路无功对机组无功出力灵敏度，即支路首端无功增量对机组无功出力增量的比值 $\partial Q_{ij} / \partial Q_G$，支路无功对容抗器投切的灵敏度，即支路无功增量对投切电容电抗器产生的无功增量的比值 $\partial Q_{ij} / \partial Q_c$。

6）支路无功对变压器变比灵敏度：支路无功对变压器抽头的灵敏度，即支路无功增量对变压器变比增量的比值 $\partial Q_{ij} / \partial K_t$。

7）设备组有功对机组有功灵敏度：稳定断面对机组有功出力的灵敏度，即稳定断面所辖各支路量测端有功增量与机组有功出力增量的比值 $\partial(P_{b1} + P_{b2} + P_{b3} + \cdots) / \partial P_G$。使用该类灵敏度时，应注意当前断面功率流向。

8）设备组合对机组组合有功的灵敏度：即设备组合所辖各支路的有功增量之和对发电机组合所辖机组有功出力增量之和的比值 $\partial(P_{b1} + P_{b2} + P_{b3} + \cdots) / \partial(P_{G1} + P_{G2} + P_{G3} + \cdots)$，发电机组合之间的出力分配应预先由用户设定，如按容量分配、按出力比值、按系数分配等。

9）实时模式：是指在电网当前模型基础上，基于实时运行方式进行分析计算。

（10）灵敏度分析说明。

1）主界面如图 2-30 所示。

2）计算参数设置。

a．潮流计算参数设置。用户通过此画面可以修改灵敏度分析潮流计算的主要控制参数，包括：潮流算法；有功收敛精度；无功收敛精度；最大迭代次数。

点击灵敏度分析主画面上计算参数控制设置中的"参数设置"按钮，进入计算参数页面，在计算参数页面中右键点击动态数据，在右键菜单中选择"灵敏度分析参数修改"菜单项，进行参数修改。

图 2-30　灵敏度分析主画面

对于最大迭代次数、功率基准值、控制器最大迭代次数、缓冲机联合调整收敛精度、无功调整策略、母线电压联合调整及是否平启动的调整与上文相同。

b. 灵敏度计算参数设置。点击灵敏度分析主画面上计算参数控制设置中的"参数设置"按钮，进入计算参数页面，同潮流参数设置画面。

是否考虑调频特性，若选择为是，则灵敏度计算认为网络中的不平衡功率将由全网发电机节点及负荷节点承担，按发电机节点及负荷节点有功比率分担该不平衡功率。

c. 运行灵敏度分析程序。点击灵敏度分析主画面的"人工启动"，即可启动一次灵敏度分析计算。

3）平衡机设置。在灵敏度分析应用下的厂站图上右键单击机组图元，在弹出的右键菜单中选择"平衡节点设置"菜单项，在弹出的窗口中选择每个岛对应的平衡机，在选定的平衡机上单击右键，单击"添加平衡机"按钮。

4）设备组定义。设备组定义功能使用户可以设定自己比较关注的线路组合或机组组合作为灵敏度分析的对象。

点击灵敏度分析主画面"设备组定义"按钮进入"设备组定义画面"。

5）新建支路组。点击支路组定义选项页，可进入支路组定义页面。

选中"支路组"，单击右键，在右键菜单中选择添加设备组，弹出对话框，提示输入"支路组名""是否激活"选项默认为激活输入支路组名后，点击"确定"，对话框消失。"支路组"

下出现新添加的支路组。

6）添加支路组成员。选择添加支路组成员的支路组，单击右键，在右键菜单中选择增加设备成员，弹出"添加公共设备"画面，在设备列表中选中所需的设备，点击 　，该设备进入已选设备栏，点击确定，支路组成员添加成功。

在支路组成员详细信息显示栏中可设置线路的首末端厂站是否置反、线路功率系数、是否激活。首末端厂站是否置反若选择"是"，统计设备组功率时取该线路的末端功率作为统计对象，若选择"否"，统计设备组功率时取该线路的首端功率作为统计对象。系数默认为1，即统计设备组功率时该线路功率乘以1，若有特殊需求可设置其他系数。激活默认为"是"，若设置为"否"则设备组中不计及该线路功率。最后点击保存可将增加的设备成员保存入库，否则将丢失该设备信息。

7）删除支路组或支路组成员。选中已有的支路组，单击右键，在右键菜单中选择删除设备组，该设备组及其下属成员都被删除。单击设备组下的成员，选择"删除"，该成员将被删除。

8）新建机组组合。点击"机组组合定义"选项页可进入机组组合定义画面。

选中"机组组合"，单击右键，在右键菜单中选择添加设备组，弹出对话框，提示输入"机组组合名""是否激活"选项默认为激活。输入机组组合名后，点击"确定"，对话框消失。机组组合下出现新添加的机组组合。

9）添加机组组合成员。在准备添加机组成员的机组组合上单击右键，在右键菜单中选择增加设备成员，弹出"添加公共设备"画面，在设备列表中选中所需的设备，点击 　，该设备进入已选设备栏，点击确定，该画面关闭，所选设备加入该机组组合中。

在机组组合成员详细信息显示栏中可设置设备组合比例类型、系数、是否激活。设备组合类型分为平均分配、按机组容量分配、按机组当前出力、按固定系数。平均分配是指该机组出力在组合出力中所提供的出力所占比例为 1/机组组合成员数；按机组容量分配是指该机组出力在组合出力中所提供的出力所占比例为机组容量/组合机组容量；按机组当前出力分配是指该机组出力在组合出力中所提供的出力所占比例为机组当前出力/机组组合出力；按固定系数是指该机组出力在组合出力中所提供的出力所占比例为机组系数/组合系数。系数用于设定机组出力所占系数，默认为 1，该系数大于 0。激活默认为"是"，若设置为"否"则机组组合中不计及该机组功率。最后点击保存可将增加的机组成员保存入库，否则将丢失该设备信息。

10）删除机组组合或机组组合成员。选中已存在的机组组合单击右键，在右键菜单中选择删除设备组，该设备组及其下属成员都被删除。

单击机组组合下的成员，选择"删除"，该成员将被删除。

11）启动计算。用户可以通过启动计算中的周期启动和人工启动计算方式。

12）灵敏度分析结果的显示。灵敏度分析计算后的结果主要有越限元件有功灵敏度、越限元件无功灵敏度、越限母线无功灵敏度、网损有功灵敏度、网损无功灵敏度等相关信息。

a．越限元件有功灵敏度。点击灵敏度分析主画面的"越限元件有功灵敏度"按钮，即可查看越限元件有功灵敏度计算结果。越限元件有功灵敏度信息列表显示越限元件的支路名称，设备名称、灵敏度等信息。

b．越限元件无功灵敏度。点击灵敏度分析主画面的"越限元件无功灵敏度"按钮，即可查看越限元件无功灵敏度计算结果。越限元件无功灵敏度信息列表显示越限元件的支路名称，设备名称、灵敏度等信息。

c．越限母线无功灵敏度。点击灵敏度分析主画面的"越限母线无功灵敏度"按钮，即可查看越限母线无功灵敏度计算结果。越限母线无功灵敏度信息列表显示越限元件的母线名称，无功设备名称、灵敏度等信息。

d．网损有功灵敏度。点击灵敏度分析主画面的"网损有功灵敏度"按钮，即可查看网损有功灵敏度计算结果。网损有功灵敏度信息列表显示越限元件的机组名称，罚因子、灵敏度等信息。

e．网损无功灵敏度。点击灵敏度分析主画面的"网损无功灵敏度"按钮，即可查看网损无功灵敏度计算结果。网损无功灵敏度信息列表显示越限元件的机组名称，罚因子、灵敏度等信息。

13）灵敏度结果查询。点击灵敏度分析主画面的"灵敏度结果查询"按钮，即可查看各设备之间的灵敏度。

灵敏度查询分为有功灵敏度查询、无功灵敏度查询、设备组查询三大类，通过点击查询界面的右侧大类下的子选项可切换查询界面。该查询界面的操作大同小异，以下仅以支路及断面对机组的灵敏度结果为例进行说明。

支路及断面对机组灵敏度。点击有功灵敏度查询下的"支路及断面对机组"标签，可将画面切换至"支路及断面对机组"灵敏度结果查询画面。

14）批量查询。灵敏度结果的查询方式默认都为批量查询，批量查询是指在线路列表、变压器支路列表、机组列表等设备列表中，单击某一设备，即可查询到与其相关的所有灵敏度。

15）点对点查询。点对点查询方式下，右键"添加"线路、变压器支路、断面列表中的设备，该设备进入"已选支路及断面"框，在"已选支路及断面"框选中一条记录，点击上移、下移、移出，清除按键对"已选支路及断面"框有效；右键"添加"机组列表中的设备，该设备进入"已选机组"框。在"已选机组"框选中一条记录，点击上移、下移、移出，清除按键对"已选机组"框有效。

16）分析结果。查询得到的结果较多，可对结果进行过滤定位到关注的结果集。点击"刷新查询"按钮，将对已选框中的设备进行灵敏度查询；点击清除结果，可将查询结果框内的内容清除；按灵敏度值过滤结果，点击过滤结果，可按 上限 [　　　] 下限 [　　　] 中的值对结果框内的值进行过滤，仅显示灵敏度绝对值在这个范围内的记录；按设备类型过滤结果，如当前结果为所有设备对某一台发电机的灵敏度，通过勾选 ☑线路　☑变压器支路　☑监视断面　☑自定义断面 中的选项，可按选定的设备类型过滤结果，仅显示选中设备类型对该发电机的灵敏度。

四、保信故障录波

（一）主界面

主界面如图 2-31 所示。

图 2-31　保信故障录波主界面

（二）功能说明

1. 实时告警

在二次设备主页系统菜单栏上点击"实时告警"按钮。

点击该按钮后，调用了"二次设备在线监视告警"程序，该程序实时显示故障信息。

点击按钮后，打开实时告警监视窗口，告警窗口实时显示最近的故障报告、最新的装置信息（装置事件、自检告警、普通遥信、录波简报）、通用告警（装置通信状态信息、运行检修信息等系统级告警信息）。

装置信息页面可按照装置信息类别（装置事件、自检告警、普通遥信、录波简报）分类显示。

实时告警窗口底部的工具栏可设置对所有信息按照厂站、一次设备的过滤（勾选后生效）；告警抑制决定装置处于检修状态时上送的实时信息是否在告警窗口显示（勾选后生效）；确认、确认全部、删除确认对所有信息进行单个、全部信息确认及删除的操作。

故障报告页面：双击故障报告页面中任意一条故障信息，可打开查看该条报告的详细内容。

装置信息页面：双击装置信息页面中任意一条录波简报，若该简报描述的录波文件存在可打开查看该录波文件的详细内容，文件不存在下发召唤文件命令。

2. 装置操作

（1）在二次设备主页系统菜单栏上点击"装置操作"按钮。

1）设备树：显示区域、厂站及设备的隶属关系、运行状态。

2）装置操作：显示装置属性信息、执行装置信息召唤、历史查询操作。

3）命令执行列表：显示当前正在执行的装置操作。

（2）操作列表。左侧为厂站列表，在厂站名前有通信状态，通信正常显示绿色，通信中断的厂站显示红色，点开厂站节点，可显示接入的保护设备通信状态。

（3）定值操作。在操作界面中可对装置进行信息召唤等命令，切换到"定值栏"。

（4）历史信息查询。历史信息查询，可按信息源（本地历史、子站历史）、时间查询装置历史信息，可按照类别查看历史信息详细内容；录波简报信息显示当前录波文件的存储状态，不存在录波文件则双击录波简报召唤对应的录波文件。

3. 遥控操作

（1）切换定值区。在首页上点击"厂站目录"按钮，选中一个厂站进入间隔图里面，然后选择一个间隔点击进去。在当前定值区区号上右键，点击切区允许、切换定值区，弹出窗口，填写上相应的厂站、设备以及操作人、监护人密码账户，点击预较，成功后点击执行。

（2）投退软压板。与上述切换定值区相同操作进入到保信间隔图里面，然后在软压板上右键，点击遥控允许、遥控操作，弹出窗口，填写上相应的厂站、设备以及操作人、监护人密码账户，点击预较，成功后点击执行。

4. 通道监视及运行统计

（1）通信统计。在首页上点击"统计"按钮，运行统计窗口打开，通信统计页面显示了接入子站的通道信息，如"通信状态""IP 地址""IED 通信正常率"等；可按照时间查询通道的历史通信状态变化。

（2）设备统计。设备统计页面可按照区域、电压等级、厂站、设备类型、设备型号等统计系统中每种类型设备的设备属性及运行信息。

5. 故障报告浏览及归档

（1）故障报告。在二次设备主页系统菜单栏上点击"故障报告"按钮，调用故障报告程序。

（2）波形分析。在故障报告中，点击录波文件，可调用程序打开文件进行波形分析。如图 2-32 所示。

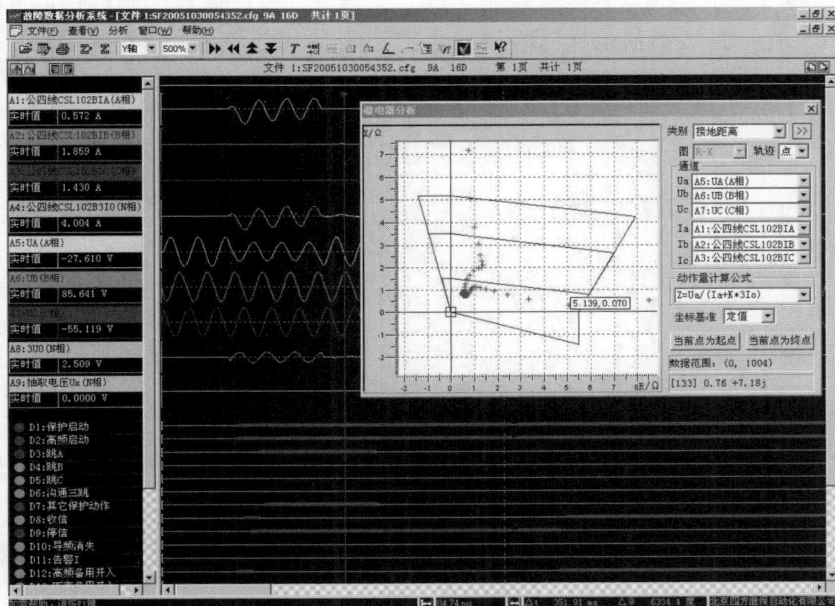

图 2-32　波形分析

能够对从子站接收到的 COMTRADE 格式录波文件进行波形分析，能以多种颜色显示各个通道的波形、名称、有效值、瞬时值、开关量状态，能对单个或全部通道的波形进行放大缩小操作，能对波形进行标注，能局部或全部打印波形，能自定义显示的通道个数，能显示双游标，能正确显示变频分段录波文件，能进行向量和谐波分析。

6. 点表入库

（1）在点表文件所在路径下选择以下两种执行方式之一：

1）iedrsdb+空格+点表名，如 iedrsdb test.txt，增量入库方式，数据存在就按照点表修改，不存在则插入；

2）iedrsd+空格+点表名+空格+init，如 iedrsdb test.txt init，此时会先删除该厂站已有所有保信数据，然后根据点表进行插入。

日志路径：为~/var/log/Iedlog/路径下 iedmultisrc 加当前日期如：iedmultisrc_20170221.log

（2）入库信息确认：

1）保护装置信息表，主要确认装置数目、中文名称是否正确，保信 IED 标识（对应点表保信前置装置标识列）与点表是否一致。装置唯一判断方式是厂站+间隔+装置名称。

2）保护装置逻辑设备表，主要确认所属 IED 的 ID 不为空，数目与点表装置数目一致（应与保护装置信息表数目一致）。

3）保护信号表，主要确认入库数目是否与点表一致（可以通过厂站和保信专用标志列为 1 进行过滤），确认保信专用保护装置 ID 不为空，点表中双确认信号 ID 不为空的对比保信专用保留 2 列。

4）保信远动信号关系表，主要确认数目与点表一致，信息都不为空，保信信号 ID（对应点表保信前置信号标识列）准确无误。

五、AVC 功能

（一）概述

自动电压控制（AVC）是智能电网调度技术支持系统（D5000 系统）一项重要和基础的功能，它是指电压或无功控制设备根据调度中心 AVC 软件计算结果输出的设点调节命令，自动调节控制设备的无功出力或电压值以使电网的电压维持在计划值上下限之内的闭环调节过程，AVC 的投入可以减轻调度人员的劳动强度，保证电网电压质量和降低网损，提高电网运行的现代化水平。

本模块主要介绍 D5000 系统 AVC 应用的功能和人机界面的操作。人机界面主要包含模型生成与维护、运行状态监视、控制命令与告警、历史查询与统计、AVC 应用运行概要信息等五大部分。如图 2-33 所示。

图 2-33　AVC 应用主界面

（二）AVC 功能说明

1. 模型维护

（1）系统参数设置。点击"系统参数设置"按钮，则弹出"系统参数设置"对话框。AVC系统参数设置画面提供对 AVC 运行的一些系统级参数进行修改的接口，直接在对应的框中输入设定参数值，点击"确定"按钮，输入用户名和密码，即可完成修改。包括以下参数：

1）AVC 运行周期：即 AVC 软件进行优化计算并形成和下发控制命令的时间周期，必须为 AVC 监视周期的整数倍。

2）AVC 监视周期：即 AVC 软件进行实时数据读取，并做设备运行状态监视和命令校验的时间周期。

3）AVC 运行状态：即 AVC 软件运行的不同状态，包括："退出计算"即软件运行只进行基本的设备状态监视而不做优化计算；"开环运行"即软件运行进行优化计算但不下发控制命令；"闭环控制"即软件运行进行优化计算并下发控制命令（需要将厂站也设置闭环）。

4）另外还包括"监视设置"和"控制设置"框，其中包括以下参数：

a. 设备失败检查次数：即 AVC 软件对设备命令状态检查多少次后即认为失败。

b. 设备容许失败次数：即 AVC 软件对设备命令状态检查失败多少次后即认为不可用。

c. 机组跟踪容许误差：即 AVC 软件在对机组设备状态进行检查时，其量测值与控制目标值之差在多大范围内被认为合格。

d. 变压器跟踪容许误差：即 AVC 软件在对变压器设备状态进行检查时，其量测值与控制目标值之差在多大范围内被认为合格。

e. 电容电抗器跟踪容许误差：即 AVC 软件在对电容电抗器设备状态进行检查时，其量测值与控制目标值之差在多大范围内被认为合格。

f. 状态估计合格率门槛：即 AVC 算法基于状态估计结果进行优化计算，如果状态估计的遥测合格率在该值以下，则认为状态估计结果不可用。

g. 变压器控制闭锁时间（补偿设备监视画面有设置）：即 AVC 算法在对变压器设备进行控制调节时，连续两次控制之间的最小时间间隔，避免调节过于频繁。

h. 电容电抗器控制闭锁时间（变压器监视画面有设置）：即 AVC 算法在对电容电抗器控制调节时，连续两次控制之间的最小时间间隔，避免调节过于频繁。

i. 结合短期预测数据：即 AVC 系统是否考虑短期负荷预测和电压波动预测结果。0 表示不结合，1 表示结合。

j. 考核 110 厂站：是否对 110kV 厂站的越限情况进行处理，0 表示不处理，1 表示处理。

（2）实时电网模型。点击"实时电网模型"按钮，则弹出"AVC 实时电网模型"画面，如图 2-34 所示。该画面用于展示 AVC 实时读取的状态估计的电网模型（E 文本），包括厂站信息、母线信息、交流线路信息、发电机组信息、变压器信息、负荷信息、并补信息等。

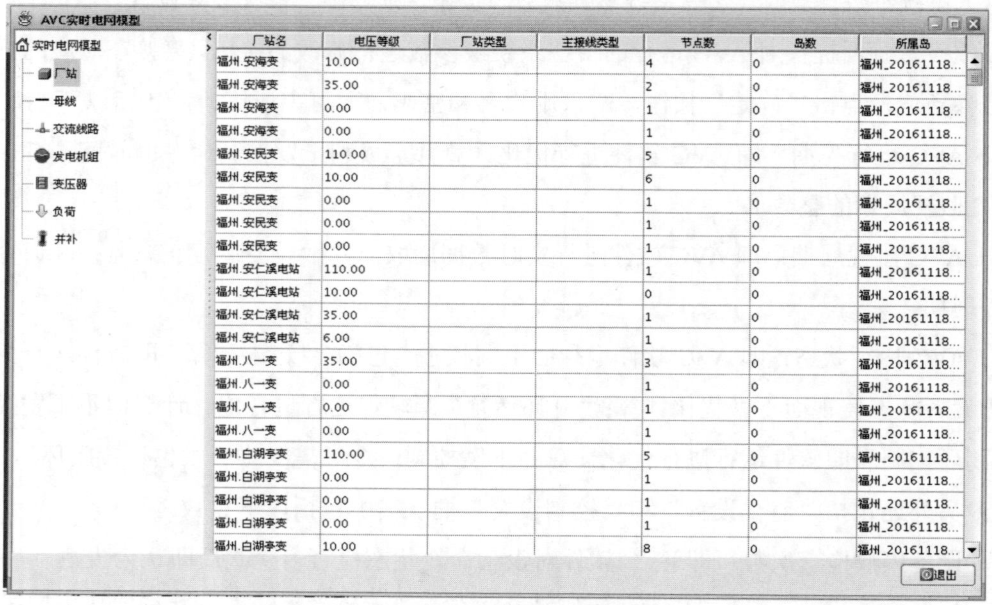

厂站名	电压等级	厂站类型	主接线类型	节点数	岛数	所属岛
福州.安海变	10.00			4	0	福州_20161118...
福州.安海变	35.00			2	0	福州_20161118...
福州.安海变	0.00			1	0	福州_20161118...
福州.安海变	0.00			1	0	福州_20161118...
福州.安民变	110.00			5	0	福州_20161118...
福州.安民变	10.00			6	0	福州_20161118...
福州.安民变	0.00			1	0	福州_20161118...
福州.安民变	0.00			1	0	福州_20161118...
福州.安民变	0.00			1	0	福州_20161118...
福州.安仁溪电站	110.00			1	0	福州_20161118...
福州.安仁溪电站	10.00			0	0	福州_20161118...
福州.安仁溪电站	35.00			1	0	福州_20161118...
福州.安仁溪电站	6.00			1	0	福州_20161118...
福州.八一变	35.00			3	0	福州_20161118...
福州.八一变	0.00			1	0	福州_20161118...
福州.八一变	0.00			1	0	福州_20161118...
福州.八一变	0.00			1	0	福州_20161118...
福州.白湖亭变	110.00			5	0	福州_20161118...
福州.白湖亭变	0.00			1	0	福州_20161118...
福州.白湖亭变	0.00			1	0	福州_20161118...
福州.白湖亭变	0.00			1	0	福州_20161118...
福州.白湖亭变	10.00			8	0	福州_20161118...

图 2-34 AVC 实时电网模型

（3）保护信号监视。保护信号监视画面用于向用户展示设备的保护信号以及触发状态（触发状态每个运行周期都会刷新）。保护信号触发的设备将被闭锁，不再参与计算。可以通过汉字查询功能快速定位到对应的厂站。

每个设备对应的保护信号，是根据 AVC 设备表中的间隔 ID，匹配 SCADA 保护信号表的间隔 ID，每天凌晨重新导入。

（4）电压限值维护。点击电压限值维护按钮，打开电压限值维护画面，该画面用于设置母线电压上下限。

时间：显示最近一次的修改时间；

限值类型：选择“电压上限”或“电压下限”；

起止时间、限值：用于批量修改，设定起止时间，填入限值后，点击设置按钮，即可批量修改；

保存：电压上下限全部设置/修改完毕后，点击保存按钮，输入用户名、密码进行保存；

汉字查询：通过汉字查询可快速定位母线。

（5）利率限值维护。点击利率限值维护按钮，打开利率限值维护画面，该画面用于设置变压器 96 点功率因数上下限。

用法同电压限值维护。

说明：目前利率限值维护中没有数据（目前利率限值不是在此维护）。

2. 运行状态监视

运行状态监视画面用于对电网无功电压分布和控制设备运行状态、受控状态等进行集中监视，包括厂站监视、电容电抗器监视、变压器监视和厂站信号监视。

（1）厂站监视。点击"厂站监视"按钮弹出厂站监视画面，该画面以表格的形式显示系统中的 AVC 厂站的运行情况，如图 2-35 所示，画面分上下两栏，上面一栏显示当前参与闭环控制 AVC 厂站，下面一栏显示未参与闭环控制的 AVC 厂站（包含开环和闭锁）。表格中包括了 AVC 厂站的远投状态、主站计算状态。其中远投状态为默认设置，主站计算状态可以手动修改。

可以通过画面中的区域选择和厂站名称对数据进行筛选，以及通过汉字查询对数据进行定位。

当在显示列表中点击选中某个厂站后，列表栏的下方的参数修改区会显示该厂站的相关信息。用户可在下拉列表中对厂站的计算状态进行修改，修改完成后，点击"修改"按钮，输入用户名和密码即可修改。

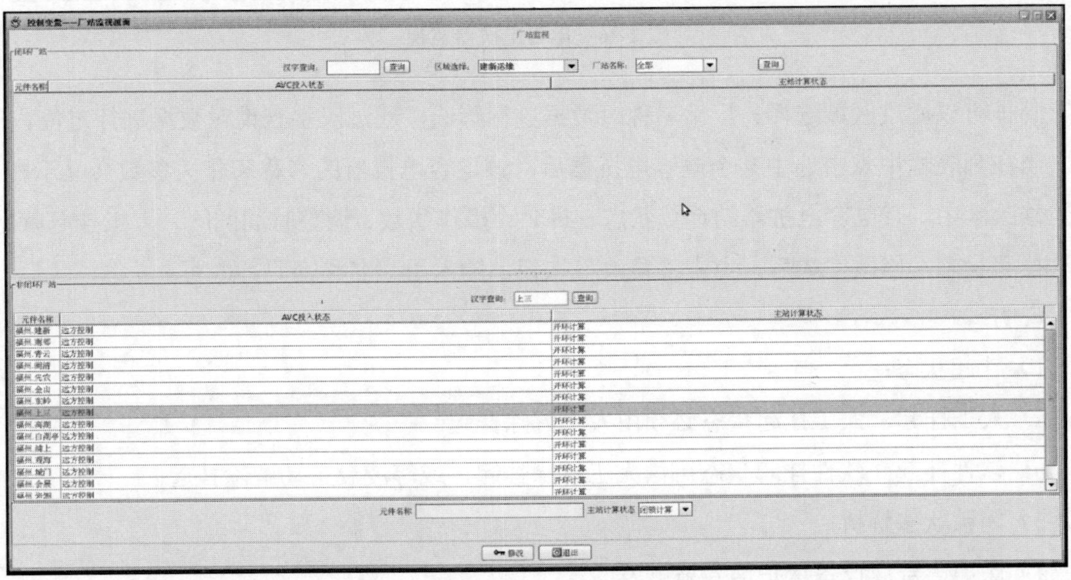

图 2-35 厂站监视

（2）电容电抗器监视。点击"电容电抗器监视"，弹出电容电抗器监视画面，该画面显示系统中作为 AVC 系统控制设备的电容电抗器的运行情况，如图 2-36 所示。画面分上下两栏，上面一栏显示当前正常投入受控中的电容电抗器，下面一栏显示因各种原因而不能控制的电容电抗器。表格中包括了 AVC 电容电抗器的运行状态、计算状态、远投状态、是否挂起、补偿无功实际值、额定容量、操作次数，闭锁状态，也包括了日允许操作次数、调整时间间隔的参数设置。

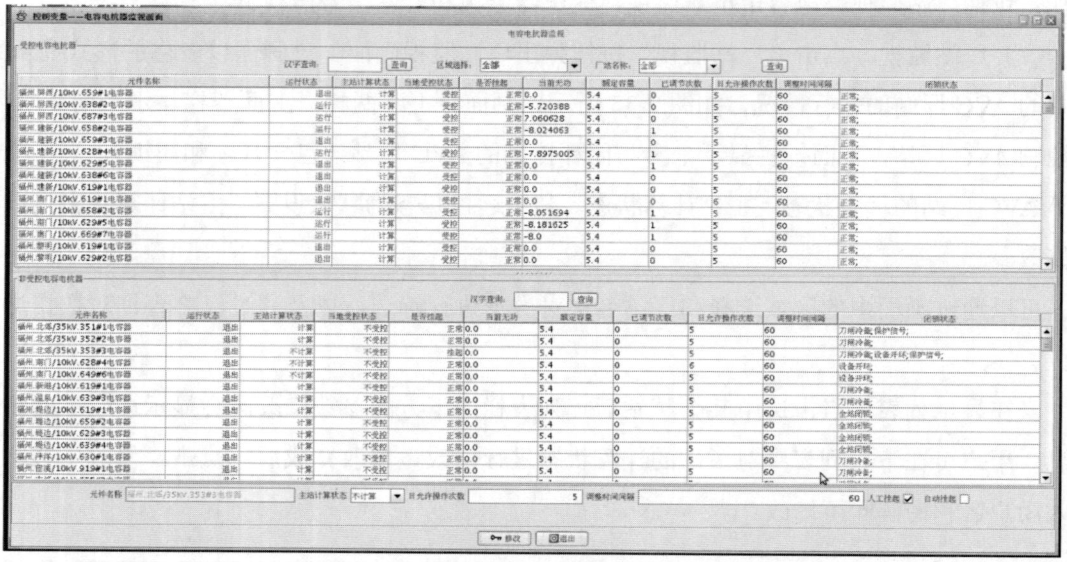

图 2-36　电容电抗器监视

同样可以通过区域选择、厂站名称对数据进行筛选，通过汉字查询对数据进行定位。

当在列表栏中点击选中某个电容电抗器后，该电容电抗器的名称和相关参数会显示在下方的修改区中，有电容电抗器的计算状态、日允许操作次数、调整时间间隔、人工挂起状态、自动挂起状态，修改完成后，点击"修改"按钮，输入用户名和密码，即可。

说明：

1）挂起状态：

a．人工挂起，人工挂起状态必须由人工解除挂起。

b．软件挂起，软件挂起状态可由人工解除挂起，或等凌晨自动解除挂起。

2）闭锁状态解析：

a．保护信号：设备保护信号被触发。

b．调节次数已满：设备调节次数达到上限。

c．设备开环：设备被置为不计算。

d．刀闸冷备：刀闸位置。

e. 全站闭锁：设备所属厂站闭锁。

f. 人工挂起：手动在画面上挂起设备（必须手动在画面上解除）。

g. 软件挂起：由于调节超过失败次数导致软件将设备挂起（可在画面上解除挂起，或第二天自动解除）。

h. 设备挂牌：设备已挂牌。

（3）变压器监视。点击"变压器监视"按钮，弹出变压器监视画面，该画面显示系统中作为 AVC 系统控制设备的有载调压变压器的运行情况，如图 2-37 所示，画面分上下两栏，上面一栏显示当前正常投入受控中的变压器，下面一栏显示因各种原因而不能控制的变压器。表格中包括了变压器的运行状态、计算状态、远投状态、是否挂起、抽头档位实际值、当前已调整次数、闭锁状态等信息，也包括了日允许调整次数、一次最大可调整档位、调整时间间隔的参数设置。

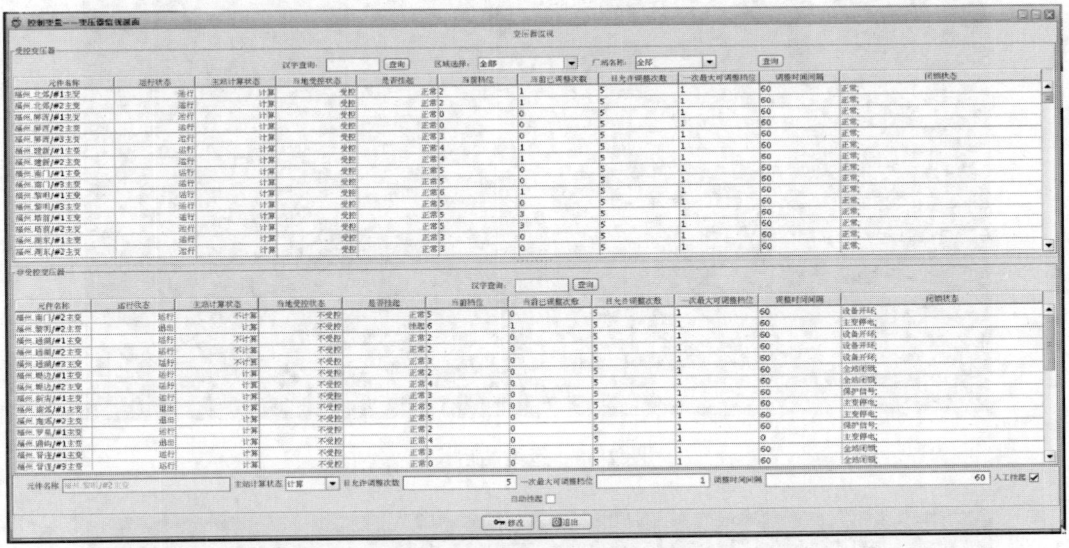

图 2-37 变压器监视

同样可以通过区域选择、厂站名称对数据进行筛选，通过汉字查询对数据进行定位。

当在列表栏中点击选中某个变压器后，该变压器的名称和相关参数会显示在下方的修改区中，有变压器的计算状态、日允许调整次数、一次最大可调整档位、调整时间间隔、人工挂起状态、自动挂起状态，修改完成后，点击"修改"按钮，输入用户名和密码即可。

说明：

1）挂起状态。同电容器电抗器挂起状态。

2）闭锁状态。

　　a. 设备开环：变压器被置为不计算。

　　b. 保护信号：保护信号被触发。

　　c. 全站闭锁：变压器所属厂站被置为闭锁。

　　d. 主变停电：主变停电。

　　e. 人工挂起：手动在画面上挂起设备（必须手动在画面上解除）。

　　f. 软件挂起：由于调节超过失败次数导致软件将设备挂起（可在画面上解除挂起，或第二天自动解除）。

　　（4）厂站信号监视。点击"厂站信号监视"按钮，弹出如图 2-38 所示画面，该画面拷贝自平台，直接点击按钮可以进入接线图，点击按钮右侧的圆圈，可以进入厂站信号监视画面，如图 2-39 所示。

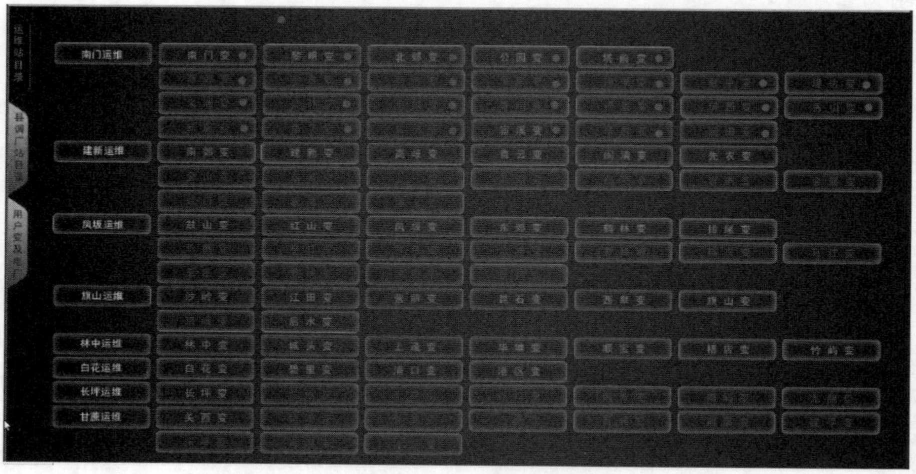

图 2-38　运维站目录

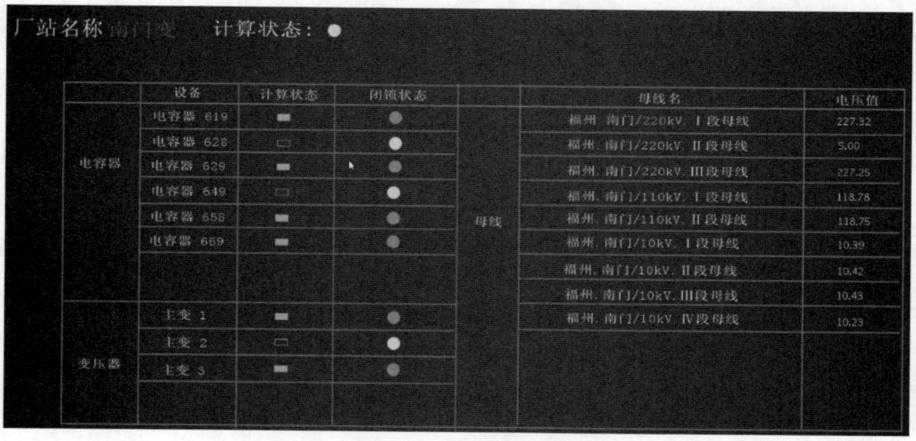

图 2-39　厂站信号监视画面

厂站信号监视画面，以表格的形式列出各个参与 AVC 系统控制的厂站及站内设备、母线的运行状态，具体说明如下：

1）厂站计算状态：由圆形图标显示该站的厂站计算状态（见图 2-39 厂站信号监视画面）。

a. 绿色表示闭环计算，即该厂站参与 AVC 主计算并允许控制命令；

b. 黄色表示开环计算，即该厂站参与 AVC 主计算，但不允许控制命令；

c. 红色表示闭锁计算，即该厂站不参与 AVC 主计算。

2）设备计算状态：由方形图标显示该设备的计算状态（见图 2-36 电容电抗器监视和图 2-37 变压器监视）。

a. 实心表示计算，即该设备参与 AVC 主计算；

b. 空心表示不计算，即该设备不参与 AVC 主计算。

3）设备闭锁状态：由圆形图标显示该设备的闭锁状态。

a. 绿色表示设备未闭锁；

b. 黄色表示设备已闭锁，且处于软闭锁状态（自动解锁）；

c. 红色表示设备已闭锁，且处于硬闭锁状态（需要手动解锁）。

说明：

软闭锁类型和硬闭锁类型区别于软闭锁状态和硬闭锁状态，例如：①如果保护信号被设置成软闭锁类型，那么当保护信号被触发后，设备进入软闭锁状态，如果保护信号复归，设备可自动解锁；②如果保护信号被设置成硬闭锁类型，那么当保护信号被触发后，设备进入硬闭锁状态，如果保护信号复归，设备也不会解锁，需要手动解锁。

4）电压值：显示该站内的母线电压值。

（5）电压监视。点击"电压监视"按钮，即进入"电压监视"画面，如图 2-40 所示。画面显示了当前 AVC 系统中参与监视控制的厂站母线的电压情况，其中包括了电压实际值、优化目标值、上下限值及是否越限。

（6）关口利率监视。点击"关口利率监视"按钮，即进入"功率因数监视"画面，如图 2-41 所示。该画面显示所有参与 AVC 控制的 220kV 电压等级的变电站的功率因数情况。包括了厂站名称、变压器名称（当并列运行时显示"全站"，当分列运行时显示具体点变压器名称）、关口有功、关口无功、功率因数、功率因数上限、功率因数下限、是否越限。

3. 控制命令与告警

控制命令与告警画面用于在 AVC 优化控制决策后，展示 AVC 实时控制策略、优化决策过程中的闭锁与告警信息和控制设备的响应情况等，包括控制命令、电容电抗器响应、变压器响应、实时告警信息、闭锁定义、闭锁查询等。

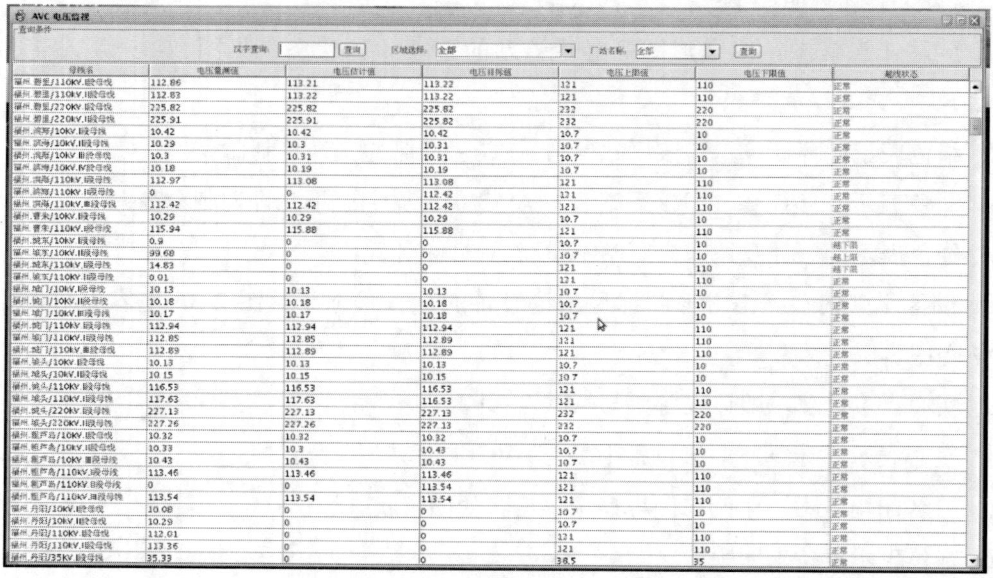

AVC 电压监视

查询条件　汉字查询：　查询　区域选择：全部　厂站名称：全部　查询

母线名	电压量测值	电压估计值	电压目标值	电压上限值	电压下限值	越限状态
福州.碧里/110kV.I段母线	112.86	113.21	113.22	121	110	正常
福州.碧里/110kV.II段母线	112.83	113.22	113.22	121	110	正常
福州.碧里/220kV.I段母线	225.82	225.82	225.82	232	220	正常
福州.碧里/220kV.II段母线	225.91	225.91	225.82	232	220	正常
福州.滨海/10kV.I段母线	10.42	10.42	10.42	10.7	10	正常
福州.滨海/10kV.II段母线	10.29	10.3	10.31	10.7	10	正常
福州.滨海/10kV.III段母线	10.3	10.31	10.31	10.7	10	正常
福州.滨海/10kV.IV段母线	10.18	10.19	10.19	10.7	10	正常
福州.滨海/110kV.I段母线	112.97	113.08	113.08	121	110	正常
福州.滨海/110kV.II段母线	0	0	112.42	121	110	正常
福州.滨海/110kV.III段母线	112.42	112.42	112.42	121	110	正常
福州.曹朱/10kV.I段母线	10.29	10.29	10.29	10.7	10	正常
福州.曹朱/110kV.I段母线	115.94	115.88	115.88	121	110	正常
福州.城东/10kV.I段母线	0.9	0	0	10.7	10	越下限
福州.城东/10kV.II段母线	99.68	0	0	10.7	10	越上限
福州.城东/110kV.I段母线	14.83	0	0	121	110	越下限
福州.城东/110kV.II段母线	0.01	0	0	121	110	正常
福州.城门/10kV.I段母线	10.13	10.13	10.13	10.7	10	正常
福州.城门/10kV.II段母线	10.18	10.18	10.18	10.7	10	正常
福州.城门/10kV.III段母线	10.17	10.17	10.18	10.7	10	正常
福州.城门/110kV.I段母线	112.94	112.94	112.94	121	110	正常
福州.城门/110kV.II段母线	112.85	112.85	112.89	121	110	正常
福州.城门/110kV.III段母线	112.89	112.89	112.89	121	110	正常
福州.城头/10kV.I段母线	10.13	10.13	10.13	10.7	10	正常
福州.城头/10kV.II段母线	10.15	10.15	10.15	10.7	10	正常
福州.城头/110kV.I段母线	116.53	116.53	116.53	121	110	正常
福州.城头/110kV.II段母线	117.63	117.63	116.53	121	110	正常
福州.城头/220kV.I段母线	227.13	227.13	227.13	232	220	正常
福州.城头/220kV.II段母线	227.26	227.26	227.13	232	220	正常
福州.葫芦岛/10kV.I段母线	10.32	10.32	10.32	10.7	10	正常
福州.葫芦岛/10kV.II段母线	10.33	10.3	10.43	10.7	10	正常
福州.葫芦岛/10kV.III段母线	10.43	10.43	10.43	10.7	10	正常
福州.葫芦岛/110kV.I段母线	113.46	113.46	113.46	121	110	正常
福州.葫芦岛/110kV.II段母线	0	0	113.54	121	110	正常
福州.葫芦岛/110kV.III段母线	113.54	113.54	113.54	121	110	正常
福州.丹阳/10kV.I段母线	10.08	0	0	10.7	10	正常
福州.丹阳/10kV.II段母线	10.29	0	0	10.7	10	正常
福州.丹阳/110kV.I段母线	112.01	0	0	121	110	正常
福州.丹阳/110kV.II段母线	113.36	0	0	121	110	正常
福州.丹阳/35kV.I段母线	35.33	0	0	38.5	35	正常

图 2-40　母线电压监视

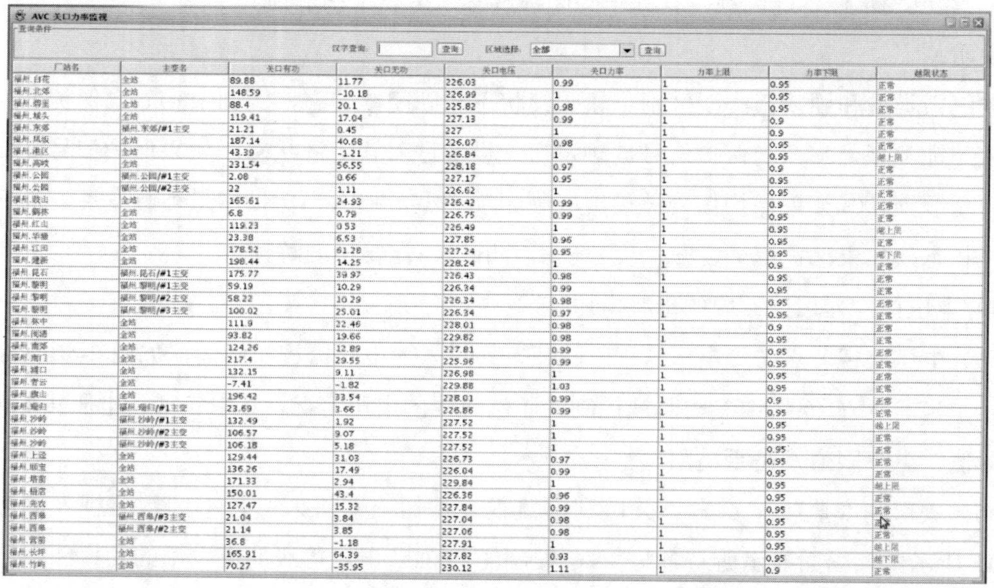

AVC 关口力率监视

查询条件　汉字查询：　查询　区域选择：全部　查询

厂站名	主变名	关口有功	关口无功	关口电压	关口力率	力率上限	力率下限	越限状态
福州.白花	全站	89.88	11.77	226.03	0.99	1	0.95	正常
福州.北郊	全站	148.59	-10.18	226.99	1	1	0.95	正常
福州.碧里	全站	88.4	20.1	225.82	0.98	1	0.95	正常
福州.城头	全站	119.41	17.04	227.13	0.99	1	0.9	正常
福州.东郊	福州.东郊/#1主变	21.21	0.45	227	1	1	0.9	正常
福州.凤坂	全站	187.14	40.68	226.07	0.98	1	0.95	正常
福州.港区	全站	43.39	-1.21	226.84	1	1	0.95	越上限
福州.高岐	全站	231.54	56.55	228.18	0.97	1	0.9	正常
福州.公园	福州.公园/#1主变	2.08	0.66	227.17	0.95	1	0.95	正常
福州.公园	福州.公园/#2主变	22	1.11	226.62	1	1	0.95	正常
福州.鼓山	全站	165.61	24.93	226.42	0.99	1	0.9	正常
福州.鹤林	全站	6.8	0.79	226.75	0.99	1	0.95	正常
福州.红山	全站	119.23	0.53	226.49	1	1	0.95	越上限
福州.华塘	全站	23.38	6.53	227.85	0.96	1	0.95	正常
福州.江田	全站	178.52	61.28	227.24	0.95	1	0.95	越下限
福州.建新	全站	198.44	14.25	228.24	1	1	0.9	正常
福州.昆石	福州.昆石/#1主变	175.77	39.97	226.43	0.98	1	0.95	正常
福州.黎明	福州.黎明/#1主变	59.19	10.29	226.34	0.99	1	0.95	正常
福州.黎明	福州.黎明/#2主变	58.22	10.29	226.34	0.98	1	0.95	正常
福州.黎明	福州.黎明/#3主变	100.02	25.01	226.34	0.97	1	0.95	正常
福州.秋中	全站	111.9	22.46	228.01	0.98	1	0.9	正常
福州.闽清	全站	93.82	19.66	229.82	0.98	1	0.95	正常
福州.南郊	全站	124.26	12.89	227.81	0.99	1	0.95	正常
福州.南门	全站	217.4	29.55	225.96	0.99	1	0.95	正常
福州.浦口	全站	132.15	9.11	226.98	1	1	0.95	正常
福州.青云	全站	-7.41	-1.82	229.88	1.03	1	0.95	正常
福州.旗山	全站	196.42	33.54	228.01	0.99	1	0.9	正常
福州.塘归	福州.塘归/#1主变	23.69	3.66	226.86	0.99	1	0.95	正常
福州.沙岭	福州.沙岭/#1主变	132.49	1.92	227.52	1	1	0.95	越上限
福州.沙岭	福州.沙岭/#2主变	106.57	9.07	227.52	1	1	0.95	正常
福州.沙岭	福州.沙岭/#3主变	106.18	5.18	227.52	1	1	0.95	正常
福州.上迳	全站	129.44	31.03	226.73	0.97	1	0.95	正常
福州.顺宝	全站	136.26	17.49	226.04	0.99	1	0.95	正常
福州.塔头	全站	171.33	2.94	229.84	1	1	0.95	越上限
福州.梧宫	全站	150.01	43.4	226.36	0.96	1	0.95	正常
福州.先农	全站	127.47	15.32	227.84	0.99	1	0.95	正常
福州.西皋	福州.西皋/#3主变	21.04	3.84	227.04	0.98	1	0.95	正常
福州.西皋	福州.西皋/#2主变	21.14	3.85	227.06	0.98	1	0.95	正常
福州.营前	全站	36.8	-1.18	227.91	1	1	0.95	越上限
福州.长坪	全站	165.91	64.39	227.82	0.93	1	0.95	越下限
福州.竹岐	全站	70.27	-35.95	230.12	1.11	1	0.9	正常

图 2-41　功率因数监视

（1）控制命令。点击“控制命令”按钮，弹出“AVC 控制策略”画面，如图 2-42 所示。在 AVC 完成计算后，即可通过此处的接口对形成的控制命令进行查看，该画面显示最近一个周期形成的控制调节方案。

通过控制策略画面可以查看指令信息，包含设备名、所属厂站、设备类型、动作前后状态，以及指令原因。

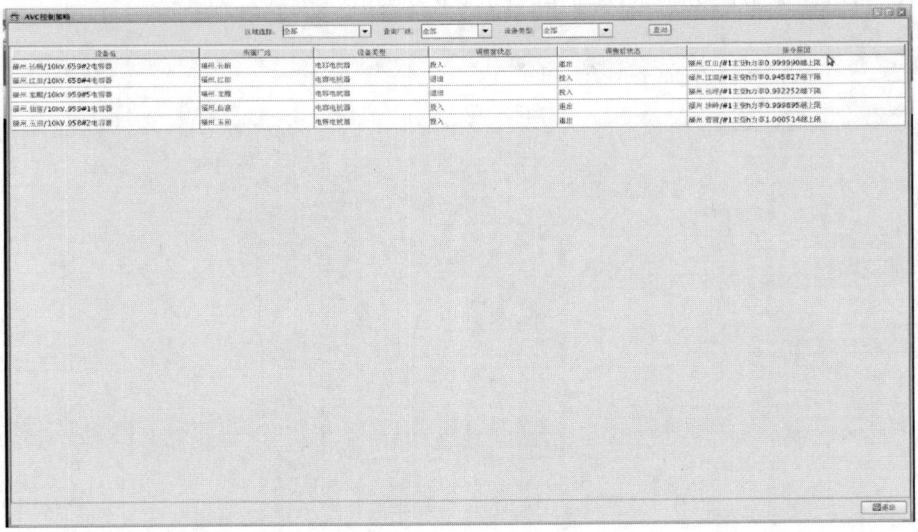

图 2-42　控制命令

（2）电容电抗器响应。点击"电容电抗器响应"按钮，即进入"AVC 电容电抗器响应"画面，如图 2-43 所示。该画面展示在 AVC 完成控制命令下发后电容电抗器设备的响应情况，包括实时电容器无功值、当日已调节次数、上次动作时间、下发失败次数等。

可以通过汉字查询对数据进行定位。

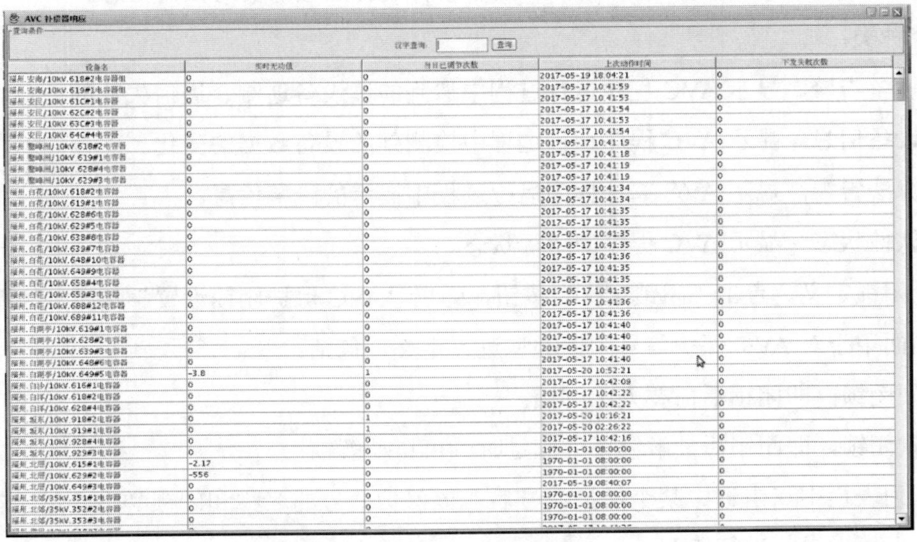

图 2-43　AVC 电容电抗器响应

（3）变压器响应。点击"变压器响应"按钮，即进入"AVC变压器响应"画面，如图2-44所示。该画面展示在AVC完成控制命令下发后变压器设备的响应情况，包括实时变压器抽头档位、档位当日已调节次数、上次动作时间、下发失败次数等。

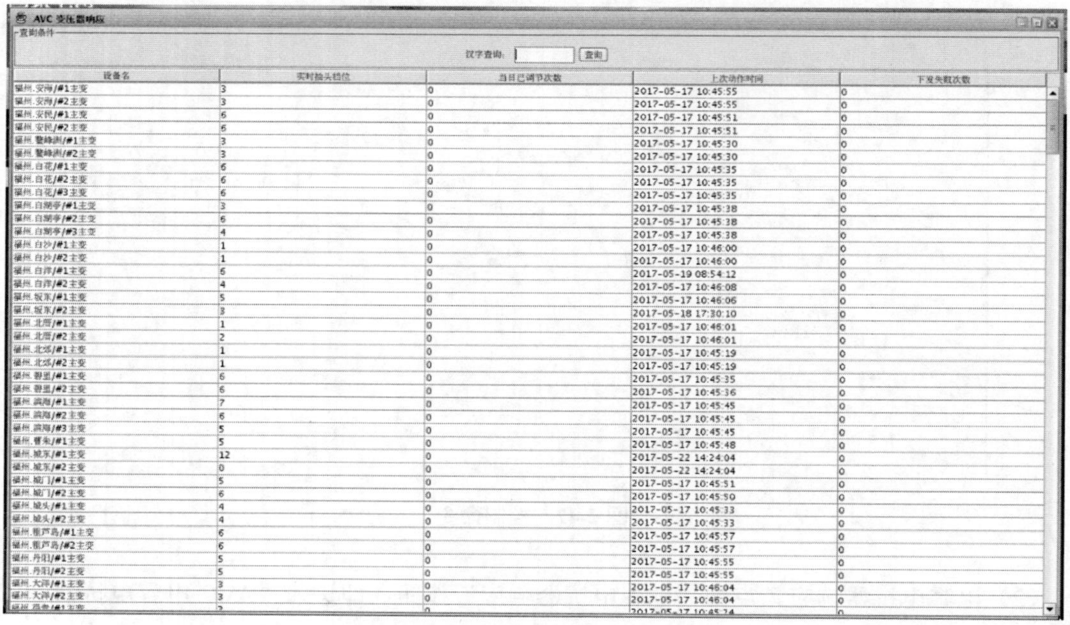

图2-44　AVC变压器响应

（4）告警信息。点击"实时告警信息"按钮，即进入"AVC实时告警信息"画面，如图2-45所示。该画面按时间逆顺序显示AVC软件运行过程的实时报警信息。

告警种类：

1）设备告警。显示AVC程序运行过程中遇到的读设备遥测、遥信失败的信息。

2）设备信息。显示AVC程序运行过程中检测到的设备数据的变化。

3）算法告警。显示AVC算法程序运行过程中提示的告警信息。

4）软件状态。显示AVC程序的运行状态。

（5）闭锁定义。点击"闭锁定义"按钮，弹出"AVC保护闭锁设置"画面，如图2-46所示。该画面用于对AVC保护信号闭锁类型进行定义，包括：

1）硬闭锁，即闭锁后需要人工解锁；

2）软闭锁，即闭锁后，解锁条件满足时，可自动解锁。

当在列表栏中点击选中某个保护信号后，该保护信号的名称和闭锁类型会显示在下方的修改区中，可以对其进行修改。

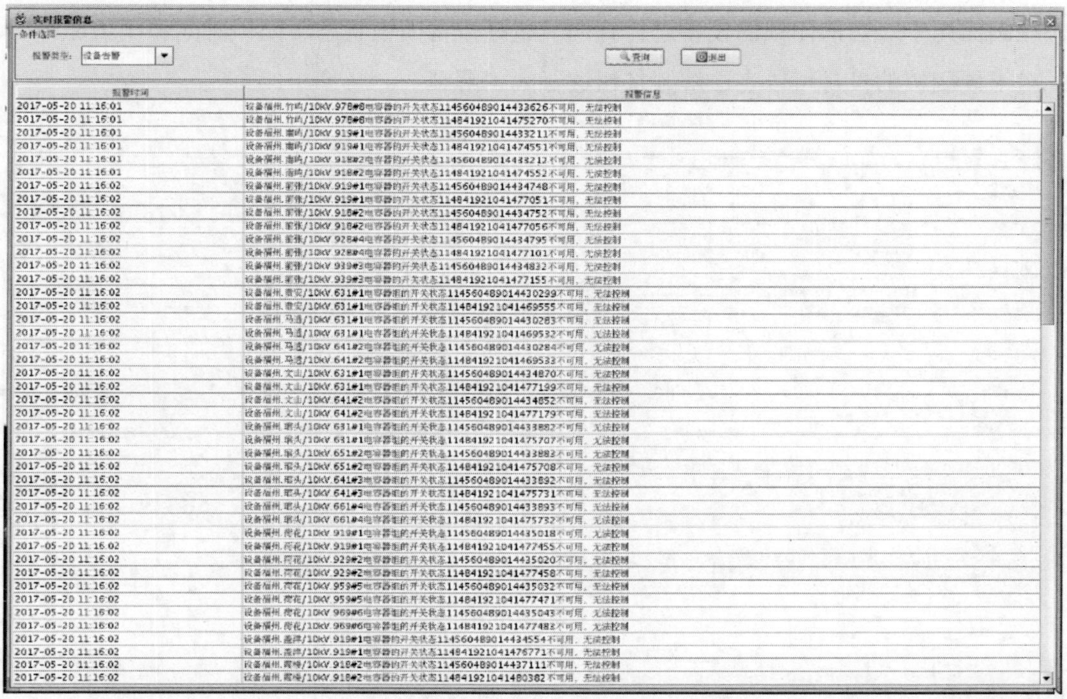

图 2-45 告警信息

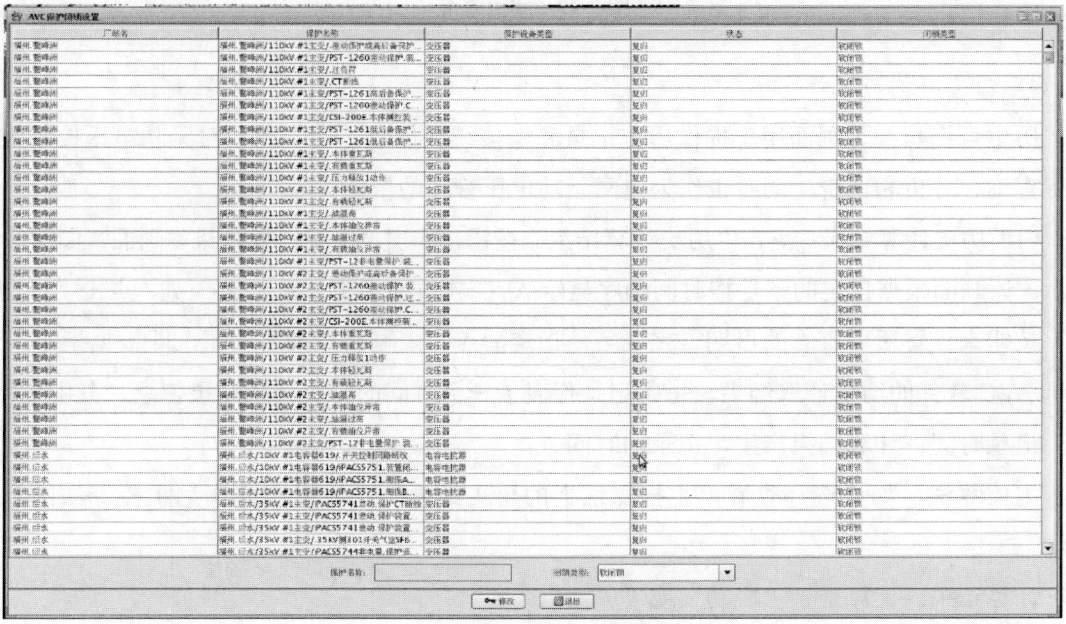

图 2-46 闭锁定义

（6）闭锁查询。点击"闭锁查询"按钮，弹出"AVC闭锁设备查询"画面，如图2-47所示。该画面用于对当前闭锁的设备进行查询，包括设备闭锁状态、闭锁时间和闭锁原因等。对于硬闭锁的设备可以点击解锁按钮进行人工解锁。

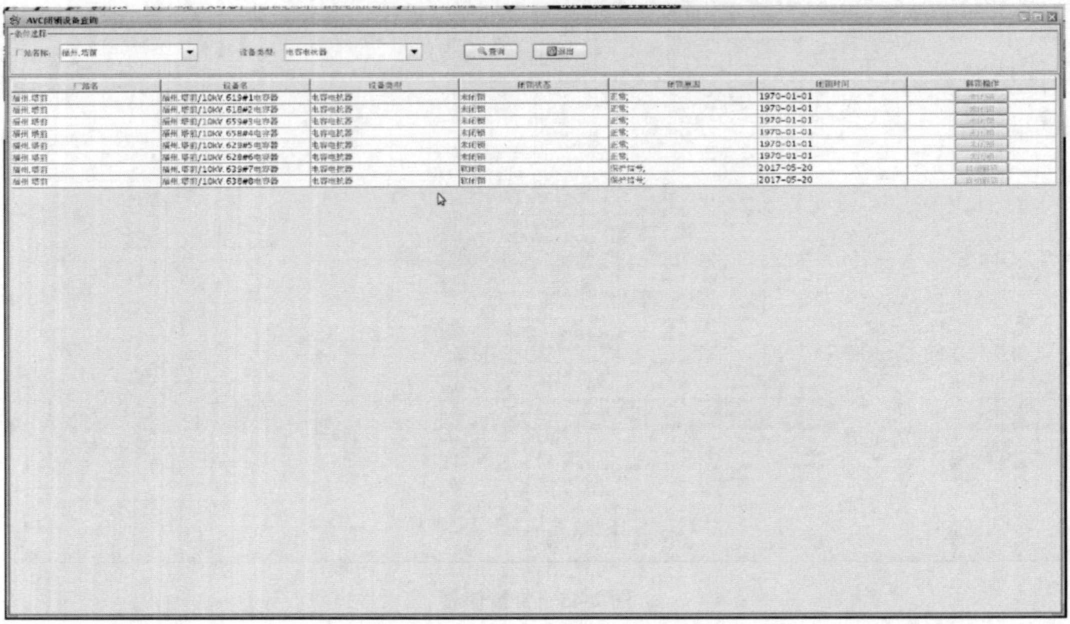

图 2-47　闭锁查询

4. 历史查询与统计

历史查询与统计画面用于提供历史记录和考核统计信息，便于用户对无功电压控制效果进行查询、分析和评价，同时也作为电网无功电压管理的依据。

（1）历史计算结果。点击"历史计算结果"按钮，弹出"历史计算结果"画面，如图 2-48 所示。该画面根据指定的条件按时间顺序显示 AVC 软件的历史计算结果一览，点击"日期设置"按钮来设置所要查看的日期，完成条件指定后点击"刷新查询"按钮，即根据指定条件显示 AVC 软件的历史计算结果。每条记录代表了一个时间的历史计算结果信息，其中包括：

记录时间：计算结果产生、记录的时间。

主控算法：如果选择查看"主控算法"的历史结果，则显示当前作为主控算法的算法名称。

计算结果：计算是否"成功"或"失败"。

结果说明：对计算成功或失败原因的详细说明。

计算前网损：算法优化计算前的网损值。

计算后网损：算法优化计算后的网损值。

优化网损：算法优化计算后比计算前减少的网损量。

电压监视点数：算法计算中参与系统监视的母线个数。

电压越限点数：算法计算中发现的电压越限的节点个数。

力率越限点数：算法计算中发现的力率越限的个数。

量测进相机组：算法计算前无功量测值进相的机组个数。

优化进相机组：算法计算后无功优化值进相的机组个数。

命令个数：算法计算形成的控制命令的个数。

是否包含离散设备：算法计算形成的控制命令中是否包含离散设备。

命令确认状态：算法计算形成的控制命令是否已被确认。

完成查看后，即可点击"退出"按钮退出该画面。

在历史计算结果总览画面中选定一条记录，双击后即弹出"详细历史计算结果画面"，如图 2-48 所示。该画面显示与选定的历史结果记录的算法、日期、时间对应的详细历史计算结果，用五个页面分别显示控制命令、越限电压、进相机组、力率越限、告警信息五部分内容，详细说明如下：

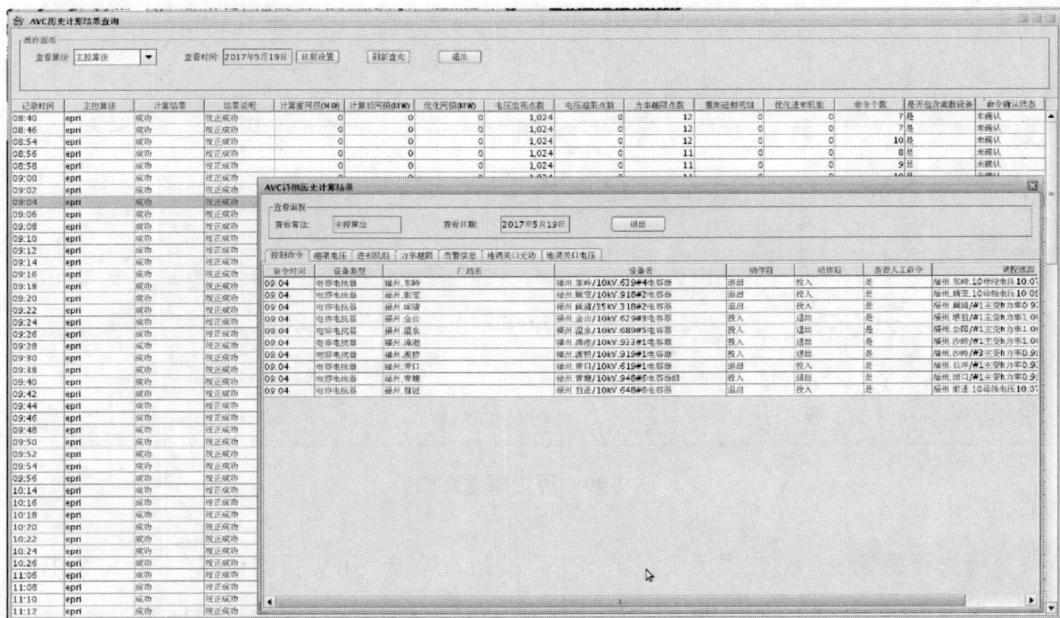

图 2-48 历史计算结果

控制命令：列表形式显示每一条控制命令记录，包括命令时间、命令设备类型、所属厂站、控制设备名称、控制前后的状态以及是否人工命令、调控原因。

进相机组：列表形式显示每一条进相机组记录，包括进相的时间、进相机组名称，无功量测值、优化无功值以及进相状态。

越限电压：列表形式显示每一条越限电压记录，包括越限的时间、越限母线名称，电压量测值、电压上、下限以及越限状态。

力率越限：列表形式显示每一条力率越限的记录，包括越限的时间、越限厂站名称，变压器名称，功率因数、功率因数上、下限以及越限状态、关口电压。

告警信息：列表形式显示本次计算时的告警记录，包括记录时间和详细告警信息。

（2）历史指令查询。通过历史指令查询画面，如图 2-49 所示，用户可以查询历史指令信息，包含指令时间、设备信息、所属厂站、指令内容和指令结果。

可以通过日期、所属区域、厂站、结果对历史指令进行筛选，并且可以通过汉字查询进行定位。

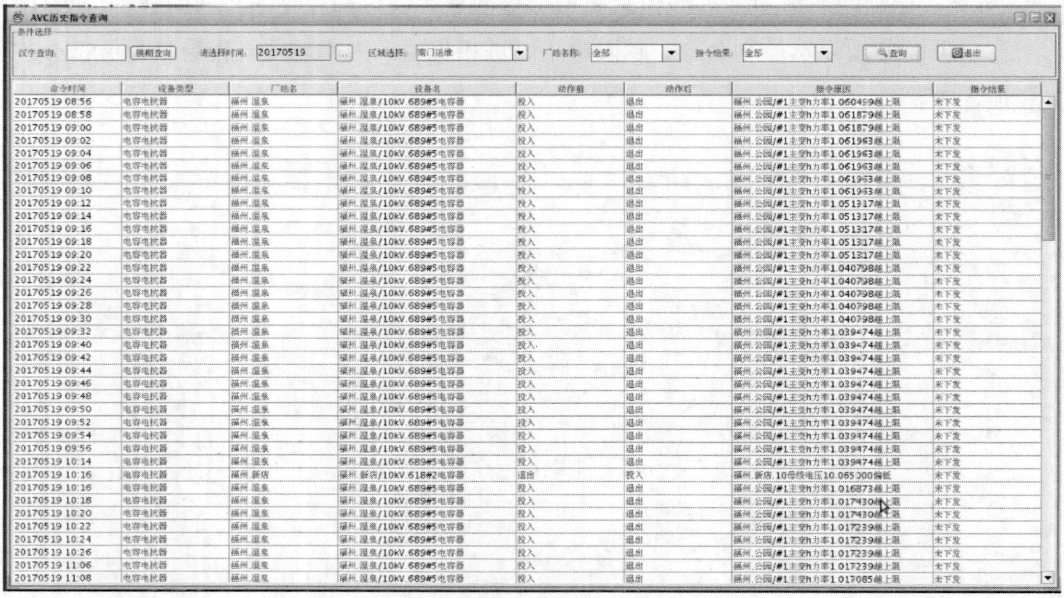

图 2-49　历史指令查询

（3）历史报警信息。点击"历史报警信息"按钮，弹出"历史报警信息"画面，如图 2-50 所示。该画面根据指定的条件按时间逆顺序显示 AVC 软件运行过程的历史报警信息，可指定的条件包括报警类型、报警厂站以及报警日期，用下拉列表框来指定报警类型、报警厂站，点击日期设置按钮来设置报警日期，完成条件指定后点击"筛选"按钮，即根据指定条件显示报警信息。其中报警类型包括：

"软件状态"：软件本身的运行状态信息，如启动、停止、开始计算等。

"软件告警"：软件内部的错误信息，如数据库操作错误、数据本身格式或数值错误、计算中的错误等。

"软件信息"：软件运行中的一些告示信息，如当前网络状态、控制点个数、计算指标值。

"设备告警"：与网络有关的错误信息，如监视节点量测异常、设备未正常执行命令。

"设备信息"：与网络有关的通知性信息，如设备投入/退出运行、监视节点发现越限等。

图 2-50　历史告警信息

（4）历史设备报警。点击"历史设备告警"按钮，弹出"历史设备告警"画面，如图 2-51 所示，用户可以查询设备报警的历史记录，包含：

主程序报警：通过设备监视画面可以看到的报警信息。

算法报警：算法告警。

由于一般一天中会产生大量告警信息，会拖慢数据处理速度，因此在查询的时候，建议先定位筛选条件，再点击查询。

（5）设备动作次数查询。点击"设备动作次数查询"按钮，弹出"AVC 设备动作次数查询" 画面，如图 2-52 所示。该画面用于根据指定的条件统计设备的动作次数和控制合格率。可指定的条件包括起止时间、区域选择、查询厂站、设备类型，完成条件指定后点击"查询"按钮，即根据指定条件显示设备动作次数和控制合格率（闭环控制才会统计）的信息。

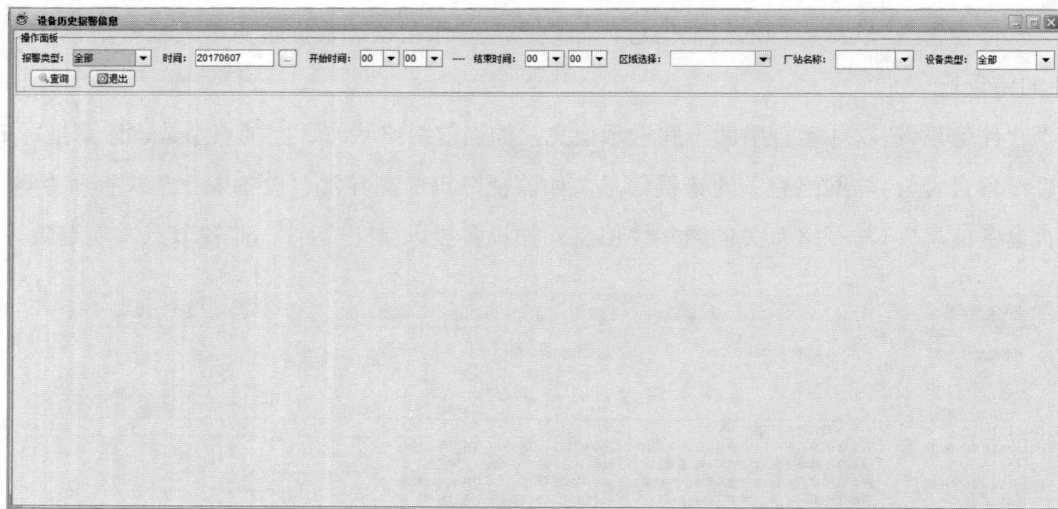

图 2-51 历史设备告警信息

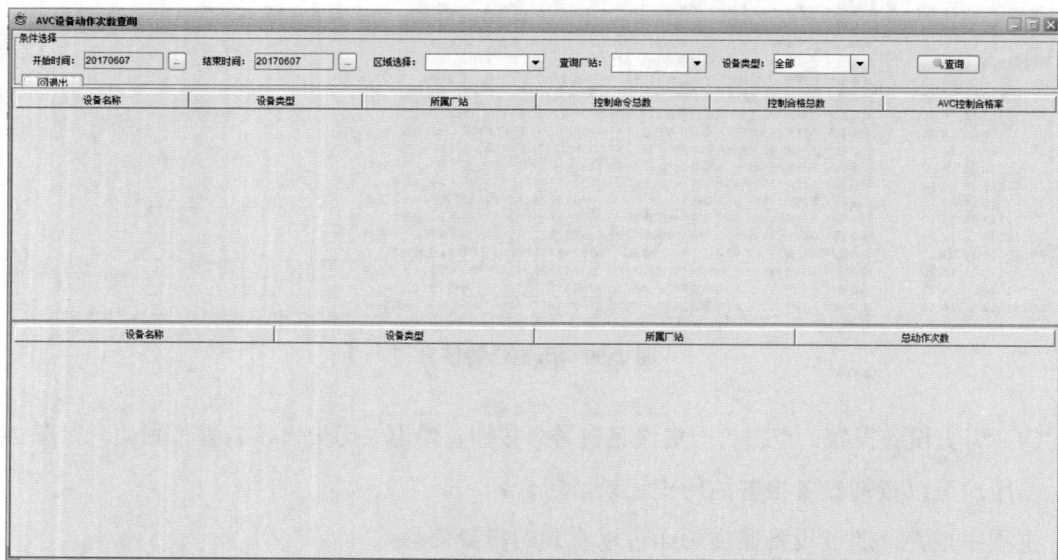

图 2-52 AVC 设备动作次数查询

（6）AVC 历史操作记录查询。历史操作记录画面可以展示，如图 2-53 所示，用户对 AVC 参数的修改记录，包含操作时间、操作用户、操作设备、操作前状态、操作后状态。操作内容主要包含：

1）AVC 系统参数：系统的开闭环、计算周期。

2）厂站参数：开闭环。

3）设备参数：计算状态、挂起状态、调节次数、调节周期等。

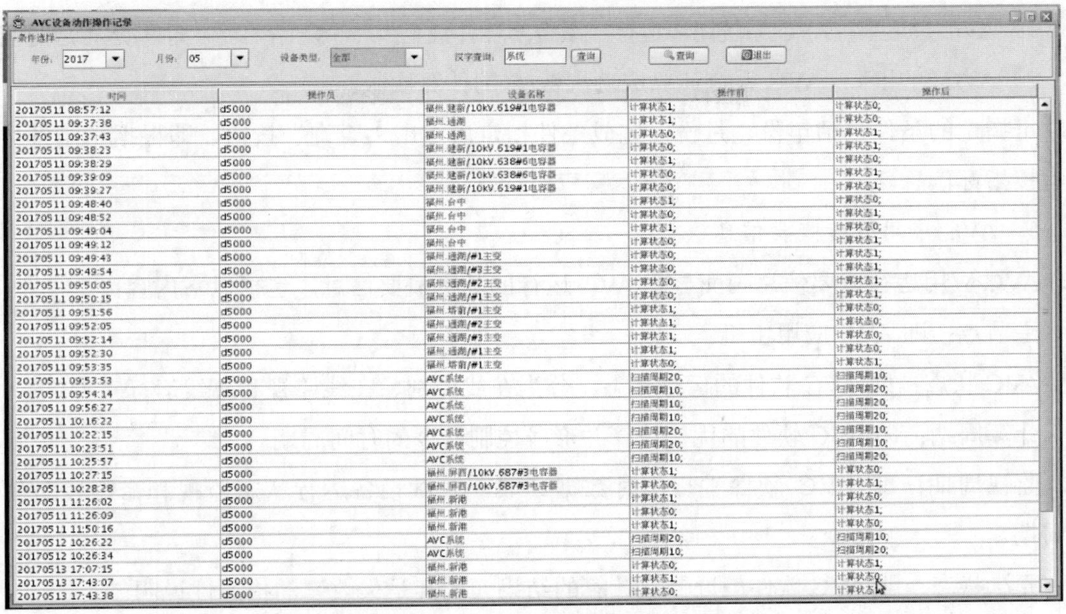

图 2-53　AVC 设备动作次数查询

（7）AVC 考核指标查询。点击"AVC 考核指标查询"按钮，弹出"AVC 考核指标查询"，如图 2-54 所示。该画面用于根据指定的条件查询每月或天的 AVC 考核指标，包含：

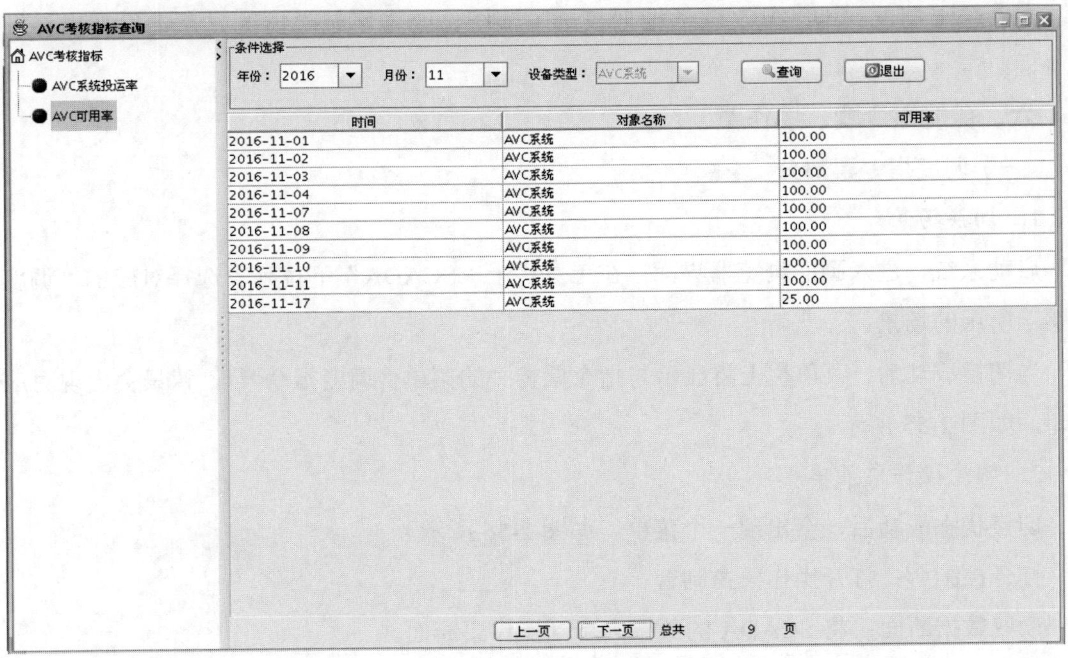

图 2-54　AVC 考核指标

1）AVC 投运率：AVC 系统闭环运行（系统闭环并且至少一个厂站闭环）时间/运行总时间。

2）AVC 可用率：AVC 系统计算成功次数/总的计算次数。

可指定的条件包括年份、月份，完成条件指定后点击"查询"按钮，即根据指定条件显示考核指标信息。

5. AVC 应用运行概要信息

AVC 应用运行概要信息画面显示 AVC 运行的基本概要信息，包括以下内容：

主节点：即 AVC 应用主机。

AVC 状态：即 AVC 软件的运行状态，分为在线控制、在线监视和离线运行三种。

计算周期：即 AVC 软件的优化计算并形成控制命令的时间周期。

监视周期：即 AVC 软件进行实时数据读取，并做设备运行状态监视和命令校验的时间周期。

算法状态：即 AVC 软件最近一次计算的结果（尤其是失败）的描述性说明。

状态估计合格率：即 AVC 软件读取的状态估计的遥测合格率。

电压合格率：即 AVC 软件根据控制限值统计的全网电压合格率。

电压越限情况：即 AVC 软件根据控制限值统计的监视母线电压越限个数，点击后弹出详细情况画面。

力率越限情况：即 AVC 软件根据控制限值统计的力率越限情况，点击后弹出详细情况画面。

六、智能指令票、操作票

（一）调度指令票部分

1. 切换场景

启动系统，进入画面浏览器界面，在工具栏上"SCADA"下拉列表选择对应的"调度指令票"所用的场景。

当切换成功后，菜单栏上将显示与指令票相关的菜单"调度指令票"，背景会出现对应的水印，如图 2-55 所示。

2. 调度操作票菜单

切换状态成功后，会出现一个菜单。如图 2-56 所示。

打开控制台：打开操作票控制台。

读取数据断面：将 SCADA 的数据同步到操作票断面。

指令票模拟预演：模拟操作票执行。

图 2-55　切换场景

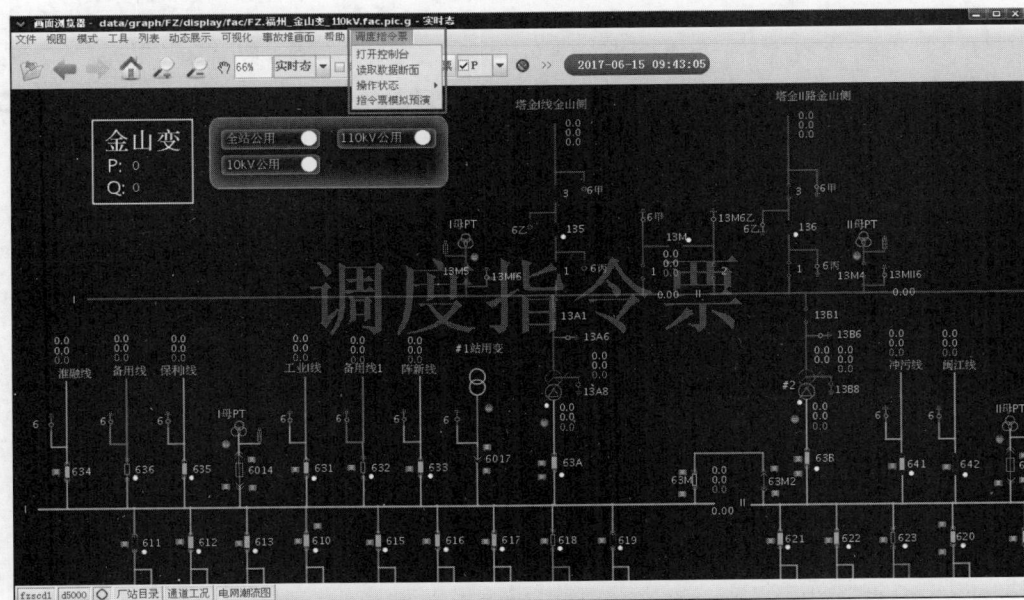

图 2-56　调度操作票菜单

（二）拟写指令票

拟写指令票可以通过三种方式，分别是智能开票、短语开票、典型票套用三种方式。

1. 新建空白指令票

在菜单栏上，选择"调度指令票"菜单下的"打开控制台"，会弹出票控制台，如图 2-57

所示；点击"新建指令票"，选择"指令票"，即可新建一张指令票票面，如图 2-58 和图 2-59 所示；选择"启动票"，就会新建一张启动票票面，如图 2-60 和图 2-61 所示。其中，启动票和指令票管理流程一致，本模块以指令票为例进行详细说明。

图 2-57　新建指令票

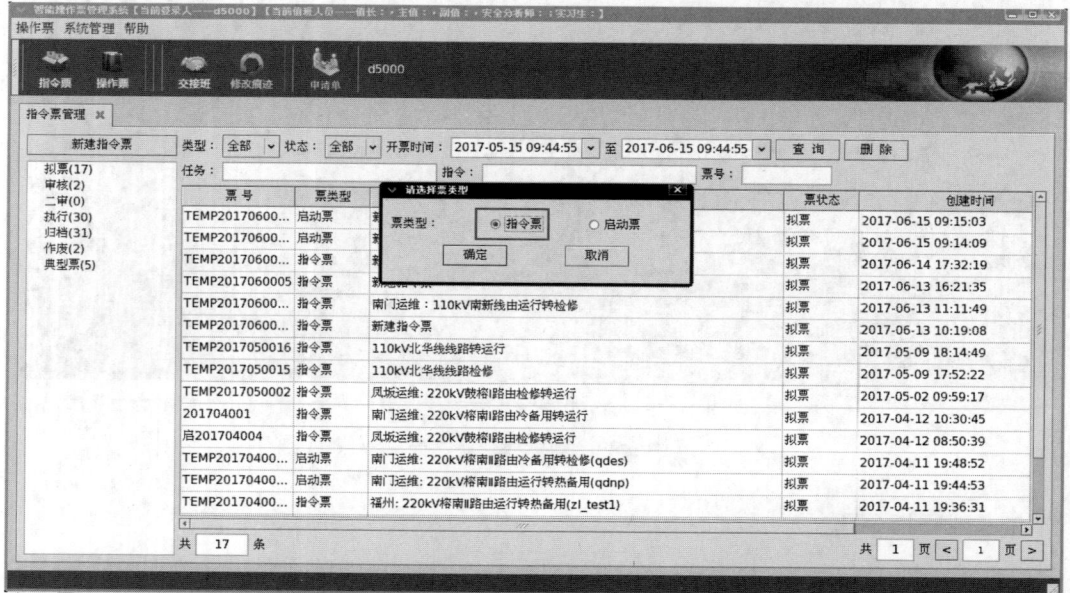

图 2-58　选择新建指令票

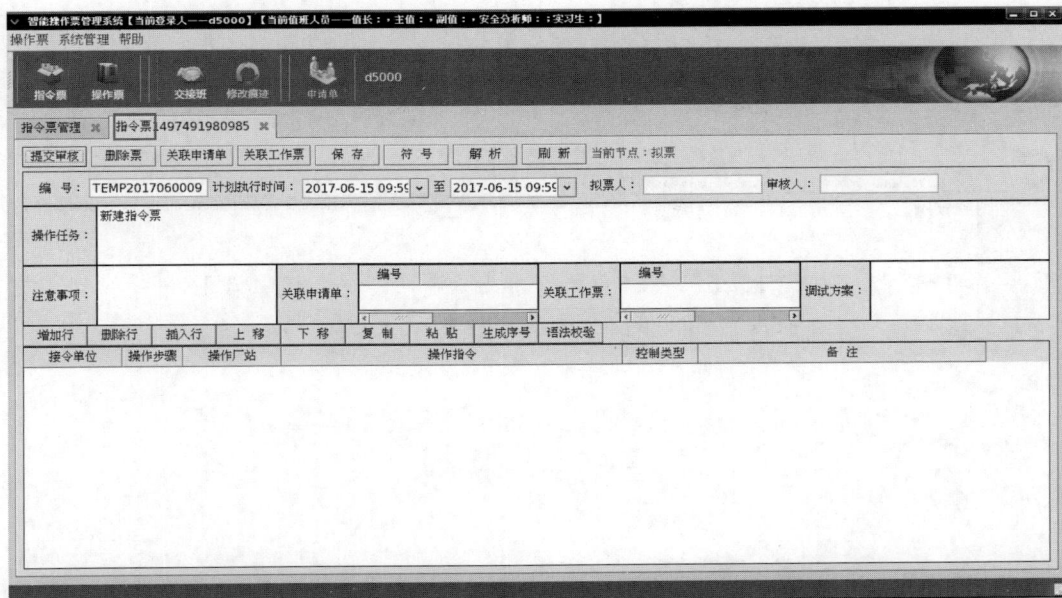

图 2-59 指令票票面

图 2-60 选择新建启动票

2. 关联检修申请单

新建操作票后，支持关联检修申请单功能；点击"关联申请单"，弹出申请单管理界面，选择需要关联的申请单，如图 2-62 所示；点击申请单管理界面的"关联申请单"按钮，即可关联，如图 2-63 所示。

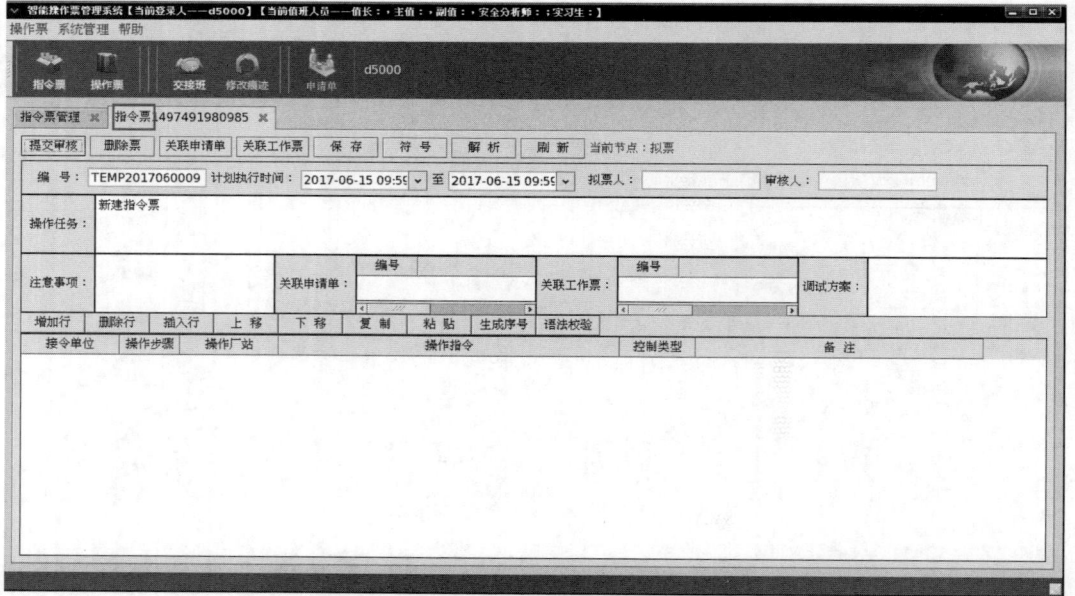

图 2-61　启动票票面

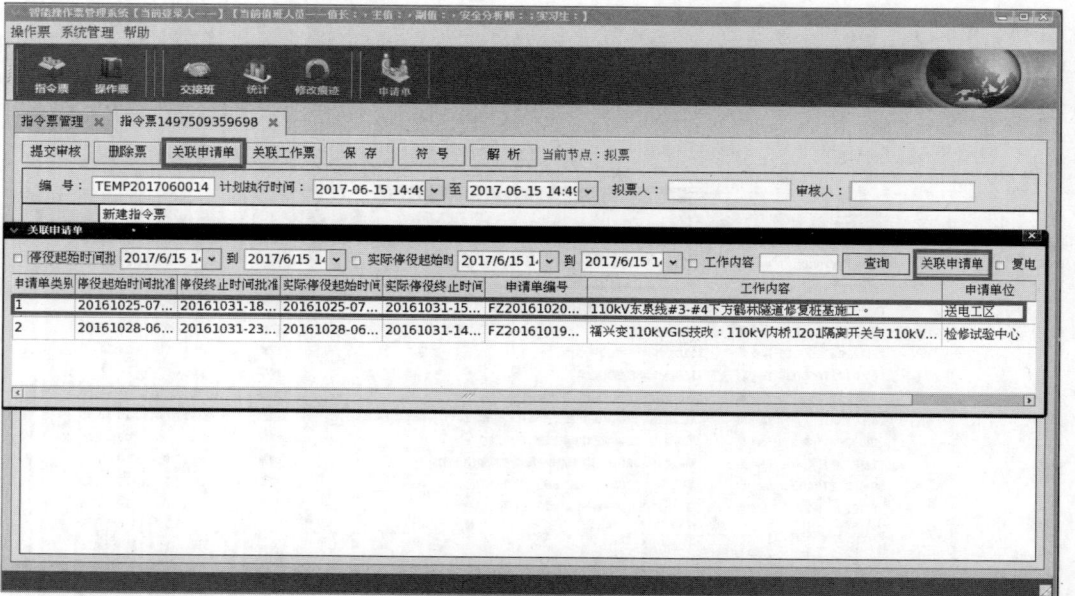

图 2-62　关联申请单

（三）智能拟票

1. 右键菜单

在图形上点击选择要操作的设备，以线路为例，其他设备操作方法相同，如图 2-64
所示。

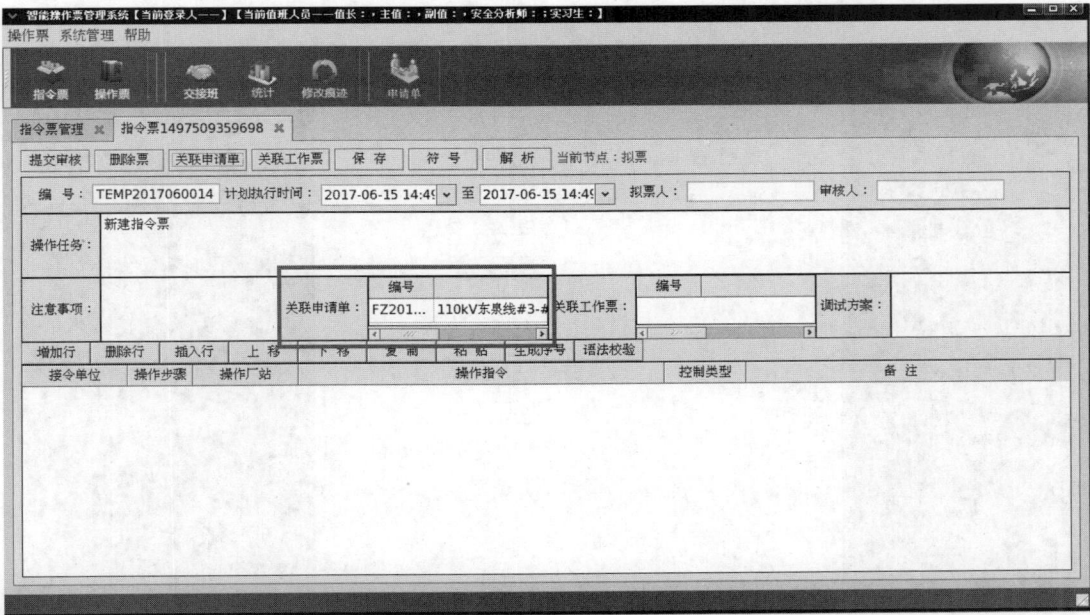

图 2-63 关联申请单后的票面

图 2-64 右键菜单

2. 相关方式

选择厂站操作顺序和各设备的目标状态，如图 2-65 所示。

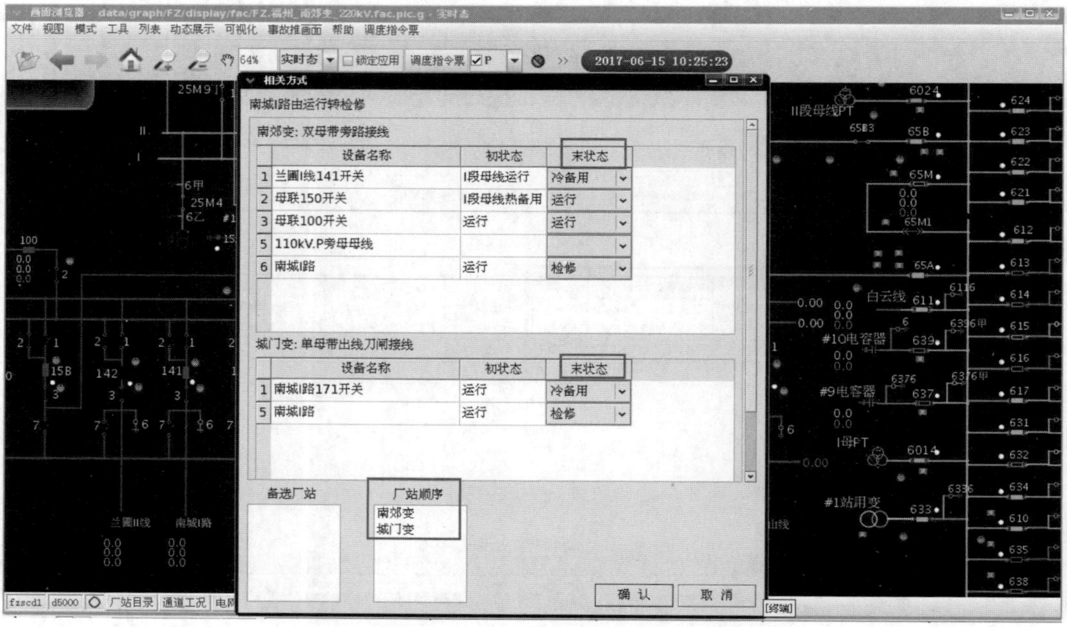

图 2-65　相关方式

（四）成票

成票界面如图 2-66 所示。

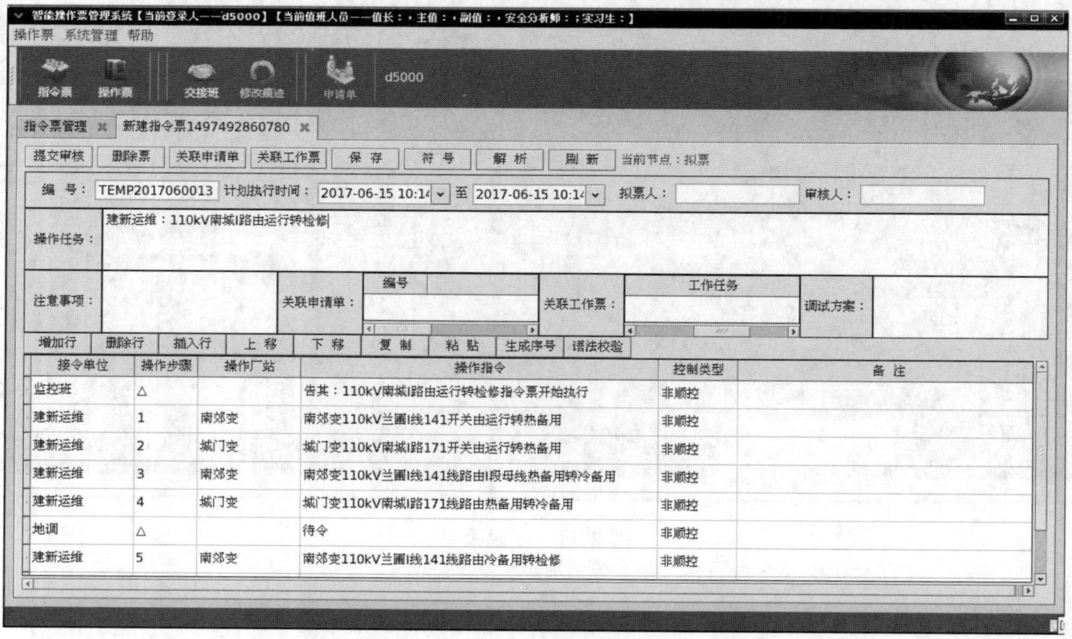

图 2-66　成票票面

典型票拟票。针对比较典型的票，可以保存为"典型票"，如图 2-67 所示。

图 2-67　典型票拟票

套用典型票时，右键目标操作票，选择"套用典型票"即可，如图 2-68 和图 2-69 所示。

图 2-68　典型票选择

图 2-69　典型票成票

（五）编辑功能

（1）添加：在光标选中的操作项目后面追加一个空白的操作项目。

（2）插入：在光标选中的操作项目前插入一个空白的操作项目。

（3）删除：删除选中的操作项目。

（4）上移：把选中的操作项目上移一个位置。

（5）下移：把选中的操作项目下移一个位置。

（六）自动解析

指令票的自动解析是为指令票的模拟预演做基础。在用"指令票"工具手工输入或装载历史票进行编辑完后，执行完"入库"后，程序会将有操作的（除操作步骤带"△"外）每一条指令自动解析，如果入库成功，会在相应的那一行显示出"操作设备""设备类型""初态""终态"，如图 2-70 所示，如果有操作的指令这几项为空，说明指令填写不规范，需进行检查，修改后再次入库。

（七）模拟预演

在指令票专家系统中，在实际进行调度下令操作前，可以在 EMS 平台上进行模拟操作。系统可以自动按照指令票的内容依次操作，并自动改变操作对象状态。

（1）进入模拟预演。当用户开完票之后，在"调度指令票"的菜单中，点击"模拟预演"，弹出指令票的查询界面，选择相应的票后，就可以进行模拟预演了。如图 2-71～图 2-73 所示。

图 2-70 指令票的自动解析

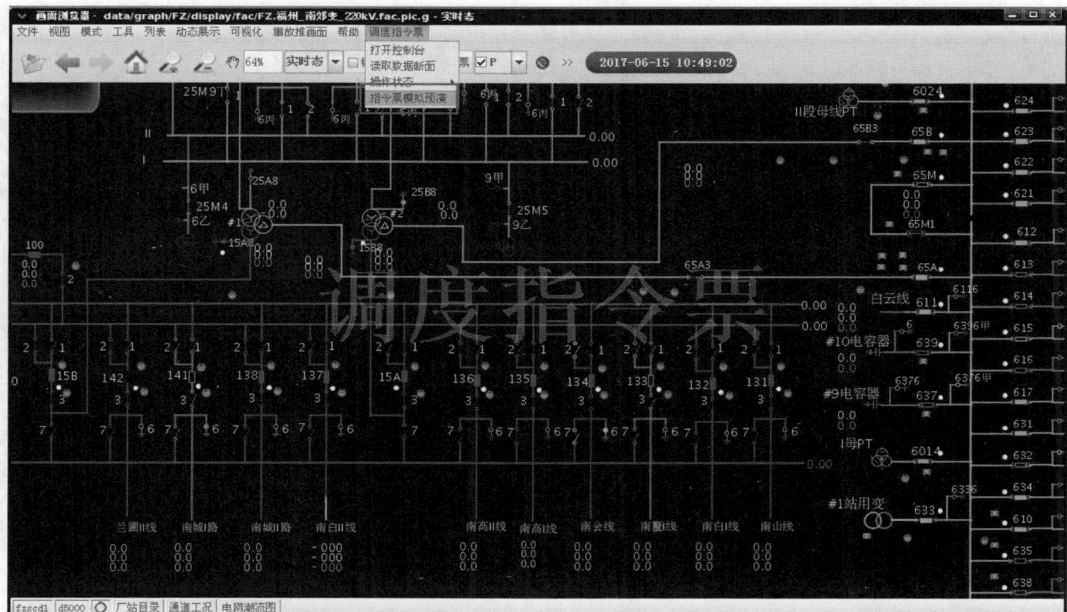

图 2-71 模拟预演入口

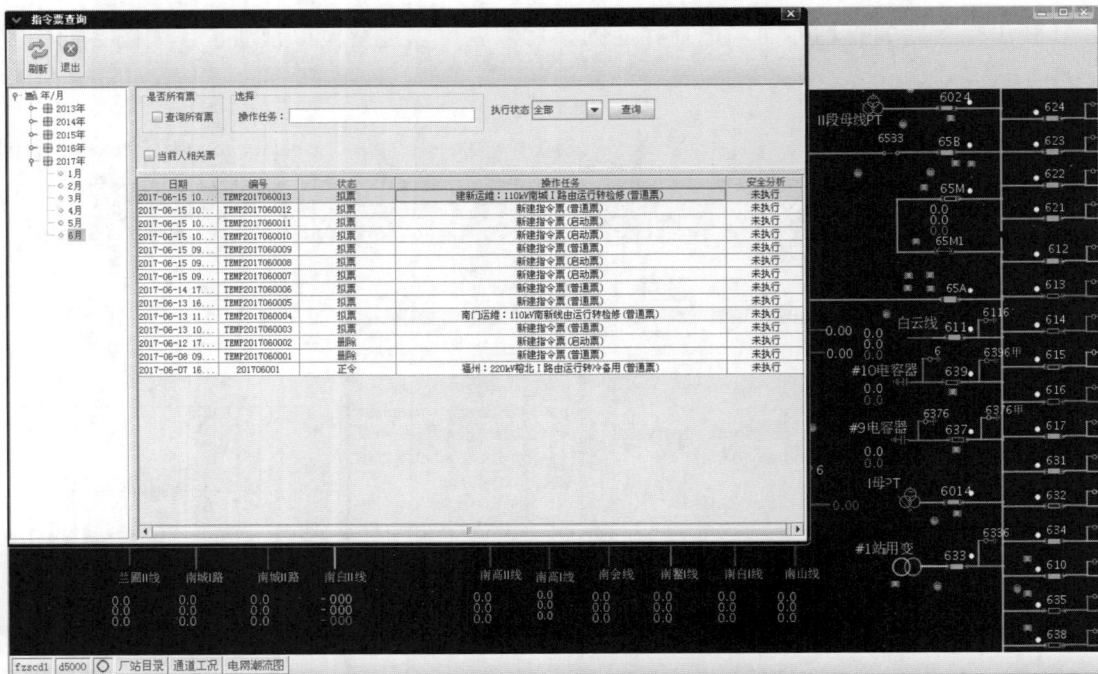

图 2-72　模拟预演选择票面

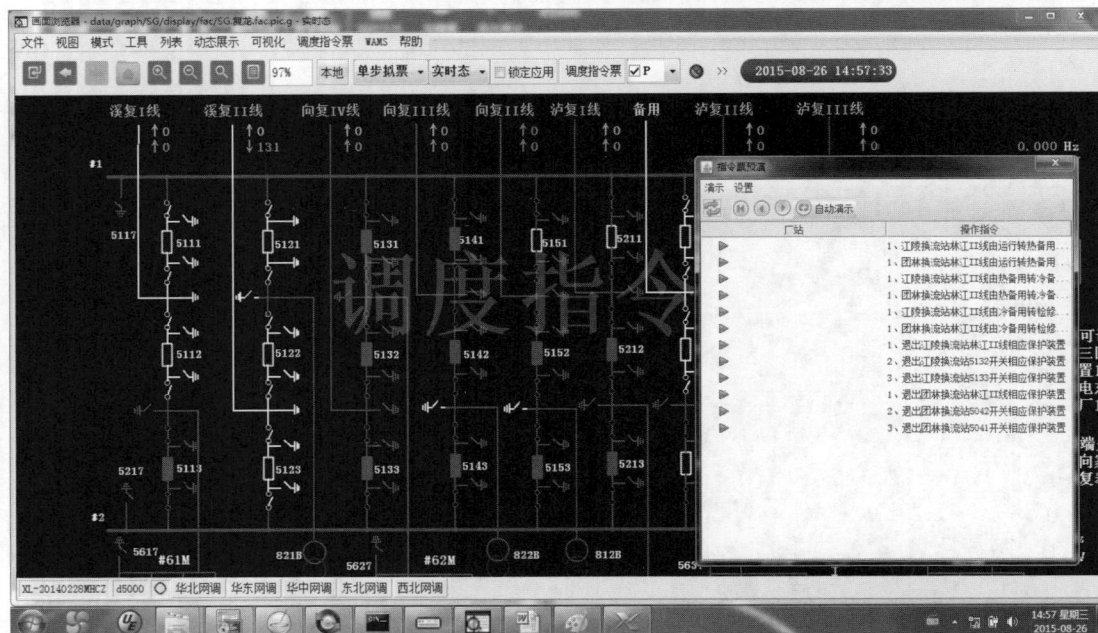

图 2-73　模拟预演主窗口

（2）设置。指令票预演过程中，可以进行模拟间隔设置，如图 2-74 和图 2-75 所示。

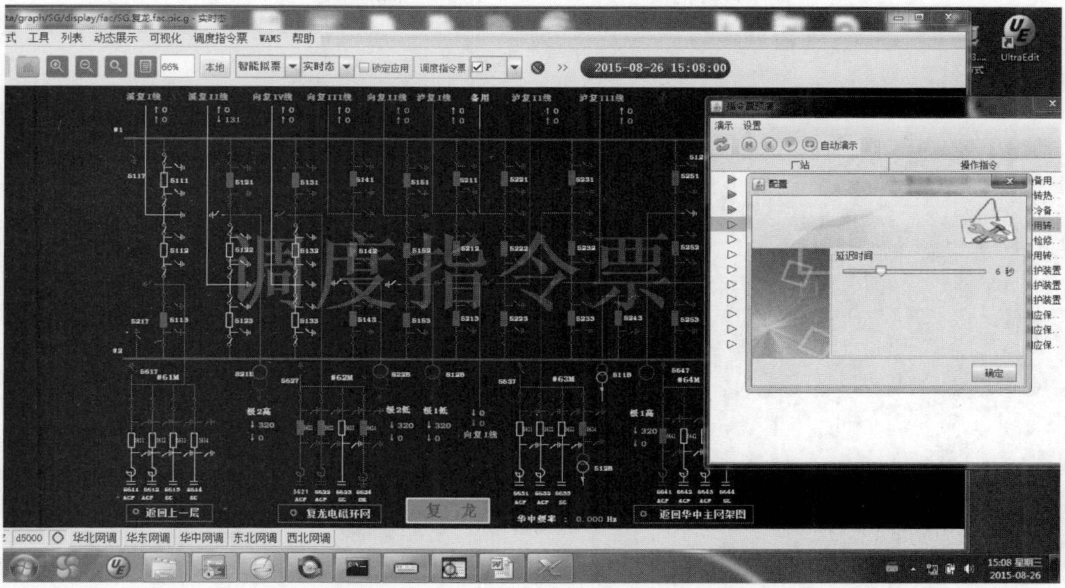

图 2-74　在待预演的指令票中设置时间

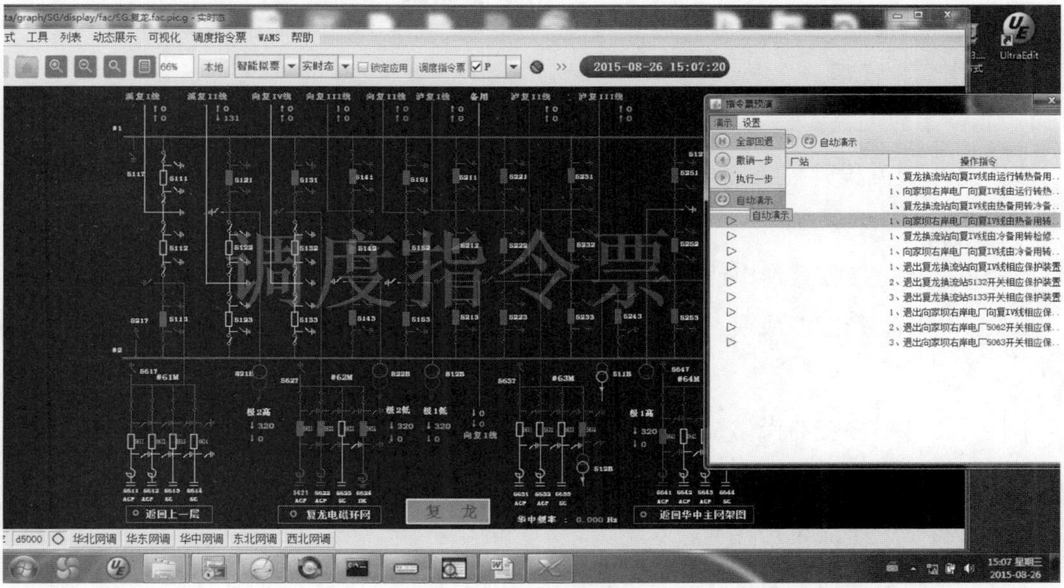

图 2-75　设置操作

（3）开始预演。

1）点击恢复断面按钮，系统会恢复到开票时的状态。等绿色的三角符号变白色，数据恢复成功。

2）点击单步预演，系统就会进行模拟操作，图上会进行定位，如图 2-76 所示。

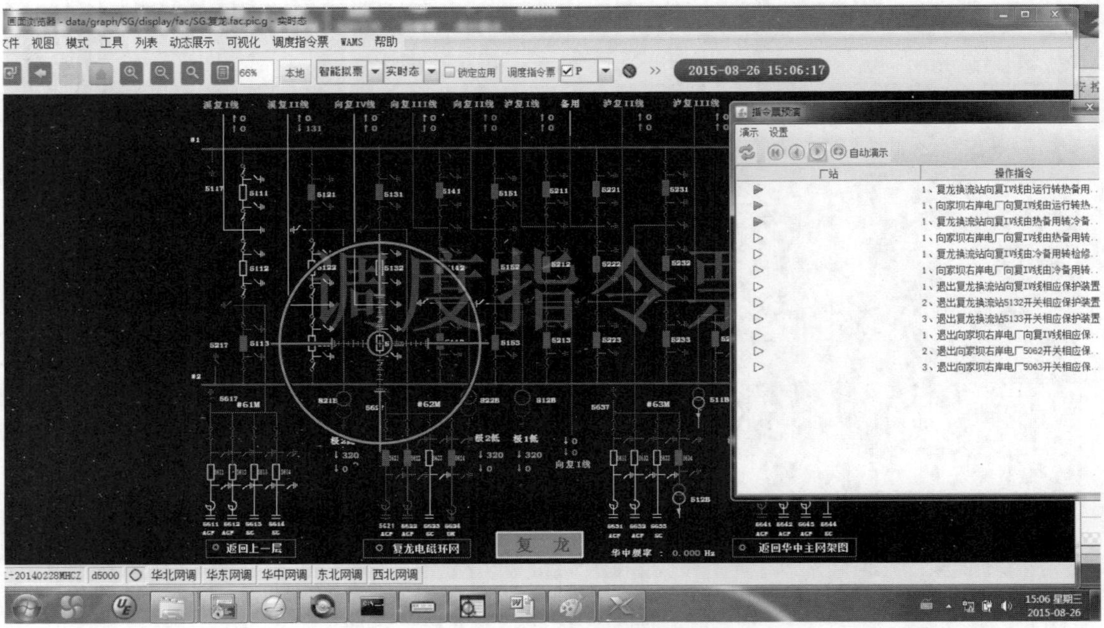

图 2-76　模拟预演效果图

（八）指令票管理

1. 指令票的流程

操作票系统流程管控包含申请单查看、拟票、审核、发布、执行、评价、归档等流转节点。

申请单：支持接收查询申请单。支持申请单和指令票的自动关联和手动关联。

拟票：支持图形智能成票、手工拟票等方式编制操作票；支持在拟票阶段对票面的编辑修改。

审核：支持对提交的操作票进行审核功能。审核不通过时，进行返回拟票修改，审核通过，进入转预令阶段。

发布：将指令票发布到网省调或子站。

执行：支持对操作票的发令、受令等操作。

评价：支持对执行完毕的指令票进行评价。

归档：完成对已执行的指令票进行归档操作。

2. 指令票审核

如果用户具有审核权限，则可以对票进行审核。指令无误后，选择审核通过，如图 2-77 和图 2-78 所示。

图 2-77　指令票送审

图 2-78　审核通过

3．指令票二审

一审通过之后进行二次审核，指令无误后，选择二审通过，如图 2-79 和图 2-80 所示。

图 2-79　二次审核

图 2-80　审核通过

4．指令票执行

执行之前，右键待下发指令，选择"全票监护"，填写监护人信息，如图 2-81 和图 2-82

所示；之后右键"发令"可进行发令操作，如图 2-83 和图 2-84 所示；右键"回令"可进行收令操作，如图 2-85 和图 2-86 所示。

图 2-81 全票监护

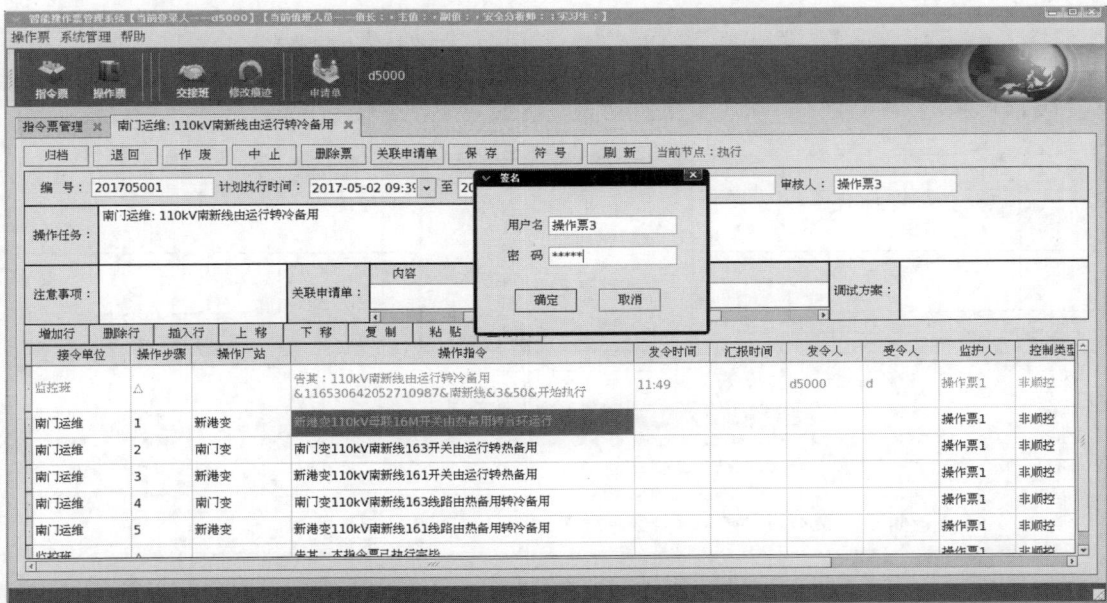

图 2-82 填写监护人信息

图 2-83　下发指令

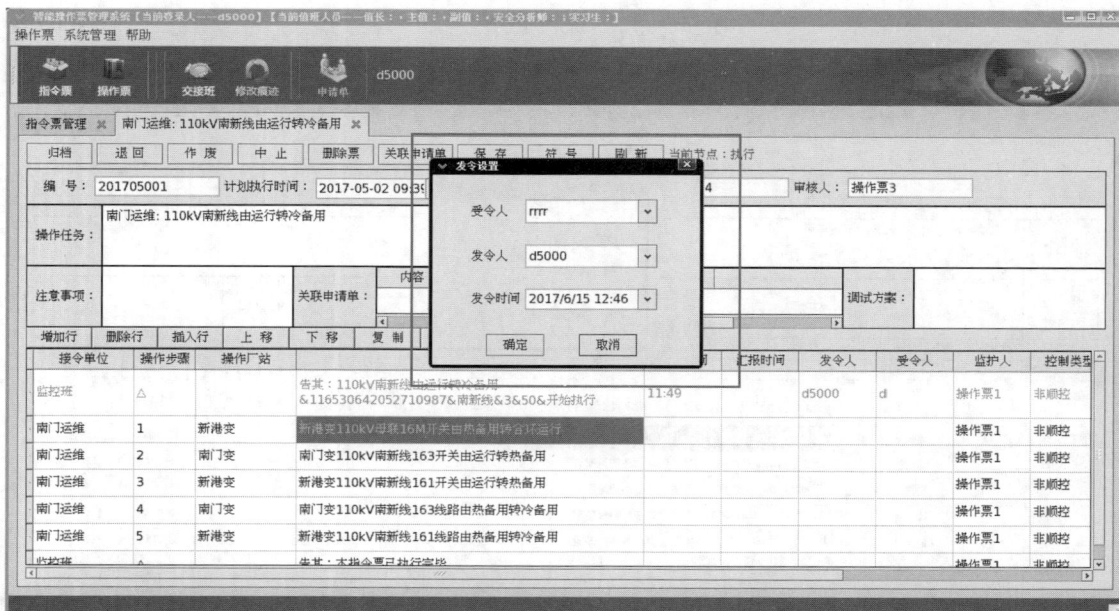

图 2-84　填写受令人信息

图 2-85　回令

图 2-86　回令人信息

5. 指令票归档

执行完毕后，点击"归档"按钮，如图 2-87 和图 2-88 所示。

图 2-87 执行完毕后归档

图 2-88 归档阶段

6. 指令票统计

点击工具栏上的"统计"。可以根据"统计类型""人员""开始时间""结束时间"统计票信息，如图 2-89 所示。

图 2-89 统计功能

（九）监控操作票部分

1. 切换场景

启动系统，进入画面浏览器界面，在工具栏上"SCADA"下拉列表选择对应的"监控操作票"所用的场景。

当切换成功后，菜单栏上将显示与操作票相关的菜单"监控操作票"，背景会出现对应的水印，如图 2-90 所示。

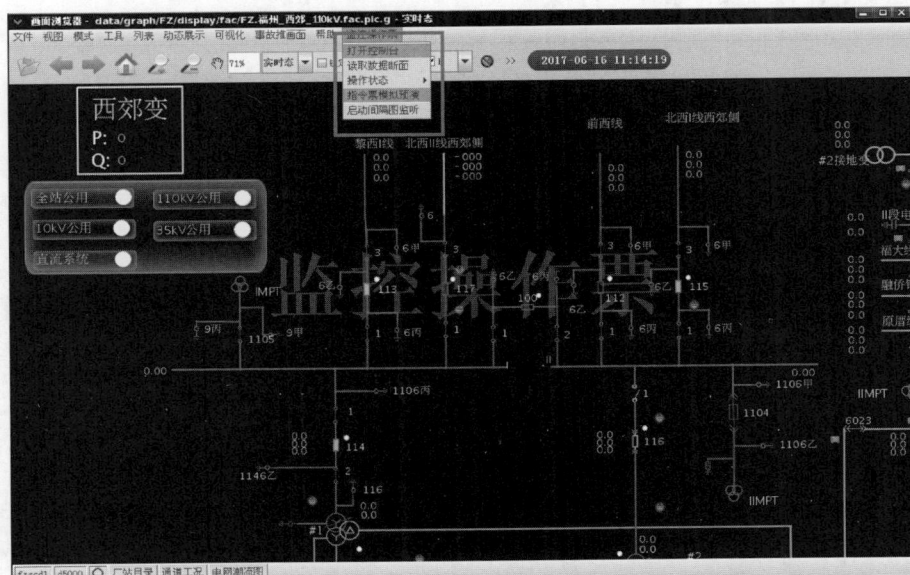

图 2-90 切换场景

2. 监控操作票菜单

切换状态成功后，会出现一个菜单。如图 2-91 所示。

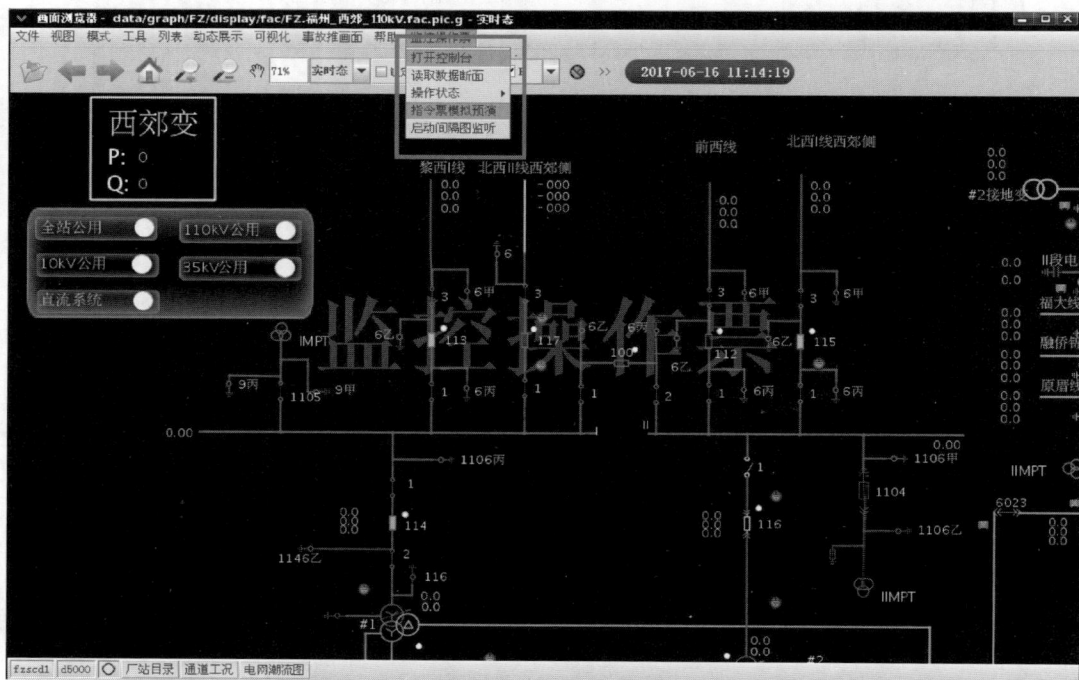

图 2-91　监控操作票菜单

打开控制台：打开操作票控制台。

读取数据断面：将 SCADA 的数据同步到操作票断面。

指令票模拟预演：模拟操作票执行。

3. 拟写操作票

拟写操作票可以通过三种方式，分别是智能开票、图形开票、典型票套用三种方式。

4. 新建空白操作票

在菜单栏上，选择"监控操作票"菜单下的"打开控制台"，会弹出操作票票控制台，如图 2-92 所示；点击"新建操作票"，即可新建一张操作票票面，如图 2-93 所示。

5. 智能拟票

监控操作票系统与调度指令票系统一体化建设，监控员通过监控操作票控制台"已发布指令"项，直接查看地调发布的待监控员执行的指令，如图 2-94 所示；选中待操作的指令可以进行相应操作，可以自动生成相应操作票，如图 2-95 和图 2-96 所示。

图 2-92 操作票控制台

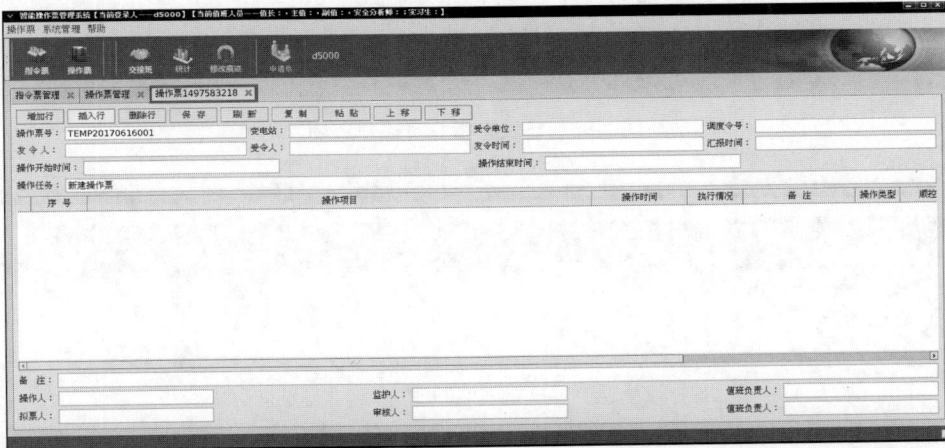

图 2-93 操作票票面

图 2-94 查看调度已发布指令

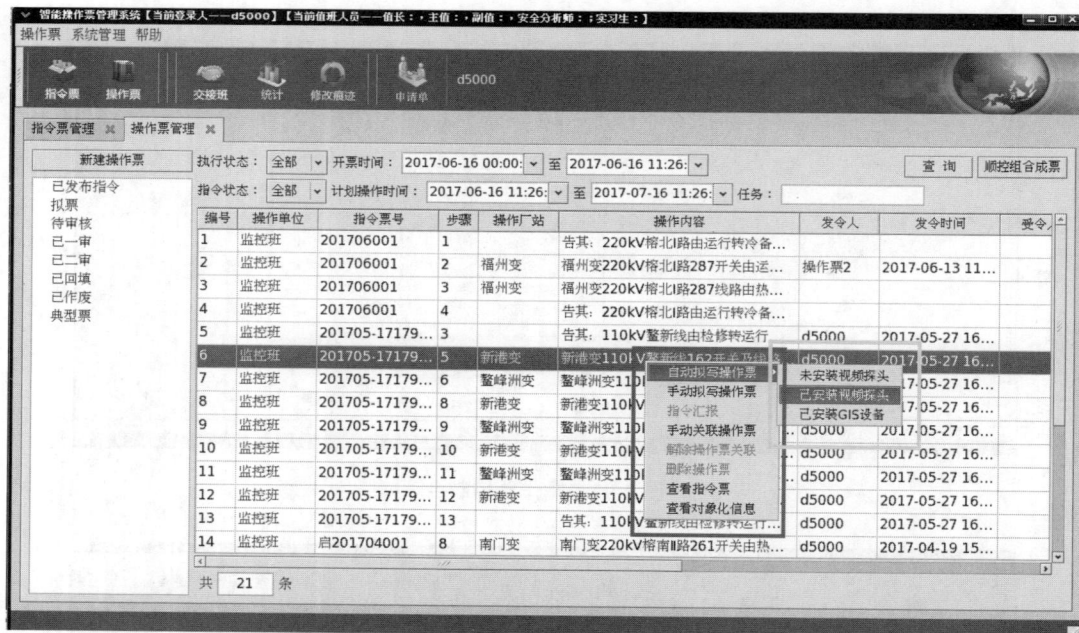

图 2-95　已发布指令可操作选项

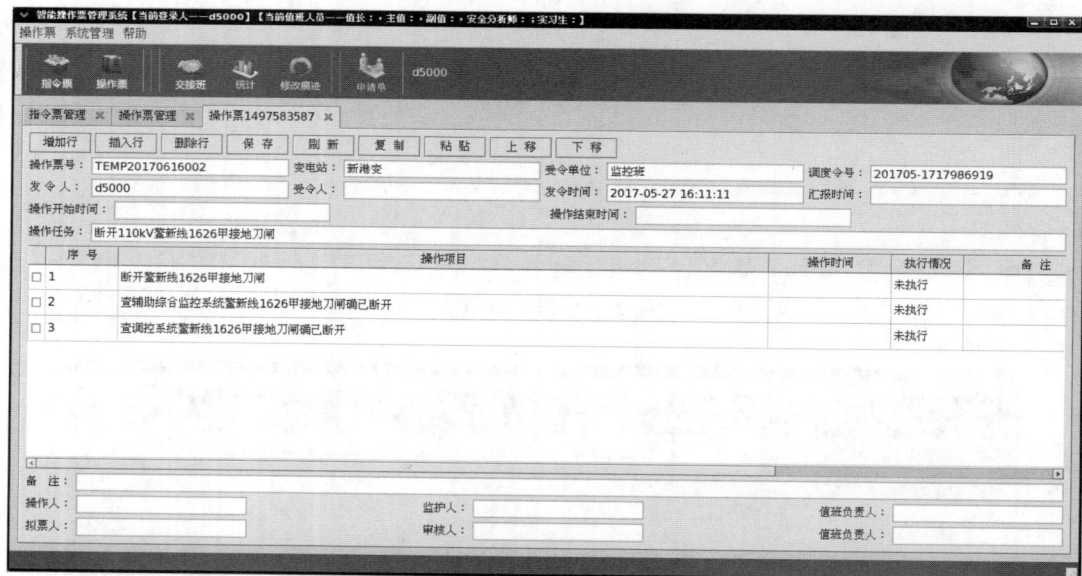

图 2-96　自动生成操作票票面

（十）图形成票

1. 右键菜单

在图形上点击选择要操作的设备，以开关为例，其他设备操作方法相同，如图 2-97 所示。

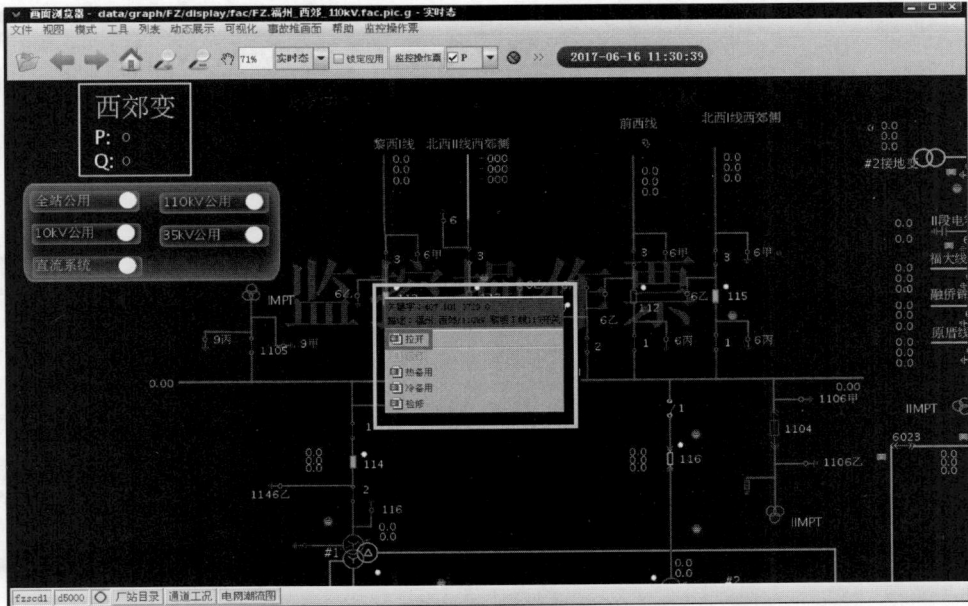

图 2-97　右键菜单

2. 现场条件选择

选择现场条件，如图 2-98 所示。

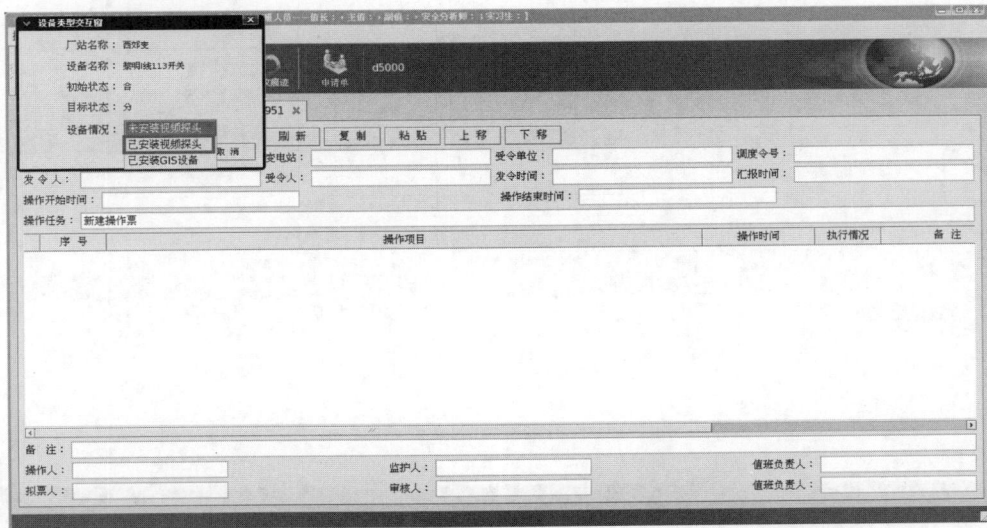

图 2-98　现场条件选择

3. 成票

成票票图如图 2-99 所示。

图 2-99　成票票面

4. 典型票拟票

针对比较典型的票，可以保存为"典型票"，如图 2-100 所示。

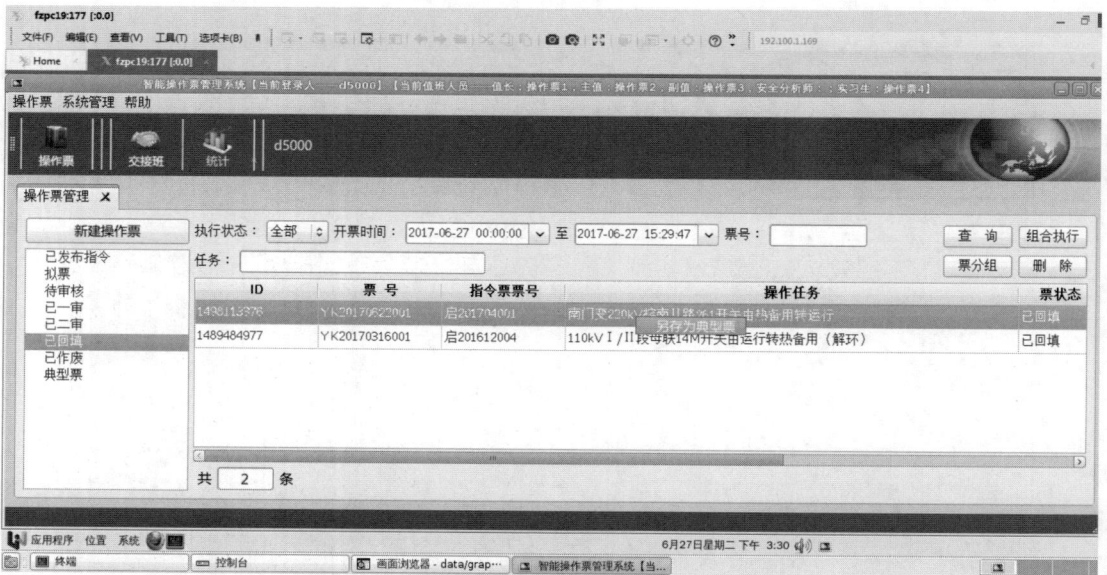

图 2-100　保存为典型票

套用典型票时，右键目标操作票，选择"套用典型票"即可，如图 2-101 和图 2-102 所示。

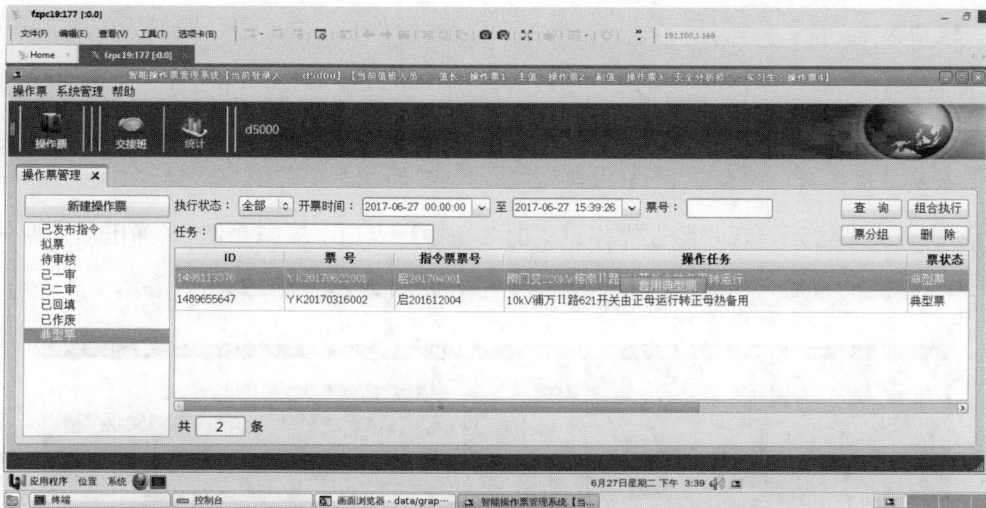

图 2-101 典型票选择

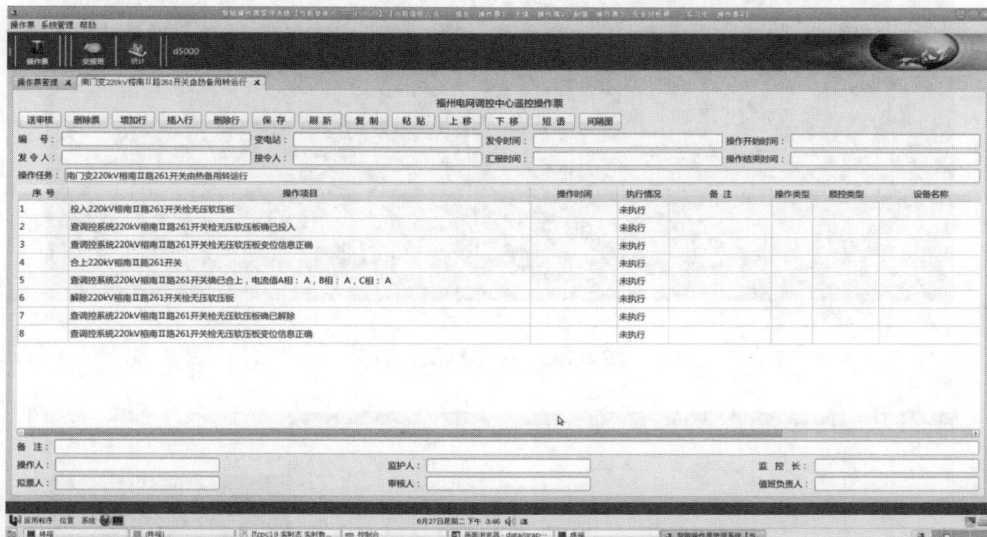

图 2-102 典型票成票

5. 编辑功能

（1）添加：在光标选中的操作项目后面追加一个空白的操作项目。

（2）插入：在光标选中的操作项目前插入一个空白的操作项目。

（3）删除：删除选中的操作项目。

（4）上移：把选中的操作项目上移一个位置。

（5）下移：把选中的操作项目下移一个位置。

6. 模拟预演

在监控操作票系统中，在实际进行遥控操作前，可以在 D5000 平台上进行模拟操作。系统可以自动按照操作票的内容依次操作，并自动改变操作对象状态。

7. 进入模拟预演

当用户开完票之后，在"监控操作票"的菜单中，点击"模拟预演"，弹出监控票的查询界面，选择相应的票后，就可以进行模拟预演了。如图 2-103～图 2-105 所示。

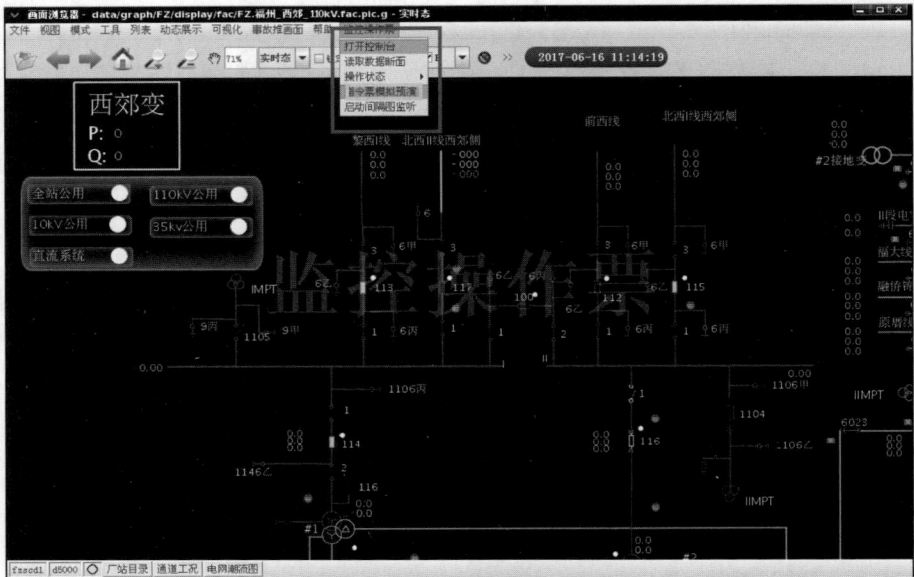

图 2-103　模拟预演入口

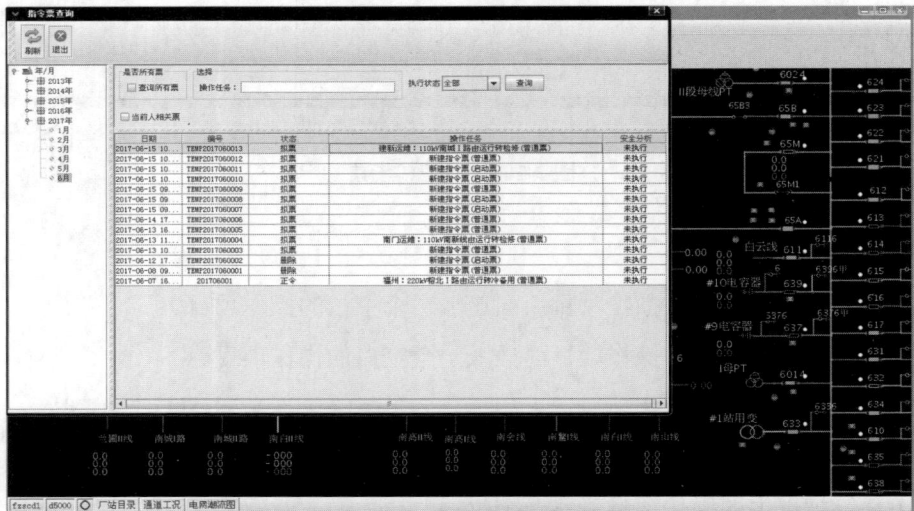

图 2-104　模拟预演选择票面

图 2-105　模拟预演主窗口

（1）设置。操作票预演过程中，可以进行模拟间隔设置，如图 2-106 和图 2-107 所示。

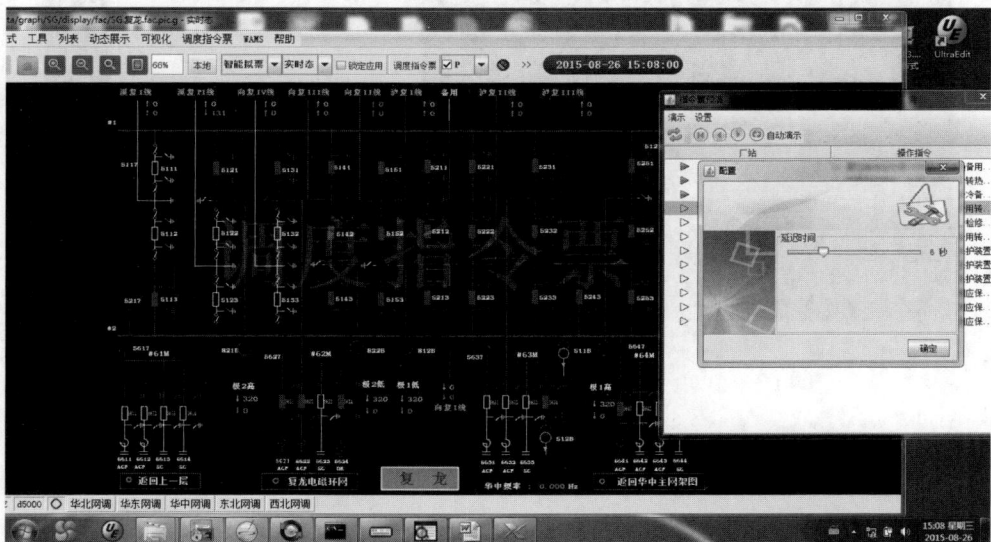

图 2-106　在待预演的操作票中设置时间

（2）开始预演。

1）点击恢复断面按钮，系统会恢复到开票时的状态。等绿色的三角符号变白色，数据恢复成功。

2）点击单步预演，系统就会进行模拟操作，图上会进行定位，如图 2-108 所示。

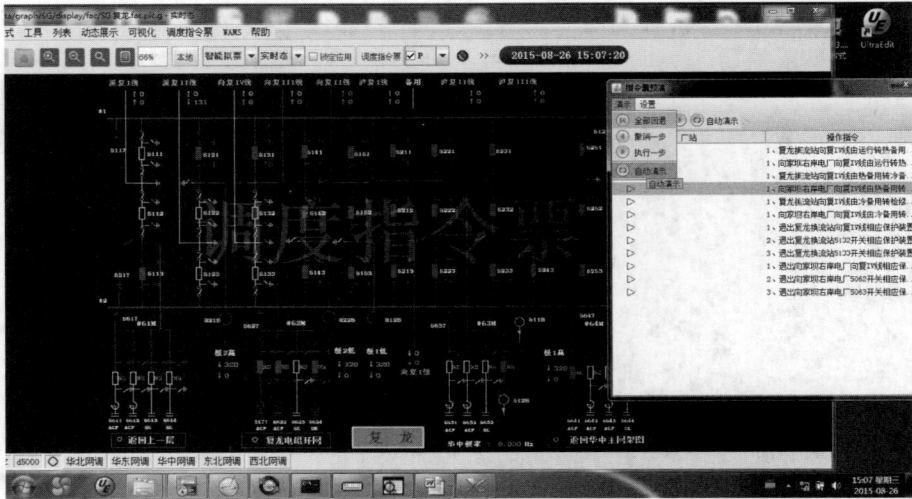

图 2-107 设置操作

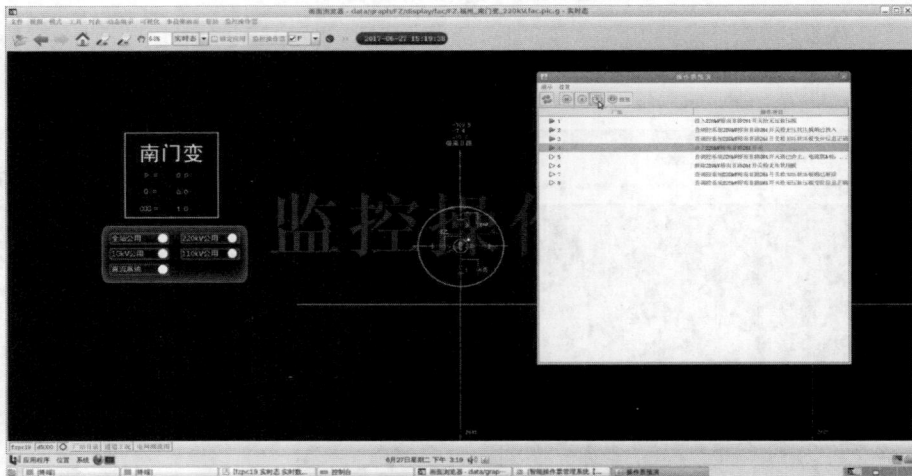

图 2-108 模拟预演效果图

（十一）操作票管理

1. 操作票的流程

操作票系统流程管控包含已发布指令查看、拟票、待审核、已一审、已二审、已回填、已作废、典型票等流转节点。

已发布指令：支持监控员在监控操作票系统中查看地调已发布的待监控操作指令。

拟票：支持图形成票、智能成票、手工拟票等方式编制操作票；支持在拟票阶段对票面的编辑修改。

审核：支持对提交的操作票进行审核功能。审核不通过时，进行返回拟票修改，审核通过，进入预发阶段。

已一审：将操作票发布到子站。

已二审：支持对操作票的发令、受令等操作。

已回填：完成对已执行的指令票进行归档操作。

已作废：作废票归档处理。

典型票：存储典型操作票。

2. 操作票待审核

如果用户具有审核权限，则可以对票进行审核。指令无误后，选择审核通过，如图 2-109 和图 2-110 所示。

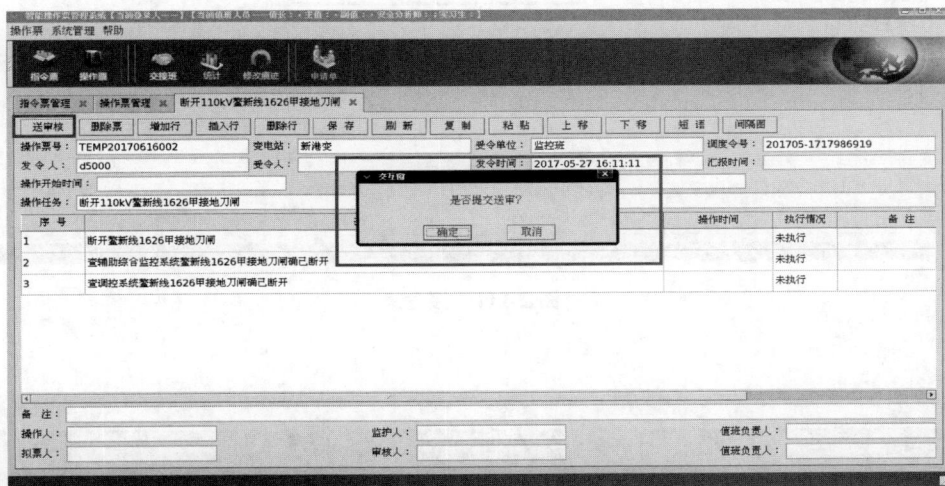

图 2-109　操作票送审

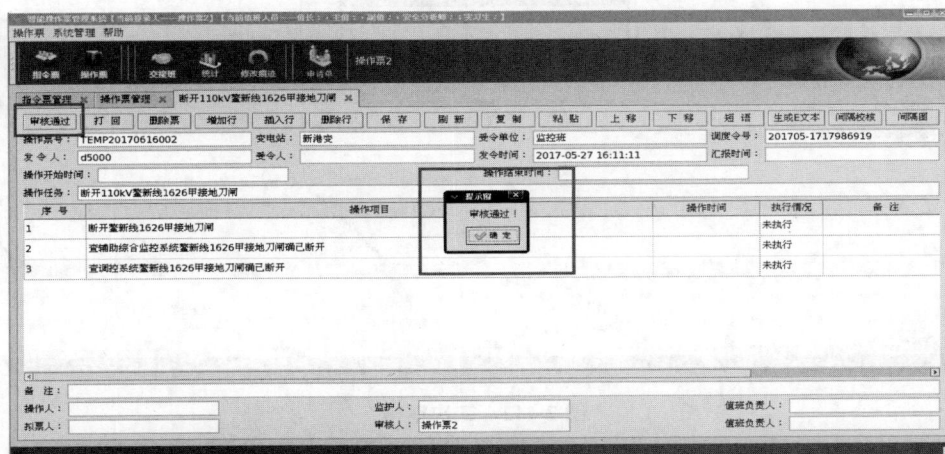

图 2-110　审核通过

3. 操作票已一审

一审通过之后进行二次审核，指令无误后，先"接令"再"批准"，如图 2-111～图 2-113 所示。

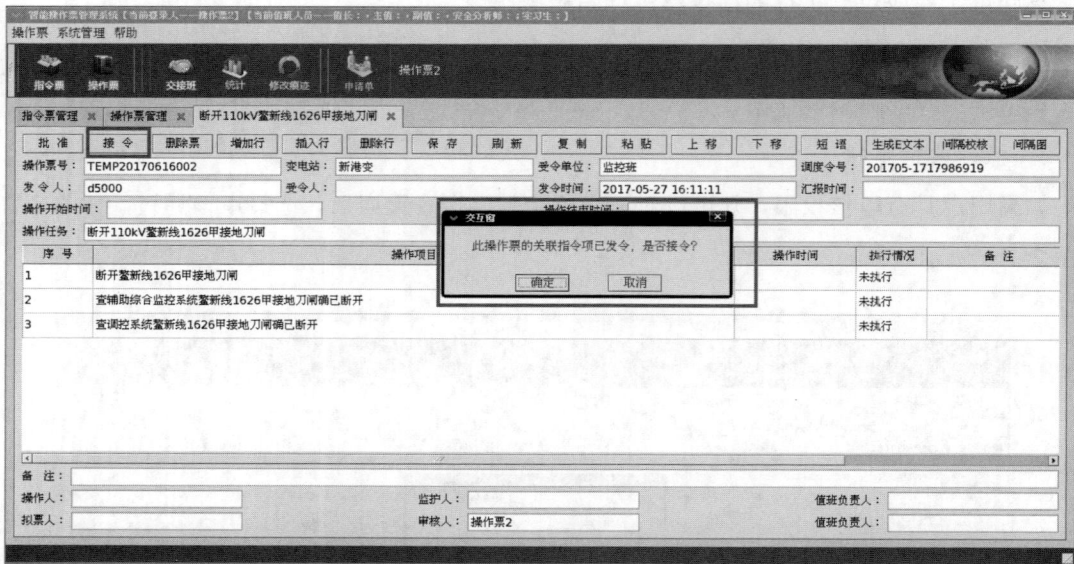

图 2-111　接令

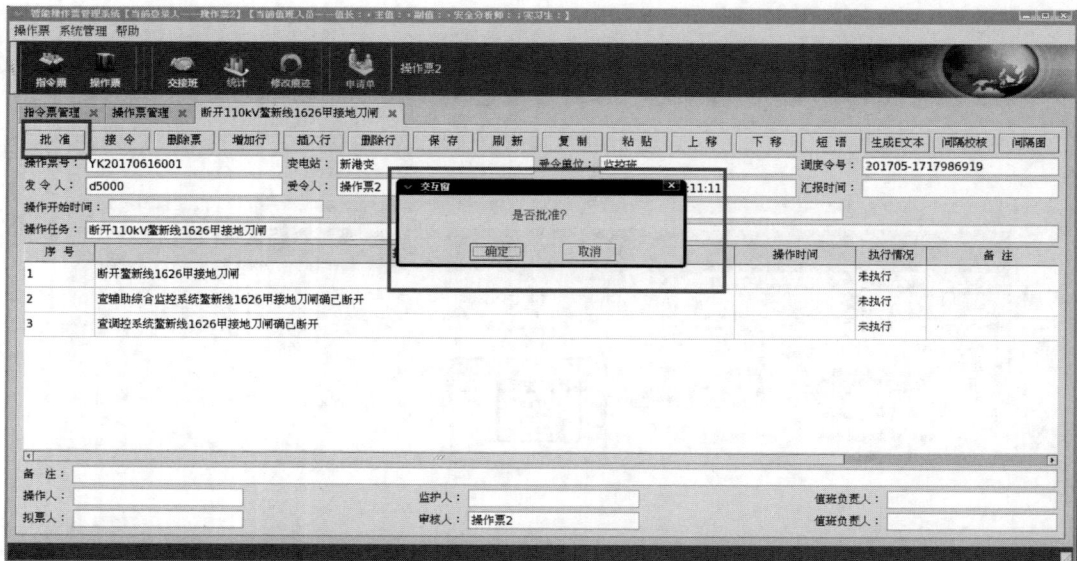

图 2-112　二次审核

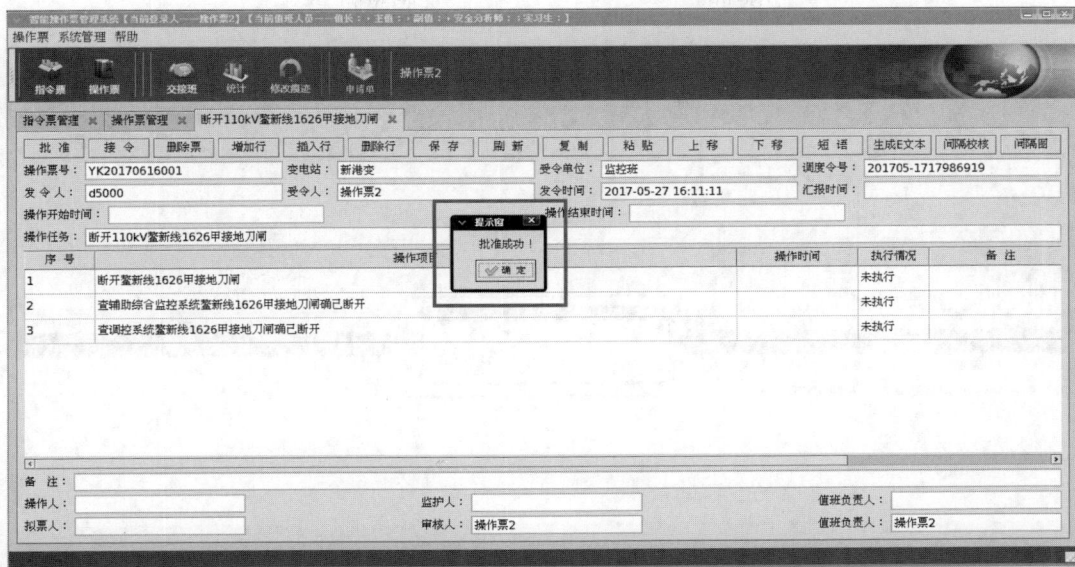

图 2-113 审核通过

4. 操作票已二审

针对已二审的操作票可以进行操作，右键待执行指令，选择"执行完毕"；如果是手动输入的指令可以先"手动对象化"处理，如图 2-114 所示。在执行指令之前应先填写操作人、监护人等信息，如图 2-115 和图 2-116 所示。

图 2-114 执行操作

图 2-115　填写相关人信息提示

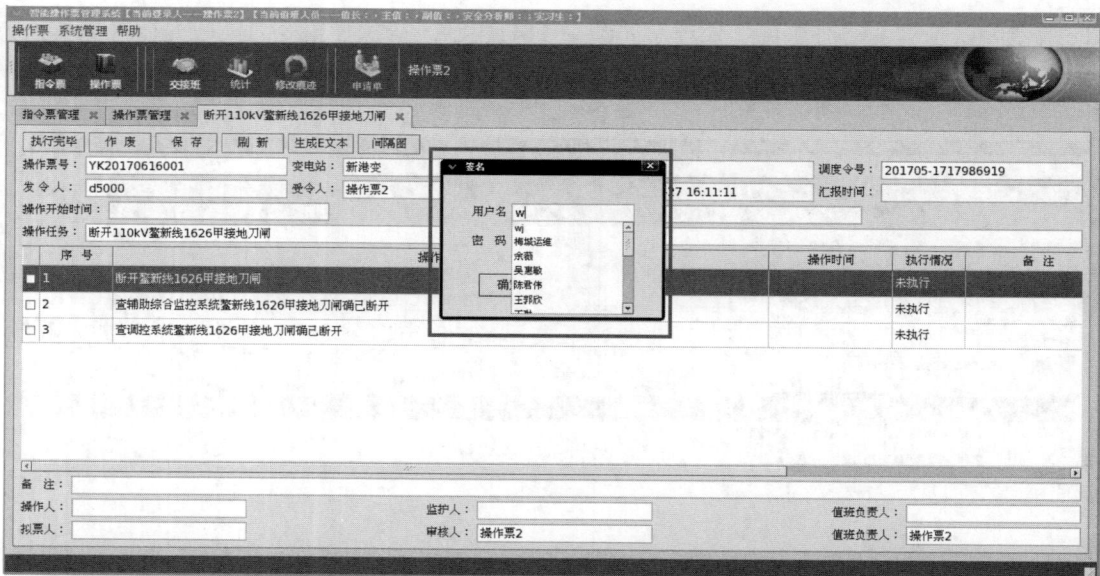

图 2-116　填写操作人信息

5. 操作票已回填

执行完毕后，点击 "执行完毕" 按钮，如图 2-117 和图 2-118 所示。

图 2-117　执行完毕后归档

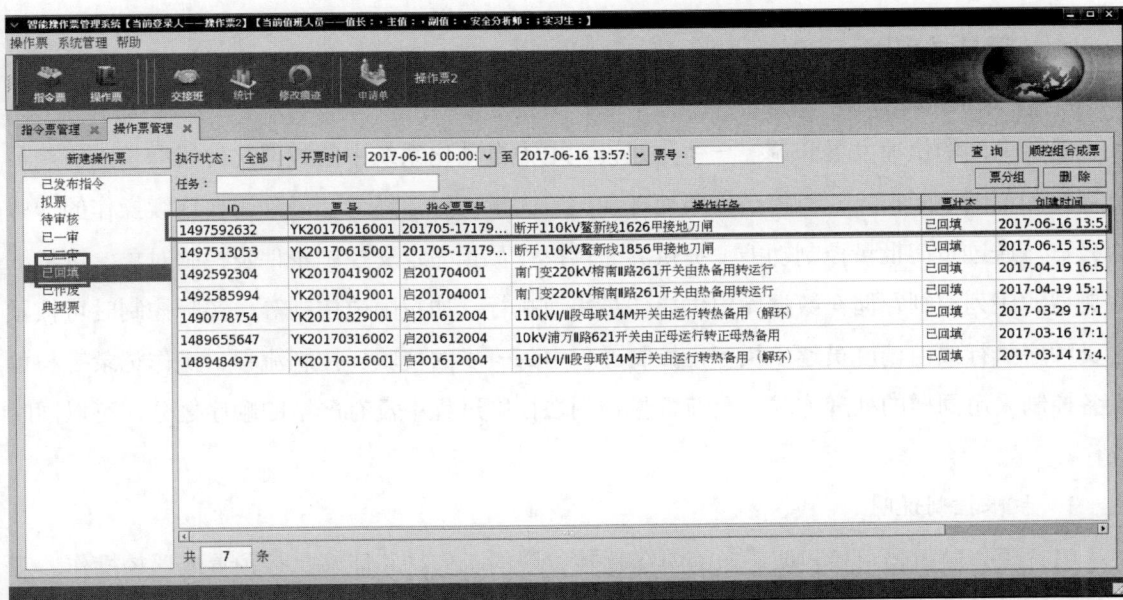

图 2-118　已回填阶段

6. 操作票统计

点击工具栏上的"统计"。可以根据"统计类型""人员""开始时间""结束时间"统计票信息，如图 2-119 所示。

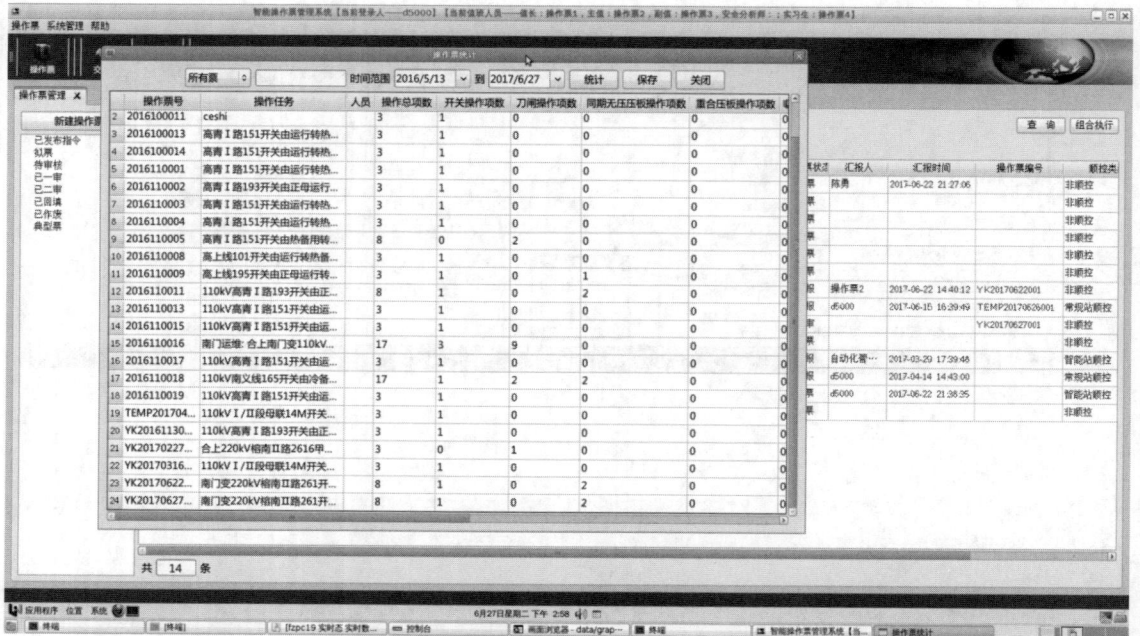

图 2-119　统计功能

七、新技术应用

（一）负荷批量控制

随着电网的快速发展和调控一体化建设，电力自动化系统中的数据几何级增长；监控员监视控制范围不断扩大，监控员需要处理和浏览大量信号，经常会碰到需要连续操作的一些信号点。通过负荷批量控制功能，提供界面供操作员预先定义控制条件及控制对象。可将一些典型的序列控制存储在数据库中供操作员快速执行。如拉限电控制等。实际控制时可按预定义顺序执行或由调度员逐步执行，控制过程中每一步的校验、控制流程、操作记录等与单设备控制采用同样的处理方式。负荷批量控制在控制过程中没有严格的顺序之分，可以同时操作。

1. 权限控制说明

（1）工作站机器可控权限。只有具备遥控权限的工作站才能够执行预置或遥控操作。工作站是否具备遥控权限，可以通过配置来实现。

（2）态切换权限。用户能够打开负荷批量控制页面，就具备浏览态权限。但编辑态、预置态和控制态需要用户具备对应各态的权限才能够相互切换。编辑态对应操作权限的"负荷批量控制编辑态"权限，预置态对应操作权限的"负荷批量控制预置态"权限，控制态对应操作权限的"负荷批量控制控制态"权限。各个权限可以在权限管理页面赋予用户。

（3）用户序位权限。用户新建一个序位，该用户便拥有该序位的权限，在序位编辑画面，还可以将该序位的权限赋予其他用户。在序位权限编辑下拉框中，选中赋予序位权限的用户，点击保存按钮，序位权限赋予成功。登录用户，只能查看拥有序位权限的序位。序位编辑画面如图 2-120 所示。

（4）监护权限。在执行预置或控制时，有单机监护和双机监护操作。只有具备"负荷批量控制监护"权限的用户才能够执行监护操作。而"负荷批量控制监护"权限可以通过权限管理页面赋予监护用户。

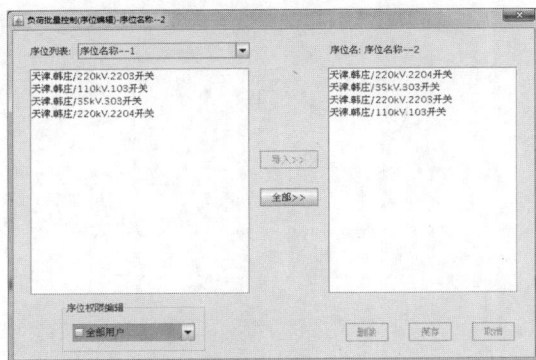

图 2-120 序位编辑画面

2．切换态

点击主页面上部的状态切换单选按钮组，浏览态、编辑态、预置态、控制态之间可以相互切换。

需要注意的是，用户只有具备对应状态的权限时，才能够切换成功。主要有负荷批量控制编辑态、负荷批量控制预置态和负荷批量控制控制态。如图 2-121 所示。

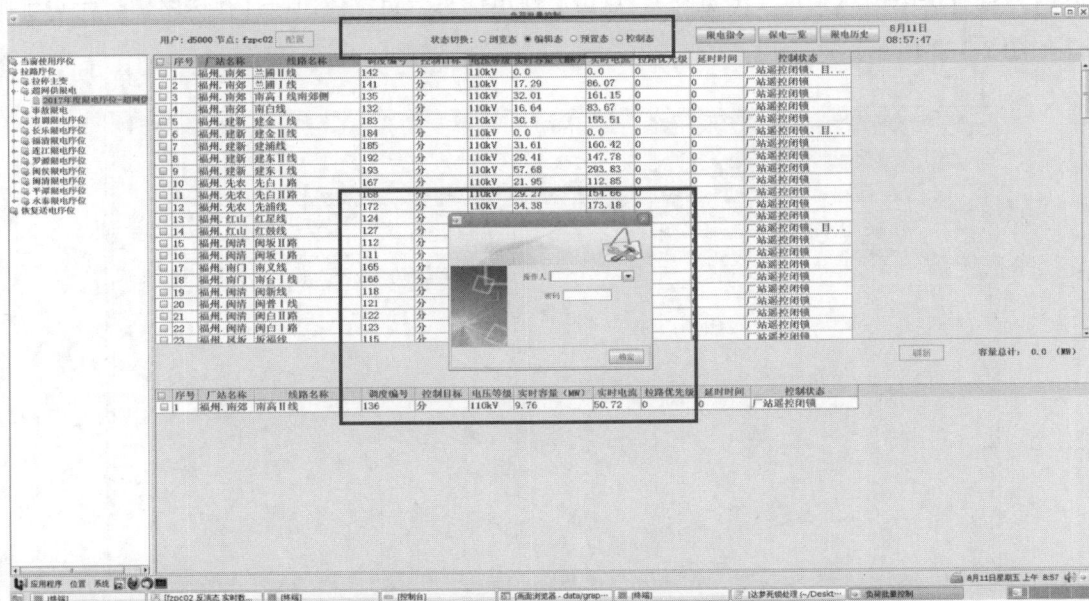

图 2-121 切换态

3．浏览态

在浏览态下用户只能查看不能编辑。"选取控制点""保电""删除""保存""取消保电"

等按钮不可见；不能打开配置画面，但可以打开"保电信息一览"和"分析校核统计表"小画面来查看保电一览信息和历史拉路信息；在该态下，用户只能查看到当前登录用户拥有权限的序位。如图 2-122 所示。

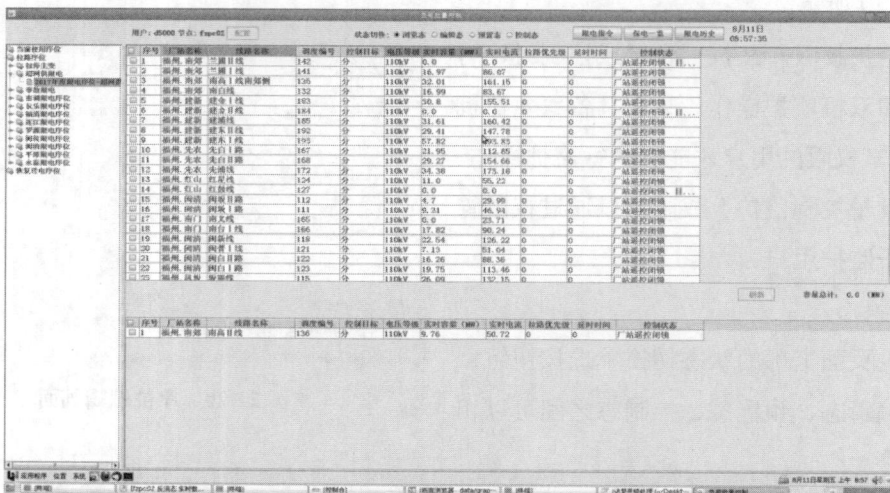

图 2-122　浏览态

（1）查看保电信息一览（浏览态）。点击"保电信息一览"按钮，打开保电信息一览子画面。如图 2-123 所示。

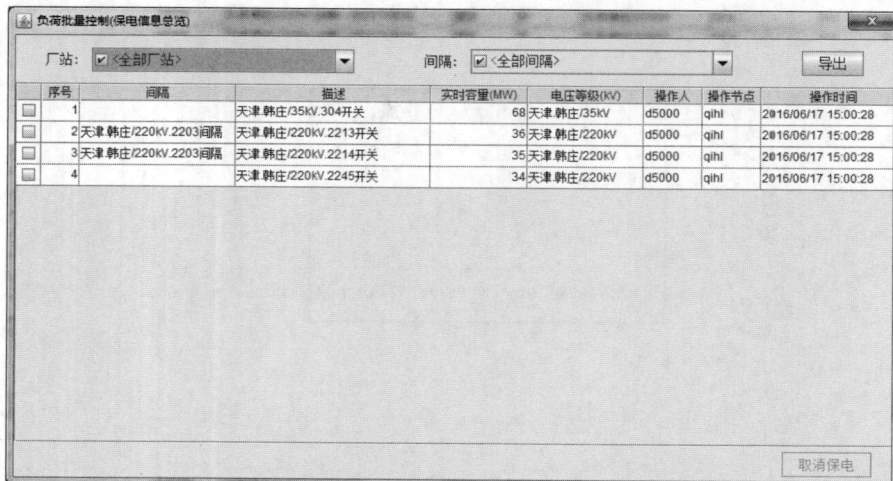

图 2-123　保电信息一览

（2）查看分析校核统计表。点击"分析校核统计表"按钮，打开分析校核统计表子画面。如图 2-124 所示。

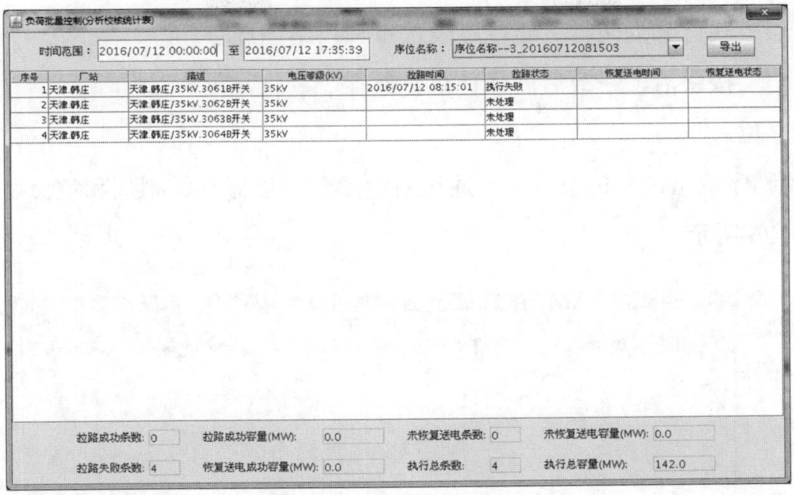

图 2-124 分析校核统计表

（3）查看序位控制点。通过点击主画面左侧的序位树，可以查看到当前选中序位中的所有控制点。在浏览态下，可以点击线路名称、电压等级和实时容量列来排序查看控制点，也可以点击"刷新"按钮来初期化遥控列表控制点信息。可以通过点击表格上的全选/反选按钮来对控制点进行全选/反选操作，以便查看当前选中序位的总容量。如图 2-125 所示。

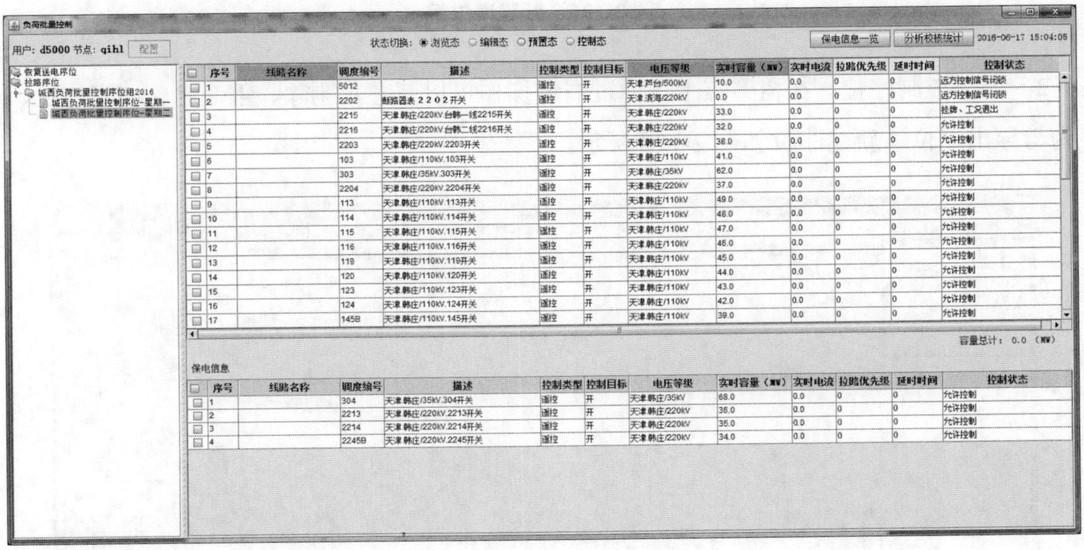

图 2-125 序位控制点

4. 编辑态

（1）修改配置。在配置小画面中，可以配置恢复送电时间间隔、单条送电最大等待时间、最近拉路时间间隔、遥控倒计时时间、预置态/控制态静止超时时间与选点模式。

117

其中，选点模式可分为两种，遥控点表选点和厂站图选点。

点击"确定"按钮后，修改后的项目将会保存。

（2）编辑序位。

1）编辑控制序位组：在树节点上，通过右键操作可以添加、删除和重命名序位组。新建序位组如图 2-126 所示。

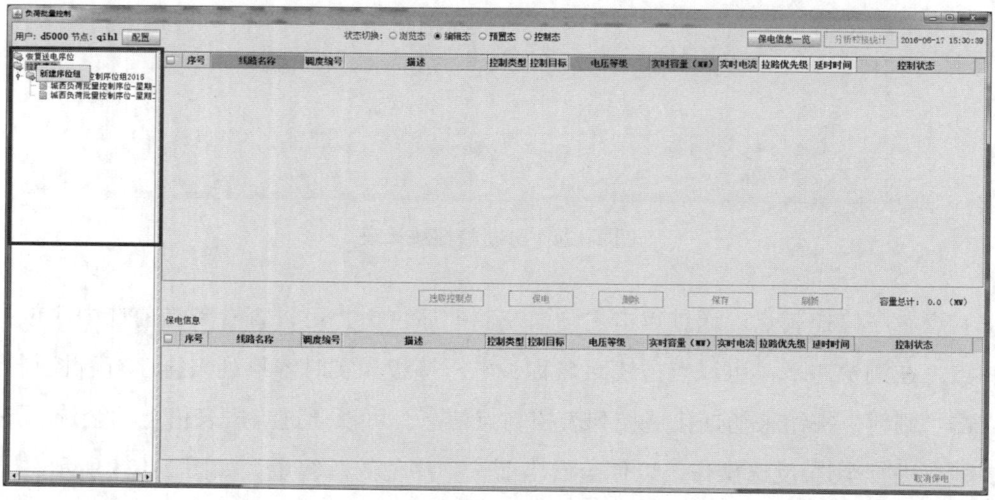

图 2-126　新建序位组

2）编辑控制序位：在树节点上，通过右键操作可以新建、删除、重命名、编辑序位、另存为与导出序位。新建序位如图 2-127 所示。

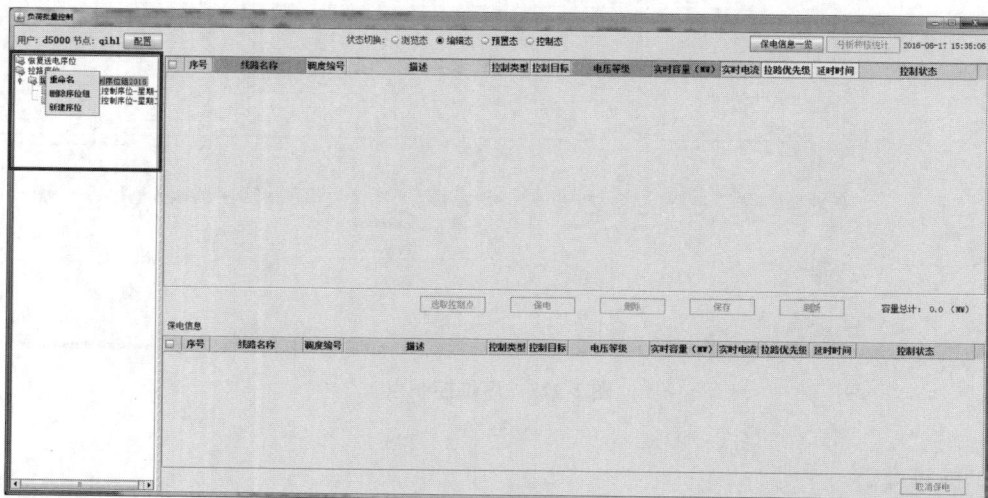

图 2-127　新建序位

3）序位编辑画面：通过序位编辑画面，用户可以利用已有的序位来编辑另一序位。也可以将被编辑序位的权限赋予其他用户。在该画面用户可以对序位中的控制点进行增、删操作。如图 2-128 所示。

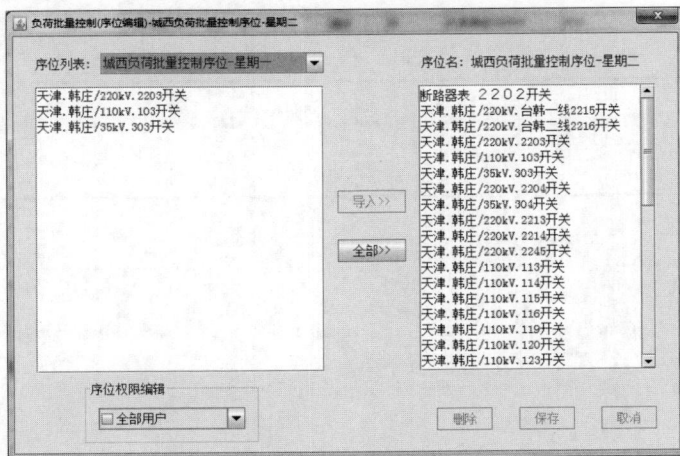

图 2-128　序位编辑画面

4）编辑控制点：用户也可以通过"选取控制点"按钮对当前选中序位，从厂站图或遥控选点小画面增加控制点。

通过画面上的"删除"按钮，可以对当前选中的控制点执行删除操作。

通过点击画面上的"保存"按钮，可以对用户的编辑进行保存操作。如图 2-129 所示。

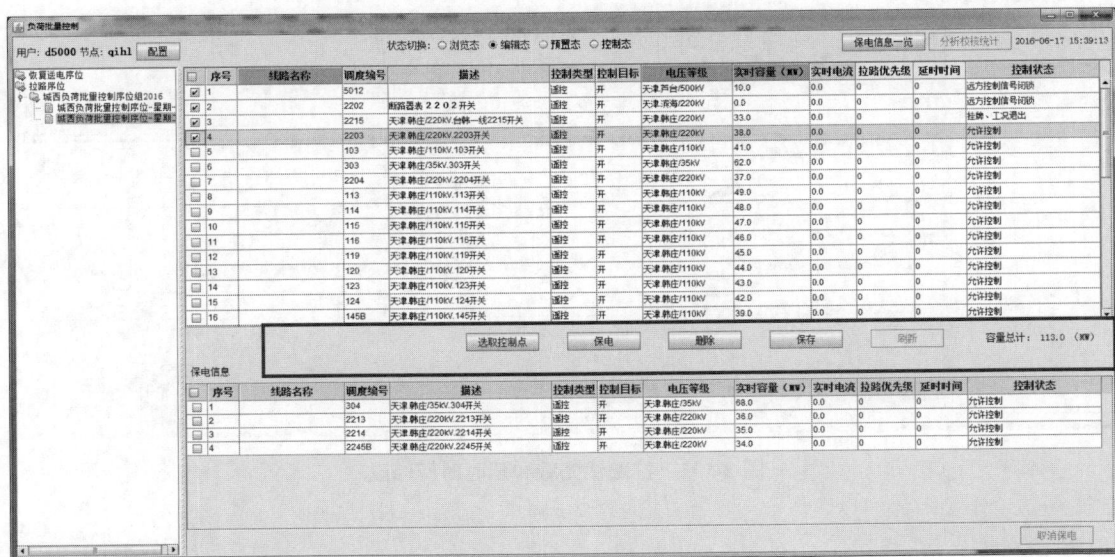

图 2-129　编辑控制点

5）编辑序位序号：在序位表格中，通过拖拽操作可以对控制点序位序号进行修改。如图 2-130 所示。

图 2-130　编辑序位序号

同时在遥控表格中，可以对拉路优先级和延时时间列进行修改操作。如图 2-131 所示。

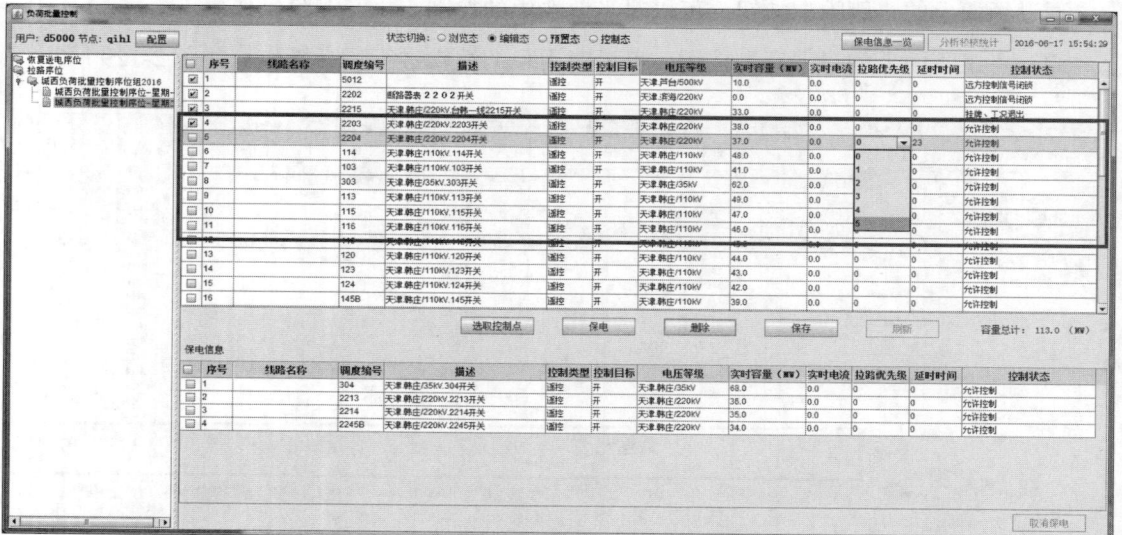

图 2-131　拉路优先级和延时时间修改

5. 保电

选中控制序位的控制点，通过点击画面上的"保电"按钮，对其进行保电操作。保电后的控制点将显示在画面下部的保电信息表格中。

在保电信息表格中，选中需要取消保电的控制点，"取消保电"按钮变为可用，点击按钮便可取消保电。如图 2-132 所示。

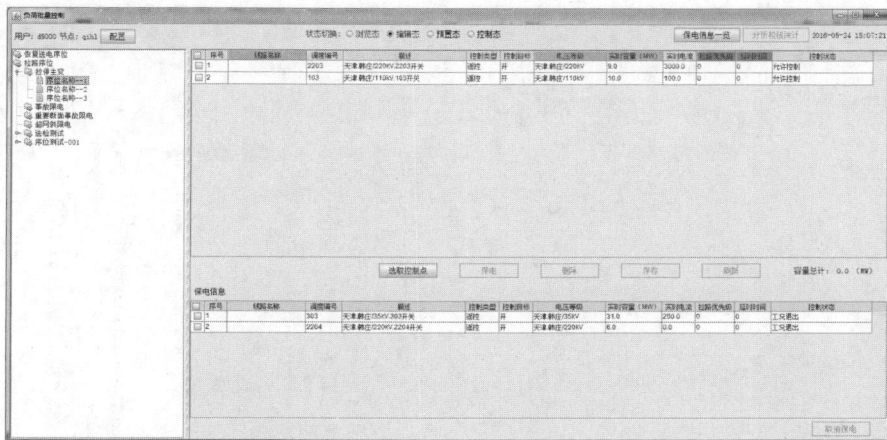

图 2-132　保电操作

用户还可以在保电信息一览子画面（编辑态下）中，对保电控制点进行取消保电操作。如图 2-133 所示。

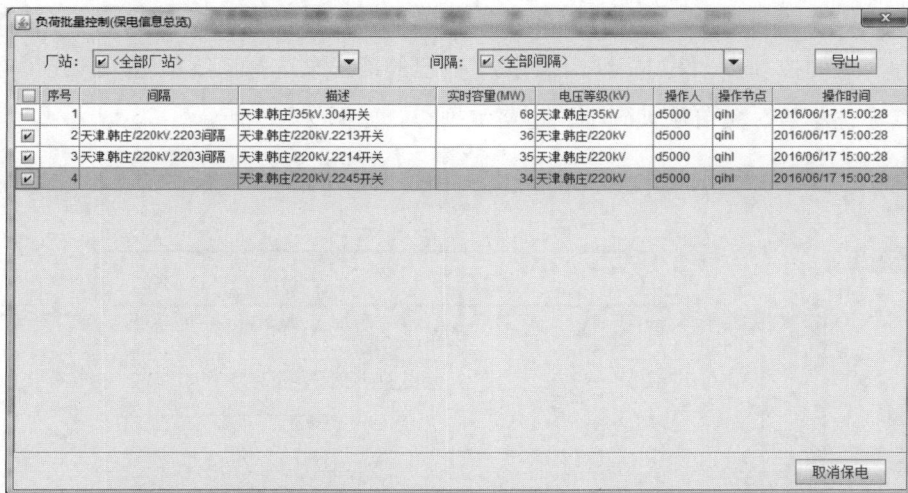

图 2-133　保电信息一览中的保电操作

6. 控制态

只有拥有"负荷批量控制控制态"权限的用户才可以切换到控制态。与编辑态相同，在控制态用户能看到的序位都是当前登录用户拥有权限的序位。

在控制态可以使用"手动"和"自动"两种选线方式进行选线操作。表格中的控制状态，不满足允许控制条件（包括挂牌、工况退出，遥控闭锁等情况）的点不能够进行控制，允许控制的点可以选择进行控制或者不进行控制。控制态主画面如图 2-134 所示。

图 2-134　控制态

7. 智能选线

在"自动"选线模式下，通过用户输入的拉路目标容量、厂站与选线策略自动为用户选出接近目标容量的控制点。其中用户可以按照自己的需求来选择选线策略。选线策略有负荷从小到大、序位序号、负荷从大到小、拉路优先级。如图 2-135 所示。

图 2-135　智能选线

8. 控制执行

选线完成后，用户通过配置面板的"确定"按钮来执行遥控操作。

设置完成以后进入控制界面，在控制界面中提供查看本次需要控制的信号点的信息，执行、暂停已经取消控制动作，查看实时控制情况等功能。

控制倒计时画面说明：倒计时过程中，如果点击"确认执行"按钮，遥控开始执行，如果点击"取消执行"按钮，控制取消。如果在倒计时过程中，没有任何操作，则倒计时结束后，遥控自动取消。如图 2-136 所示。

图 2-136 控制倒计时

执行中画面如图 2-137 所示。

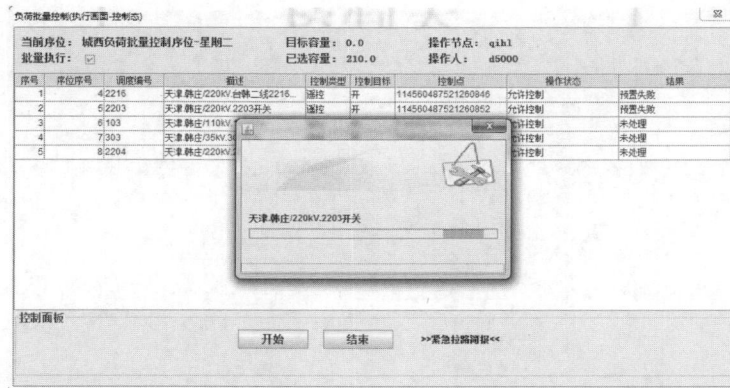

图 2-137 遥控执行中

9. 多轮执行

在自动选线的情况下，如果第一轮执行完，没有完成拉路目标的 95%，则系统会自动弹出提示，确认是否需要执行下一轮操作。如果用户选择了"进行"，则进入下一轮执行，如

图 2-138 所示。

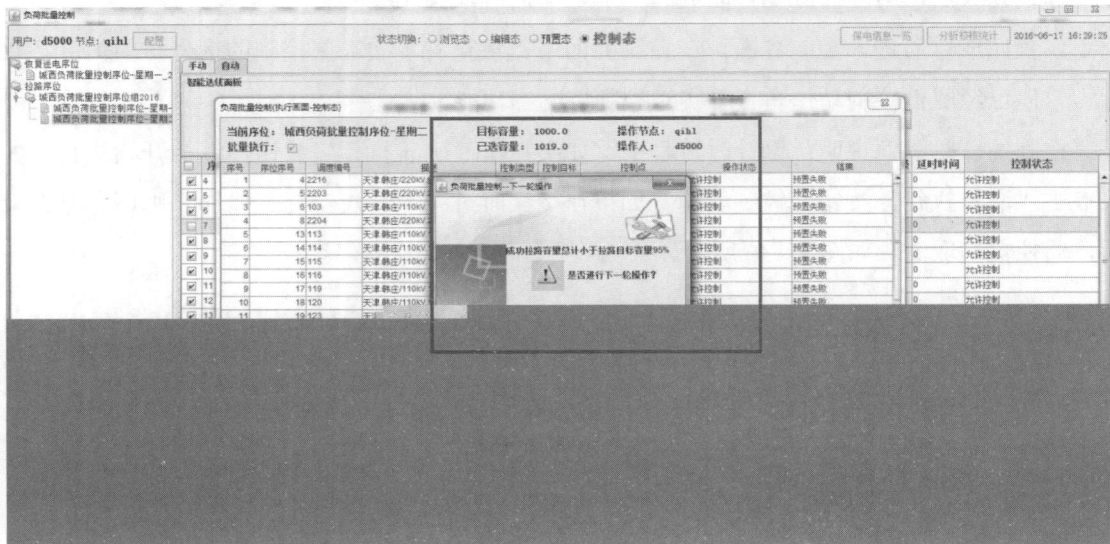

图 2-138 多轮执行

此时如果用户想结束操作，则只需要点击结束多轮操作按钮，便可结束多轮操作。

10. 控制执行手动

在主画面的右下角，有个批量处理 CheckBox。用户通过取消选中批量处理，来手动执行控制，如图 2-139 所示。

图 2-139 批量处理

在手动执行时，用户每点击一次"开始"按钮，执行控制一条控制点，如图 2-140 所示。

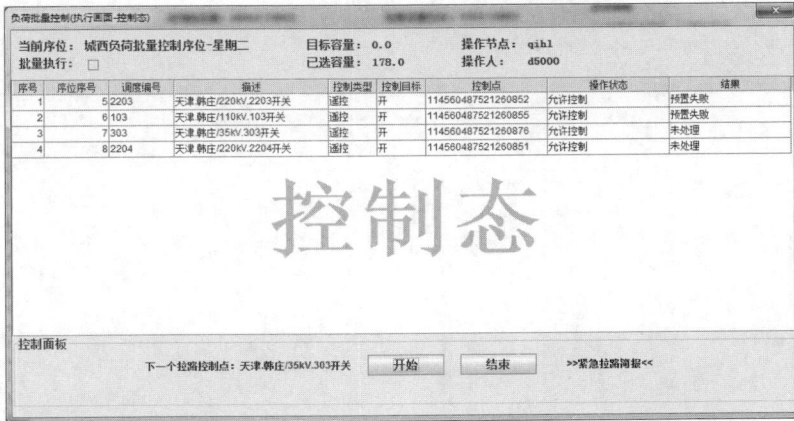

图 2-140 手动执行

11. 恢复送电

在执行拉路结束后，如果存在拉路成功的控制点，则会在恢复送电序位树节点上，自动生成一个恢复送电序位。选中恢复送电序位后点击确认按钮便可进行恢复送电。

需要明确的是，恢复送电是顺序执行的，并且每个控制点在恢复送电执行后都会有 30s 以上的延时时间，具体延时多少秒，可以在配置画面中进行配置。执行完成后，如果该恢复送电中，已经不存在可以恢复送电的控制点，则在恢复送电序位节点下，不再显示该序位。

在预置态或者控制态下，用户可以调节恢复送电序位中控制点的顺序，恢复送电时，将会按照调节后的顺序执行恢复送电，如图 2-141 所示。

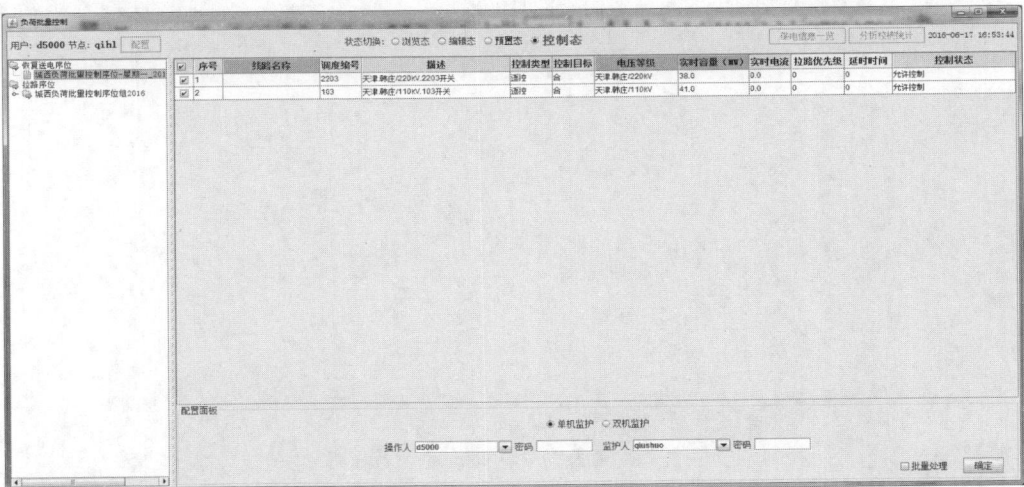

图 2-141 恢复送电顺序执行

执行画面如图 2-142 所示。

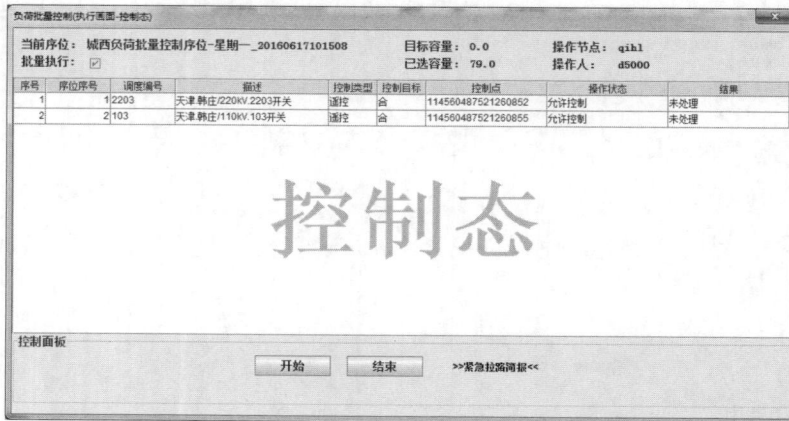

图 2-142　恢复送电执行界面

12. 预置态

只有拥有"负荷批量控制预置态"权限的用户才可以切换到预置态。与编辑态相同，在预置态用户能看到的序位都是当前登录用户拥有权限的序位。在预置态可以使用"手动"和"自动"两种选线方式进行选线操作。

表格中的控制状态，不满足允许控制条件（包括挂牌、工况退出、遥控闭锁等情况）的点不能够进行控制，允许控制的点可以选择进行控制或者不进行控制。预置态主画面如图 2-143 所示。

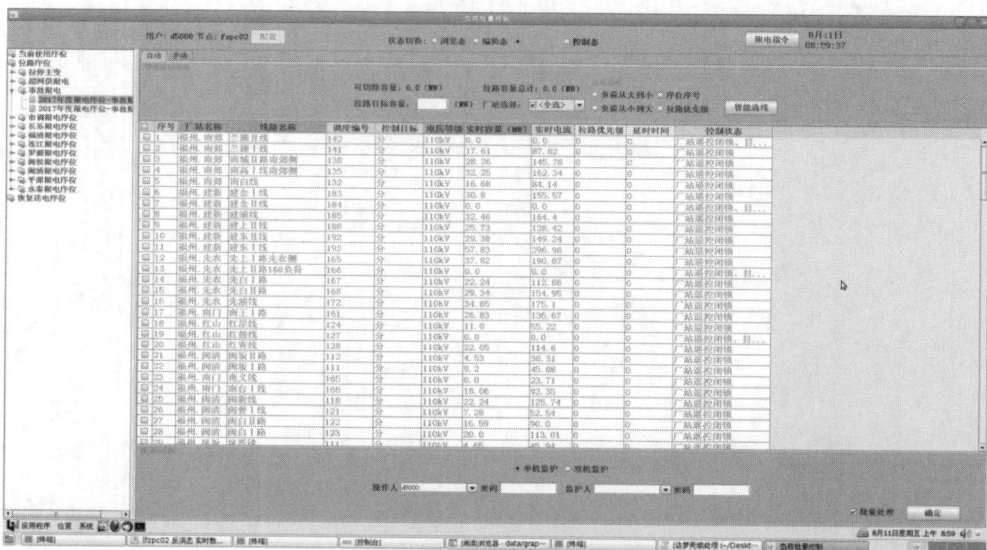

图 2-143　预置态主画面

预置态的基本操作同控制态相同，详细请参照本章节的控制态。不同点在预置态仅下发预置命令，并不进行执行操作。并且预置态在执行完拉路操作后，不会生成恢复送电序位。但在分析校核统计表中能够查看执行历史信息。

（二）综合智能分析与告警

1. 简介

综合智能告警以智能电网调度控制系统中的各类告警信息为要素，采用面向任务的驱动模式，建立调度日常监控告警处置的整体框架，在横向上通过消息总线集成系统内部各个业务的告警信息，包括数据采集与监控（SCADA）、WAMS、保信系统、电力系统应用软件（PAS）以及动态安全评估（DSA）等，实现对电网运行状态的在线感知，在纵向上实现变电站、省调中心、调控分中心以及国调中心多级调度间告警信息的纵向贯通，为多级调度间告警信息的协同感知与处理提供技术支撑。

相对于以往调度自动化系统的告警处理，智能调度控制系统的综合智能告警功能具有三大特点：

（1）在纵向上实现了变电站、省调中心、调控分中心以及国调中心多级调度机构间的广域分布式智能告警。

（2）在横向上构建了基于稳态、动态以及暂态数据的综合故障诊断。

（3）利用统一的基础平台，实现各应用告警信息的汇集与整合，建立了面向调度运行模式的综合告警。

2. 关键技术：基于多源信息融合的综合故障诊断

电网设备故障时的告警信息共分为 3 类：稳态数据（包括开关变位、事故总信号、保护动作信号等）、动态数据（PMU 装置实时采集的同步相量数据）以及暂态数据（故障录波），不同类型的数据对于故障分析的实时性和分析结果具有不同的特性。

稳态数据实时性强、布点全，但分析结果只能涵盖故障时间、故障设备、重合情况；PMU数据实时性强，布点不全，分析结果在稳态数据的基础上可以进一步得到故障相别；暂态数据实时性较差，稳定性也有待提升，且现阶段不具备全部接入的条件，但分析结果在 PMU数据的基础之上可以进一步得到故障测距、短路电流等信息。

因此，需要综合利用各类告警信息，一方面通过不同的数据特性完善故障诊断的结果，提高故障诊断的实时性和分析结果的全面性，另一方面通过多源信息之间的冗余性，有效解决由于单一错误告警信息引起的误告警问题。

综合智能告警功能建立了基于多源信息融合的故障诊断架构，左边为告警信息数据源，右边为在线故障诊断数据流程。告警信息来源包括原始告警信息和分析结果信息两大类，其中原始告警信息包括来自稳态监控功能的开关变位、事故总信号、变电站告警直传以及来自二次设备在线监视功能的保护动作信号；分析结果信息包括来自在线扰动识别功能的设备短路故障、机组跳闸、直流波动和闭锁，以及来自二次设备在线监视功能的保护和录波简报。在线故障诊断数据流程分为 3 个部分，即多源信息校验、故障在线分析以及故障信息整合。多源信息校验对不同来源的告警信息进行分析校验，实现错误告警信息的在线辨识；故障在线分析在多源信息校验的基础之上，综合各类告警信息实现故障设备的在线诊断；故障信息整合在故障分析的基础上，将不同来源的告警信息和分析结果进行整合，形成完整的故障事件报告。通过故障信息的整合，最终形成故障简报，指导调度进行故障处置。

上述故障诊断架构的好处是任一来源的告警信息，只要满足告警规则，即可实现快速告警，保证了故障告警的实时性和可靠性，另外通过对不同来源告警信息和分析结果的整合，故障诊断的结果更加丰富，提升了对调度事故处置业务的支撑能力。

3. 面向调度运行模式的分类告警

为了解决以往调度中心各个系统（EMS 和 WAMS 及保信系统等）独自建设，告警信息分散、零乱的问题，需要从调度日常监控的业务特点出发，将多个系统或功能的告警信息进行整合，建立面向调度运行模式的综合告警。智能调度控制系统为各个应用功能提供了统一的基础平台，从而为告警信息的整合处理提供了技术支撑手段，面向调度运行模式的综合告警总体架构，其中 AGC 表示自动发电控制，AVC 表示自动电压控制。各应用功能通过基础平台的消息总线服务，采用统一的告警接口将告警内容发送给综合智能告警功能，综合智能告警功能在接收到各个功能的告警信息后，按照调度实时监控、预防控制以及故障处置 3 个维度对告警信息进行整合，形成实时监视分析、预想故障分析以及故障告警分析 3 类告警。其中实时监视分析类告警主要包括一次设备的潮流、电压越限，二次设备的装置投退、通信或装置状态异常，以及系统级的断面、频率越限。预想故障主要包括静态安全的 N-1 校验、系统稳定裕度以及外部气象环境的风险预警。故障告警主要包括设备短路故障、机组跳闸、直流闭锁以及低频振荡等。

考虑到智能电网调度控制系统的建设是一个长期持续发展的过程，后续将会有更多的应用功能集成到智能电网调度控制系统中，因此综合智能告警功能在设计之初便进行了仔细分析和详细设计，制定了通用告警信息交互规范。在信息交互方式上，综合智能告警利用智能电网调度控制系统消息总线、事件转发以及服务总线等通用交互方式，以实现 Ⅰ/Ⅱ/Ⅲ区各应用功能与综合智能告警的信息交互。在信息交互内容上，制定了标准化的交互内容，针对不同的告警类型对告警交互内容进行抽象和封装，以便于后续扩展。以设备越限为例，交互内容包括告警时间、告警设备、越限值、设备限值、越限类型以及告警来源等。在告警信息展示方面，支持按照告警类型、工作站节点以及用户责任区对告警信息进行个性化配置，以满足不同用户的需求。

模块三　网络及安全防护

【模块描述】

本模块主要包括通信网络结构、操作系统、数据库管理系统、安全防护设备、电力监控系统网络安全管理平台 5 个任务。

核心知识点包括自动化主站系统通信网络的基本结构、路由器及交换机的安全加固要求、数据库的基本应用和安全加固、操作系统的基本应用和安全加固；纵向加密认证装置、物理隔离装置、防护墙等安全防护设备的基本配置；网络安全监视平台的运行和维护。

关键技能项包括网络设备的安全加固、数据库的基本操作和安全加固、操作系统的基本操作命令和安全加固、安全防护设备的配置、网络安全监视平台的资产接入和调试。

【模块目标】

通过本模块学习，应达到以下目标。

（一）知识目标

熟悉网络设备、数据库、操作系统的基本操作；掌握网络设备、数据库、操作系统的安全加固要求和安全加固配置实操，了解安全加固过程的危险点和安全防范措施；熟悉安全防护设备的应用场景和基本配置；熟悉网络安全监视平台的技术要求和日常监视内容，掌握资产接入及调试方法。

（二）技能目标

能够根据《国家电网公司电力监控系统网络安全运行管理规定》《电力监控系统本体安全防护技术规范》要求，按照规范流程要求完成网络设备、数据库、操作系统的安全加固检查及配置；完成安全防护设备的配置，完成网络安全监视平台的日常运行和维护工作。

（三）素质目标

培养动手能力及分析、解决问题的能力。提升电力监控系统网络安全防护意识，落实网络设备、数据库、操作系统的安全防护要求，提升本体安全防护；强化安全防护设备的应用，确保网络边界安全；深化网络安全监视平台的应用，实时掌握网络安全态势。严格按照规范流程及管理规定开展电力监控系统作业，牢固树立电力监控系统作业过程中的安全风险防范意识。

任务一　通信网络结构

【任务目标】

1. 了解主站自动化系统的基本网络结构。

2. 熟悉网络边界的安全防护规则。

3. 掌握网络设备的安全加固要求。

4. 能够按照规范要求完成网络设备的安全加固配置和检查工作。

【任务描述】

本任务主要完成网络设备的安全加固及检查。

本工作任务以 H3C 网络设备的安全加固配置为例介绍网络设备的安全加固过程。

【知识准备】

一、概述

通信网络是主站自动化系统内外部数据交互的重要载体，是数据传输的高速通道。承载着厂站数据采集、与配电自动化系统及电能量计量系统等数据交互、上下级调度机构数据实时交互的重要功能，是主站自动化系统的重要组成部分。

主干局域网：主要由主站自动化系统内部各数据服务器、应用服务器、维护工作站、调度员工作站等组成，实现系统内部的扩展服务和应用维护，主备调系统的模型同步、参数同步、图形同步等功能，处于安全Ⅰ区。

横向网络：与安全Ⅰ区配电自动化系统交互的网络，网络边界通过正反向物理隔离进行安全防护；与安全Ⅱ区电能量计量系统交互的网络，网络边界通过防火墙进行安全防护；与安全Ⅲ区主站自动化系统 Web 服务器交互的网络，网络边界通过正反向物理隔离进行安全防护。

纵向网络：一是与上下级调度机构进行实时数据交互的网络、厂站数据采集网络，网络边界通过纵向加密认证装置进行安全防护；二是地县一体化系统各县调、运维站工作站的延伸网络，网络边界通过防火墙进行安全防护。

二、主要网络设备

网络设备是将主站自动化系统内部各服务器、工作站以及外部其他系统连接起来，构成信息通信网络，实现数据的传输和共享的最主要设备。网络设备包括中继器、网桥、路由器、交换机等设备。当前自动化系统通信网络中应用最广泛的是路由器及交换机。

交换机（Switch）：交换机也称交换式集线器（Switched Hub）。它具备许多接口，提供多个网络节点互联。使各端口设备能独立地进行数据传递而不受其他设备影响，表现在用户面前即是各端口有独立、固定的带宽，此外，还具有如数据过滤、网络分段、广播控制等功能。

路由器（Router）：路由器是一种用于网络互联的计算机设备。工作在 OSI 参考模型的第三层（网络层），为不同的网络之间报文寻径并存储转发，通常路由器还会支持两种以上的网络协议以支持异种网络互联，一般的路由器还会运行一些动态路由协议以实现动态寻径。

当前国内主要网络设备厂家有 H3C、华为、中兴等。其中 H3C 和华为的设备维护操作方法雷同，且在电力调度自动化各级系统中应用最为广泛，以下内容均以 H3C 设备为例进行阐述。

（一）网络设备的基本操作

1. 登录网络设备

H3C 网络设备上的登录方式一般可以通过 Console 口、AUX 口（Auxiliary port，辅助端口）、Telnet 或 SSH 登录方式。如有接入网管理系统的，还可以通过 SNMP 登录设备，并通过 Set 和 Get 等操作来配置和管理设备。通过 Console 口进行本地登录是登录设备的最基本的方式，也是配置通过其他方式登录设备的基础，系列网络设备在初次使用命令行接口时，只能通过 Console 口进行登录并进入命令行接口界面。以下对通过 Console 口登录交换机步骤进行介绍：

（1）使用产品附带的配置口电缆连接 PC 机和交换机。请先将配置电缆的 DB-9（孔）插头插入 PC 机的 9 芯（针）串口插座，再将 RJ-45 插头端插入交换机的 Console 口中。连接时请认准接口上的标识，以免误插入其他接口。

（2）打开 PC 机的超级终端程序或其他终端程序，以下以 Windows XP 系统的"超级终端"程序为例。请点击"开始"—"程序"—"附件"—"通信"—"超级终端"，进入超级终端窗口，系统弹出如图 3-1 所示的连接描述界面。请在"名称"文本框中填入此次连接的名称（以"Switch"为例），并单击<确定>按钮。

（3）系统弹出如图 3-2 所示的界面图，在"连接时使用"一栏中选择连接使用的串口。串口选择完毕后，单击<确定>按钮。

（4）系统弹出如图 3-3 所示的连接串口参数设置界面，设置每秒位数为 9600，数据位为 8，奇偶校验为无，停止位为 1，数据流控制为无。串口参数设置完成后，单击<确定>按钮。

图 3-1　超级终端连接说明界面

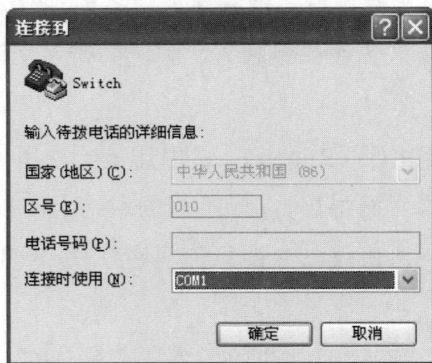

图 3-2　超级终端连接使用串口设置

（5）系统进入如图 3-4 所示的超级终端界面。在超级终端属性对话框中选择"文件/属性"一项，进入属性窗口。单击属性窗口中的"设置"，进入属性设置页面，如图 3-5 所示。

在其中选择终端仿真为 VT100，选择完成后，单击<确定>按钮。

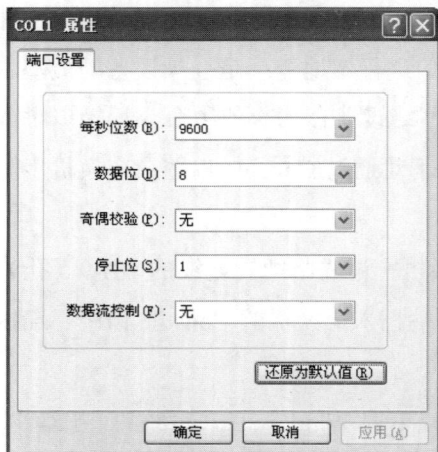

图 3-3　串口参数设置

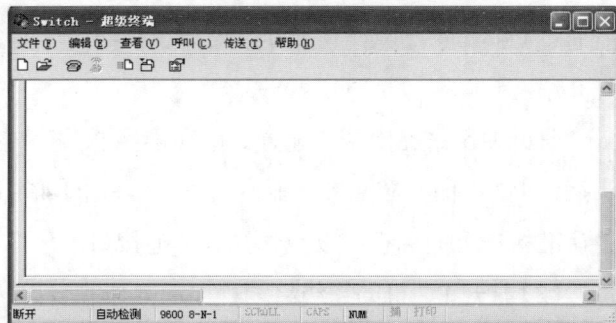

图 3-4　超级终端窗口

（6）在超级终端界面下单击回车键，屏幕上将出现交换机的命令行接口，表示登录成功。如图 3-6 所示。

2. 视图模式

H3C 系列设备提供丰富的功能，相应的也提供了多样的配置和查询的命令。为便于使用这些命令，将命令按功能分类进行组织。当使用某个命令时，需要先进入这个命令所在的特定分类（即视图）。各命令行视图是针对不同的配置要求实现的，它们之间既有联系又有区别。

最为常用的两种视图是用户视图与系统视图，系统视图根据功能又扩展为接口视图、VLAN
视图、用户界面视图、路由协议视图等许多功能视图。通过相应的命令可以在各个视图之间
切换，各种视图之间的关系如图 3-7 所示。

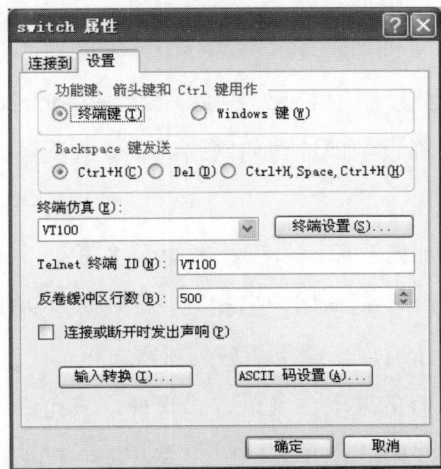

图 3-5 属性设置窗口

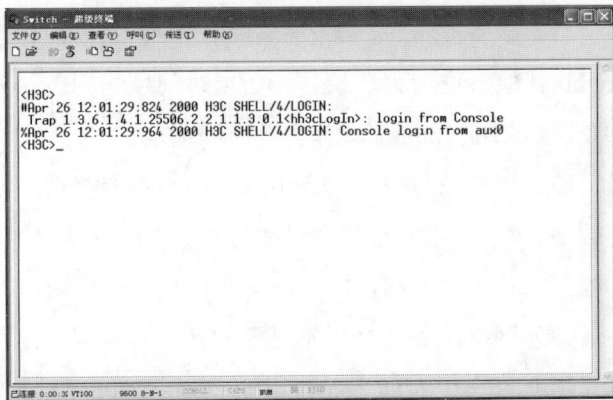

图 3-6 通过 Console 口登录成功示意图

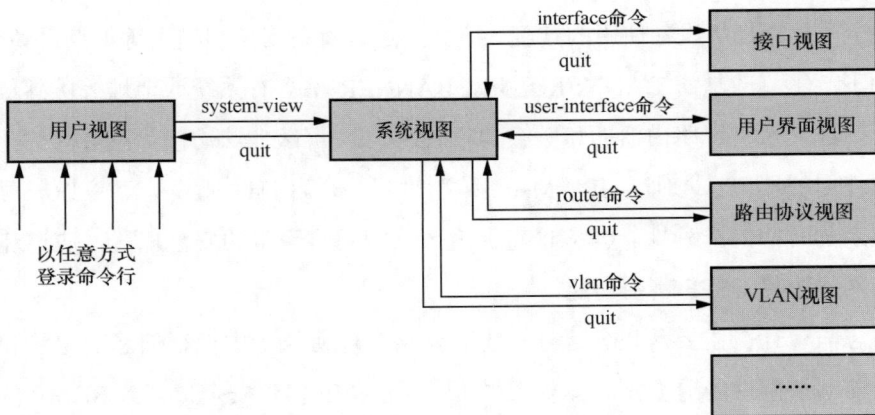

图 3-7 各种视图之间的关系

（1）用户视图：登录到设备后即进入用户视图，在用户视图下可以完成查看运行状态和
统计信息等功能。此时屏幕显示的提示符是：<设备名>。用户视图可执行的操作有限，比如
查看操作、文件操作、设置时间等。

（2）系统视图：要对设备进行进一步的配置，必须先进入系统视图，在用户视图下输入
system-view 命令可以进入系统视图，进入系统视图后，屏幕显示的提示符是：〈设备名〉，输
入相应的功能视图命令可以再进入各功能视图，输入 quit 命令可以返回上一级视图。

（3）功能视图：进行设备各项具体功能配置的视图。交换机与路由器因应用功能不同，在功能视图上有些不同，具体请参考相关的命令手册。

（二）网络设备安全防护要求

网络设备的安全防护涉及以下五个方面：设备管理、用户与口令、日志与审计、网络服务和安全防护五个方面。

（1）设备管理：①登录应输入用户名和口令；②远程登录应使用 SSH 协议，禁止使用 telnet、rlogin 其他协议远程登录。③启用访问控制列表，只允许限定地址访问网络设备管理服务。④登录后超过 5min 无动作自动断开通信。

（2）用户与口令：①启用用户口令强度要求，口令加密存储、长度不能小于 8 位，少包含数字、大写字母、小写字母和特殊字符中的 3 种的混合，不得与用户名相同，有效期为 90d。②根据三权分立原则，创建管理员用户、普通用户、审计用户，赋予相应的权限。

（3）网络服务：禁用不必要的公共网络服务；网络服务采取白名单方式管理，只允许开放 SNMP、SSH、NTP 等特定服务。禁用 TCPSMALLSERVERS、UDPSMALLSERVERS、Finger、HTTPSERVER、BOOTPSERVER、FTPSERVER、TELNETSERVER、DNS 查询功能（如要使用该功能，则先配置 DNSSERVER）。

（4）安全防护：是从设备使用的角度入手，通过设置访问控制列表等提高设备防护能力，具体要求如下：①修改缺省 BANNER 语句，BANNER 不含有系统或地址等敏感信息。②根据具体业务，在交换机、路由器的相关接口设置 ACL，屏蔽非法访问信息。③关闭交换机、路由器上不使用的端口。④绑定 IP、MAC 和端口。⑤开启 NTP 服务，建立统一时钟，保证日志功能记录的时间的准确性。⑥应检查调度数据网网络设备的安全配置，应避免使用默认路由，关闭网络边界 OSPF 路由功能。

（5）日志与审计：主要从设备运行日志和网络管理协议考虑运行信息的记录和分析，方便事后安全漏洞和事件的追溯，具体要求如下：①SNMP 协议安全，修改 SNMP 的默认通信字符串，并更新 SNMP 版本，使用 V2 及以上版本。②启用设备日志审计功能。③配置远程日志服务器 IP（如有）。

【任务实施】

网络设备的安全防护配置：

1. 危险点分析

本工作任务为 H3C S5120 交换机安全加固配置，该工作任务的主要危险点及防范措施见表 3-1。

表 3-1　　　　　　　　　　　网络设备安全加固配置危险点分析表

序号	危险点	控制措施
1	使用非专用调试计算机，存在泄密隐患	工作前检查调试计算机为专用
2	调试计算机接入外网，存在泄密隐患	工作前检查调试计算机未接入外网
3	未使用专用移动存储设备，存在泄密隐患	拷贝文件应使用经安全检查的专用移动存储设备，不得使用自带移动存储设备
4	配置修改前未备份保存原配置文件，配置错误导致系统异常而无法恢复	配置修改前先备份保存原配置文件
5	未保存设备配置，设备断电或重启造成设备数据丢失	设备配置完成及时保存配置

2. 标准化作业卡编制

标准化作业卡是使得安全加固配置工作内容更加清晰明确，确保不漏配置的重要措施。本工作任务根据《国网福建电力监控系统网络安全操作标准化作业指导书》编制网络设备安全加固配置标准化作业卡，见表 3-2。

表 3-2　　　　　　　　　　　网络设备安全加固配置标准化作业卡

序号	加固项目	内容及要求	执行完打 ✓	备注
1	用户与口令	设置的密码策略		
2		设置用户权限分离		
3		删除默认用户、多余用户（如有）		
4		设置用户登录模式为密码认证		
5	设备管理	限制远程访问 IP 控制列表		
6		配置登录失败处理功能和超时时间		
7		限制远程登录为 ssh 协议		
8		限制远程登录最大连接会话		
9		设置远程登录为 AAA 登录		
10	网络服务	停止 ftp、telnet、http 等通用服务（如有启用）		
11	安全防护	删除设备登录 BANNER 信息		
12		根据业务设置 acl 访问控制列表		
13		关闭空间端口		
14		业务端口绑定 IP、MAC 地址（如有）		
15		配置 NTP 服务		
16		删除默认路由		
17	日志与审计	SNMP 协议使用 V2 及以上版本		
18		配置 SNMP 读团体字		

续表

序号	加固项目	内容及要求	执行完打√	备注
19		删除默认团体字（如有）		
20	日志与审计	配置 SNMP-TRAP		
21		限制 SNMP 服务器地址		

3. 材料工具准备

网络设备安全加固配置工作应根据实际情况合理配置所需的工器具、材料。网络设备安全加固配置工具、材料见表 3-3。

表 3-3 网络设备安全加固配置工具材料表

已准备打√	序 号	名称	单位	数量	备注
	1	专用调试电脑	台	1	
	2	串口配置线	条	1	

4. 现场配置步骤

（1）用户与口令。

1）设置密码策略。

password-control enable　　　　启用密码策略

password-control aging 90　　　密码 90 天自动过期

password-control length 8　　　密码长度 8 个字符

password-control composition type-number 3 type-length 1　密码至少含有大写字母、小写字母、数字、特殊符号 4 种字符中的 3 种，各 1 个字符

password-control login-attempt 3 exceed lock-time 30　　密码 3 次错误锁定 30min

password-control complexity user-name check　　　　密码不能含有用户名

password-control complexity same-character check　　　与前次密码不能有连续 3 个字符相同

2）按权限分离原则创建三个用户。

local-user　user1　　　　　用户名 user1

password cipher xxxxxxxx　　密码按密码策略要求设置

service-type ssh level 0　　　普通用户

local-user　user2

password cipher xxxxxxxx

service-type ssh level 1 　　　　　审计用户

local-user 　 user3

password cipher xxxxxxxx

service-type ssh level 3 　　　　　超级用户

3）删除系统默认用户和多余用户（如有）。

display current | begin local-user 　　查看用户账户情况

local-user test class manage 　　　　存在多余账户 test

undo local-user test class manage 　　删除账户 test

4）设置用户登录密码认证。

user-interface vty 0 4 　　　　　vty 口启用 0-4 连接

authentication-mode scheme 　　　启用本地认证

user-interface con 0 0 　　　　　console 口

authentication-mode password 　　设置认证模式为密码

authentication password xxxx 　　设置密码

（2）设备管理。

1）限制远程访问 IP 控制列表。

acl number 2000 　　　　　　　　配置访问控制列表

rule 0 permit source x. x. x. x 0 　　指定远程主机 IP 为 x. x. x. x

rule 10 deny 　　　　　　　　　　拒绝其他

user-interface vty 0 4 　　　　　vty 口启用 0-4 连接

acl 2000 inbound 　　　　　　　　应用远程连接访问控制列表

2）配置登录失败处理功能和超时时间。

ssh server authentication-retries 5 　　ssh 登录失败 5 次

user-interface vty 0 4

idle-timeout 5 　　　　　　　　5min 未进行操作自动退出

3）使用远程 ssh 进行连接。

ssh server enable 　　　　　　　　启用 ssh 服务

public-key local create rsa xxx 　　创建秘钥对

user-interface vty 0 4 　　　　　最大连接 5 个会话

acl 2000 inbound 　　　　　　　　应用访问控制列表

| authentication-mode scheme | 设置为 AAA 登录 |
| protocol inbound ssh | 限制为 ssh 登录 |

（3）网络服务。

关闭通用服务

dis current　　　　　　　　　　　查看是否有 ftp server enable、telnet server enable、
　　　　　　　　　　　　　　　　　ip http enable 字段等

udno ftp server	关闭 ftp 服务器
undo telnet server enable	关闭 telnet 服务器
undo ip http enable	关闭 http 服务器

（4）安全防护。

1）删除 banner 信息。

undo header

2）根据业务设置 acl 访问控制列表。

acl number 3001　　　　　　　　　设置访问控制列表

rule 1 permit icmp

rule 2 permit tcp source 厂站 IP 0 source-port eq 2404 destination 主站 IP 0

根据接口设置 ACL 规则

interface Ethernet 1/0/5　　　　　接口 5 绑定 ACL 规则

firewall packet-filter 3001 inbound

3）业务端口绑定 IP、MAC 地址。

interface ethernet 1/0/5

am user-bind mac-addr ABCD-ABCD-1234 ip-addr 1.1.1.1

4）关闭空闲端口。

display interface brief 查看是否存在端口状态为 DOWN auto

如 Ethernet 1/0/4　　　　　　　　DOWN auto 　A 　A 　1

　　Shutdown 　Ethernet 1/0/4　　关闭 Ethernet 1/0/4 口

5）设置 NTP 对时。

ntp-service unicast-server IP　　　IP 为上级 ntp 服务器地址

6）删除默认路由。

display current　　　　　　　　　查看是否存在 ip route-static 0.0.0.0 0.0.0.0 的
　　　　　　　　　　　　　　　　　路由

undo ip route-static 0.0.0.0 0.0.0.0 x.x.x.x　　　删除默认路由

（5）日志与审计。

1）SNMP 协议使用 V2 及以上版本。

snmp-agent sys-info version v2c

2）配置 SNMP 读团体字。

snmp-agent community read xxxxxxxx 团体字须符合密码策略

3）删除默认团体字（如有）。

undo snmp-agent community read public

4）配置 SNMP-TRAP。

snmp-agent trap enable

5）限制 SNMP 服务器地址。

snmp-agent target-host trap address udp-domain x.x.x.x（网管 IP）params securityname 读团体字

注意：配置完成后，必须执行 save 命令，保存配置文件。

任务二　操 作 系 统

【任务目标】

1．了解操作系统对自动化主站系统的影响。

2．熟悉操作系统的基本应用。

3．掌握操作系统的安全加固要求。

4．能够按照规范要求完成操作系统的安全加固配置和检查工作。

【任务描述】

本任务主要完成操作系统的安全加固及检查。

本工作任务以凝思磐石操作系统的安全加固配置为例介绍操作系统的安全加固过程。

【知识准备】

一、概述

操作系统是电力调度自动化系统的底层平台，其安全性、稳定性和可用性是保证整个主站自动化系统的各项应用稳定运行的基础，操作系统出现任何问题都可能破坏主站自动化系统的正常运行，继而可能引发电力调度安全事件，造成严重的后果，因此操作系统的安全尤为重要。根据安全防护要求，关键基础信息系统必须使用国产安全操作系统，将强制性的安全机制实现于系统内核，确保系统自身的安全。电力行业关系到国家能源安全和国民经济命脉，系统安全性尤为重要。当前国产操作系统多为以 Linux 为基础二次开发的操作系统，主要有中标麒麟、红旗 Linux、OceanBase、华为云 GaussDB、深度 Linux 等多个厂家。其中以凝思磐石安全操作系统在电力调度自动化各级系统中应用最为广泛，其安全要求得到较为充分的验证，切实有效地支撑了电力调度自动化系统安全、稳定、可靠和高效的运行。以下内容均以凝思安全操作系统为例进行阐述。

二、凝思操作安全系统简介

凝思安全操作系统是北京凝思科技有限公司自主研发、拥有完全自主知识产权的操作系统，遵循国内外安全操作系统的各项标准，适用于各类涉密系统和等级保护四级及以下各级别的应用系统，目前在国家电力、电信、安全、国防、机要和政务等重点行业和部门皆得到广泛应用，具有高安全性、高稳定性、高可用性、高兼容性等特点。

（一）系统文件结构

1. 目录

凝思安全操作系统是基于 Linux 系统开发的，其文件结构也是单个的树状结构，可以用 tree 进行展示。目录的关系如图 3-8 所示。

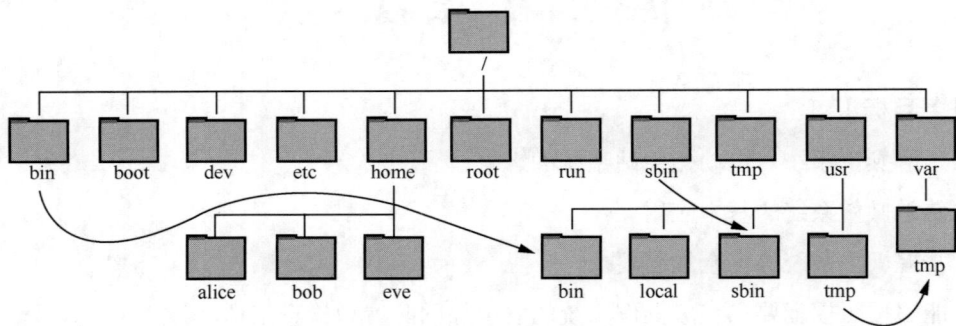

图 3-8　目录的关系图

2. 文件类型

普通文件：C 语言元代码、SHELL 脚本、二进制的可执行文件等。分为纯文本和二进制。

目录文件：目录，存储文件的唯一地方，在 Linux 系统中目录显示为蓝色。

链接文件：指向同一个文件或目录的文件。

特殊文件：与系统外设相关的，通常在/dev 下面。分为块设备和字符设备。

3. 文件权限

文件的访问权限决定了谁能访问和如何访问这些文件和目录。限制访问权限的方式有三种：只允许用户自己访问、允许一个预先指定的用户组中的用户访问、允许系统中的任何用户访问，访问权限的颗粒度还可以分为读、写及执行三种。当创建一个文件时，系统会自动地赋予文件所有者读和写的权限，文件所有者可以将这些权限改变为任何他想指定的权限。三种不同的用户类型及三种访问权限构成了一个有9种类型的权限组。

输入 ls -lh 命令显示文件的详细信息，如下所示：

总用量 20M

-rwxrwx--- 1 root plugdev 12M 2007-02-28 18：05 guit.tar.bz2

-rwxrwx--- 1 root plugdev 11M 2007-04-30 22：52 test.zip

drwxrwx--- 1 root plugdev 3.3M 2007-04-25 02：16 dtie

……

显示的结果中，最前面的第 2～10 个字符是用来表示权限。第一个字符一般用来区分文件和目录，如下所示：

d　表示是一个目录。

-　表示这是一个普通的文件。

L　表示这是一个符号链接文件，实际上它指向另一个文件。

b、c　分别表示区块设备和其他的外围设备，是特殊类型的文件。

s、p　这些文件关系到系统的数据结构和管道，通常很少见到。

主要权限如下所示：

第 2～10 个字符当中的每 3 个为一组，左边三个字符表示所有者权限，中间 3 个字符表示与所有者同一组的用户的权限，右边 3 个字符是其他用户的权限。代表的意义如下：

r（Read，读取）：具有读取文件内容或浏览目录的权限。

w（Write，写入）：具有修改、删除、移动目录或文件权限。

x（Execute，执行）：具有执行文件或进入目录的权限。

-：表示不具有该项权限。

4．常用目录

凝思操作系统总体目录结构

/bin　所有用户都可以执行的 shell。

/boot　系统启动时需要的内核，引导菜单等。

/dev　系统所有的设备文件。

/etc　存放系统管理所需要的配置文件和各种系统服务运行脚本。

/home　普通用户家目录。

/mnt　　设备临时挂载点。

/root　超级用户家目录。

/sbin　系统管理员可以执行的 shell 命令。

/proc　虚拟文件系统，包括金城河系统资源信息。

/usr　系统主要程序，图形界面所需文件，额外函数库，共享的目录和文件等。

/var　存放系统日志信息。

（二）常用操作命令

1. 系统命令

（1）shutdown 命令：系统关机或重启。

命令用法：

shutdown -h now　关机。

shutdown -r now　重启。

（2）reboot 命令：系统重启。

命令用法：# reboot　重启。

（3）uname 命令：查看当前系统版本及内核版本等详细信息。

命令用法：

Uname　参数。

常用参数有：

-a　详细输出所有信息，依次为内核名称，主机名，内核版本号，内核版本，硬件名，处理器类型，硬件平台类型，操作系统名称。

-n　显示主机在网络节点上的名称或主机名称。

-r　显示 Linux 操作系统内核版本号。

-o　显示操作系统名。

2. 磁盘操作命令

（1）df 命令：显示磁盘的相关信息，可显示磁盘的文件系统与使用情况。

命令用法：df　参数。

常用参数有：

-a　包含全部的文件系统。

-h　以可读性较高的方式来显示文件系统使用情况。

-m　制定区块大小为 1048576 字节。

（2）du 命令：显示目录或文件的大小，可显示指定目录或者单个文件及目录所占用的磁盘空间。

命令用法：du　参数。

常用参数有：

-a　显示目录中个别文件的大小。

-b　显示目录或文件大小时，以 byte 为单位。

-s　仅显示总计大小。

-h　以 K、M、G 为单位，提高信息的可读性。

（3）mount 命令：显示系统文件系统挂载情况以及挂载至挂载文件系统，该命令可以对外接 U 盘、移动硬盘等设备进行挂载使用。

命令用法：mount　参数　设备名　挂载点。

例：mount /dev/sdb1/mnt　将系统上识别到的 sdb1 设备挂载到系统的 mnt 目录下。

3．文件和目录操作

（1）ls 命令：显示目录下面的文件及文件夹。

命令用法：ls　参数。

常用的选项有两个：-a 和-l。

-a　显示所有文件。

-l　长格式显示详细的文件信息（不含隐藏文件）。

（2）cd 命令：切换目录层级。

命令用法：cd [dir]。

dir　切换当前目录到指定 dir。

～　切换到当前用户家目录。

（3）pwd 命令：显示用户当前的工作路径。

命令用法：pwd。

（4）less 命令：分页显示文本文件的工具。

命令用法：less　文件名。

从文件的第一行显示文件内容，使用 ENTER 来进行翻页。

（5）cp 命令：文件拷贝命令。

命令用法：cp file1 file2。将文件 file1 拷贝成 file2 文件。

（6）mv 命令：移动文件或者修改文件名，可改变文件存储目录或修改文件名。

命令用法：mv file1 file2　将 file1 文件名修改为 file2。

　　　　　　　mv file1 /tmp　将当前目录下 file1 文件移动到/tmp 目录下。

（7）rm 命令：删除文件或者目录。

命令用法：rm-rf 文件名　其中 r 表示递归，f 表示强制。

（8）mkdir 命令：创建目录。

命令用法：mkdir file　创建名为 file 的目录。

（9）find 命令：查找文件命令。

命令用法：find / -name file　在/分区下查找文件名为 file 的文件。

（10）chown 命令：更改某个文件或目录的属主和组的命令，用于修改属主和组时使用。

命令用法：chmod test：test /home/test 将/home/test 文件夹属主和属组修改为 test。

（11）chmod 命令：修改文件或目录的访问权限。

命令用法：chmod　754　/tmp/test.txt　将/tmp 下 test.txt 文件权限修改为所有者可读可写可执行、用户组权限可读可执行、其他用户可读。

说明：文件和目录的权限表示，可以用 rwx 这三个字符来代表所有者、用户组和其他用户的权限，用数字来表示对应关系如下：

r　对应数值 4。

w　对应数值 2。

x　对应数值 1。

-　对应数值 0。

将 rwx 看成二进制数，如果有则用 1 表示，没有则用 0 表示，那么 rwx r-x r--则可以表示成为：

> 111　　　　　　101　　　　　　100

所有者权限　　用户组权限　　其他用户权限

再将其每三位转换成为一个十进制数，就是 754。

（12）tar 命令：对文件或者目录进行归档、压缩解压缩。

命令用法：tar　参数。

常用参数有：

-c　表示创建归档文件。

-z　是否需要对文件进行压缩。

-v　压缩的过程中显示被压缩文件。

-p　使用原文件的原来属性。

-f　用于指定建立的归档文件名。

-C　指定归档回复的目标目录。

例：tar czf　test.tar.gz　myfiles　对 test 文件夹进行归档并压缩。

　　　tar xzf test.tar.gz　-C tmp　将 test.tar.gz　压缩文件恢复到 tmp 目录。

4. 进程管理

（1）free 命令：查看系统内存使用情况，需要查看系统内存使用率时使用。

命令用法：free　参数。

常用参数：

-m　以 M 为单位查看内存使用情况（默认为 kb）。

-b　以字节为单位查看内存使用情况。

-s　按指定时间来监控内存的使用情况。

（2）top 命令：top 命令可以动态显示系统的当前的进程及其他状况，类似于 Windows 的任务管理器，top 命令执行过程中可以使用交互命令，命令都是单字母的。

命令用法：top。

常用交互参数：

空格键　立刻刷新显示。

h　显示帮助画面给出一些简短的命令总结说明。

m　切换显示内存信息。

t　切换显示进程和 CPU 状态信息。

c　切换显示命令名称和完整命令行。

M　根据内存使用大小进行排序。

P　根据 CPU 使用百分比大小进行排序。

q　退出。

（3）ps 命令：进程查看命令，用于查看系统进程信息。

命令用法：ps　参数。

常用的参数有：

-A　显示所有进程（等价于-e）。

-a　显示一个终端的所有进程，除了会话引线。

-N　忽略选择。

-d　显示所有进程，但省略所有的会话引线。

-x　显示没有控制终端的进程，同时显示各个命令的具体路径。

-p　pid　进程使用 CPU 的时间。

-u　uid or username　选择有效的用户 ID 或者是用户名。

-g　gid or groupname　显示组的所有进程。

-U　username　显示该用户下的所有进程，且显示各个命令的详细路径。

-f 全部列出，通常和其他选项联用。

-l 长格式（有 F，wchan，C 等字段）。

-o 用户自定义格式。

-v 以虚拟存储器格式显示。

-s 以信号格式显示。

-m 显示所有线程。

-H 显示进程的层次（和其他的命令合用，如：ps -Ha）。

（4）kill 命令：用于中止后台进程，该命令通过向进程发送指定的新号来结束进程。

命令用法：kill –NUMBER 进程号。

常用参数：

-l 信号，如果不加信号的编号参数，则使用"-l"参数会列出全部的信号名称。

-a 当处理当前进程时，不限制命令名和进程号的对应关系。

-p 指定 kill 命令只打印相关进程的进程号，而不发送任何信号。

-s 指定发送信号。

-u 指定用户。

常用的信号如下：

信号名	NUMBER	功能
HUP	1	终端断线
INT	2	中断（同 Ctrl+C）
QUIT	3	退出（同 Ctrl+\）
TERM	15	终止
KILL	9	强制终止
CONT	18	继续（与 STOP 相反，fg/bg 命令）
STOP	19	暂停（同 Ctrl+Z）

5. 用户组用户管理

（1）groupadd 命令：在系统中创建用户组。

命令用法：groupadd test 创建 test 组。

（2）groupdel 命令：在系统内删除用户组。

命令用法：groupdel test 删除 test 组。

useradd 命令：在系统中创建用户。

命令用法：useradd 参数。

常用参数有：

-d　设置用户的家目录。

-e　设置用户的有效期。

-g　设置用户的主族。

-G　设置用户的附加组。

-m　自动创建用户登录目录。

-s　指定用户登录时候的默认 shell。

-u　为用户指定一个新的 uid。

例：useradd –g test –d /home/test –s /bin/tcsh test。

创建 d5000 用户，用户组为 test，登录目录（家目录）为/home/test，登录系统默认 shell 为 tcsh。

（3）userdel 命令：删除系统中的用户。

命令用法：userdel test　删除 test 用户。

（4）su 命令：切换用户权限。

命令用法：su root　将当前用户切换为 root。

6. 网络管理

（1）ifconfig 命令：查看及设置网络接口信息。

命令用法：

ifconfig　查看所有活动网络接口信息。

ifconfig -a　查看所有网络接口。

ifconfig eth0　查看指定网络接口 eth0 信息。

ifconfig eth0 up/down　将 eth0 网卡启用/停用。

ifconfig eth0 192.168.2.1 netmask 255.255.255.0　设置 eth0 的 IP 地址和掩码。

（2）ping 命令：测试网络连接状况。

命令用法：ping ipadd　参数。

常用参数有：-c　指定发送数据包的次数，到次数后自动停止。

（3）route 命令：查看及设置系统路由信息。

命令用法：

route-n　查看系统路由表信息。

route add default gw 192.168.2.1　添加默认路由信息。

route del default gw 192.168.2.1　删除默认路由信息。

route add-net 192.168.2.0 netmask 255.255.255.0 gw 192.168.2.1　添加到指定网段的路由信息。

（4）netstat 命令：显示各种网络的相关信息。

命令用法：netstat　参数。

常用参数有：

-a　显示所有选项，默认不显示 LISTEN 相关。

-t　仅显示 tcp 相关选项。

-u　仅显示 udp 相关选项。

-n　不显示别名，能显示数字的全部转化成数字。

-l　仅列出正在 LISTEN（监听）的服务信息。

-p　显示建立相关链接的程序名。

-r　显示路由信息，路由表。

-e　显示扩展信息，例如 uid 等。

-c　每隔一个固定时间，执行 netstat 命令。

7. 远程连接命令

（1）ssh 命令：安全连接远程 Linux 主机，数据传输过程加密。

命令用法：ssh　远程主机 IP 地址或主机名。

常用参数：

-l　指定用户来登录远程主机。

-X　把远程主机 X11 应用程序显示到本机上，使用此参数登录远程主机。

-v　打开登录信息调试模式，一般用于登录不上的问题排查。

（2）scp 命令：基于 ssh 登陆的安全远程文件拷贝命令。

命令用法：scp　参数 原路径 目标目录。

常用参数：

-C　允许压缩（将-C 标志传递给 ssh，从而打开压缩功能）。

-p　保留原文件的修改时间，访问时间和访问权限。

-q　不显示传输进度条。

-r　递归复制整个目录。

-v　详细方式显示输出。

例：scp　-r /opt/test　192.168.0.1：/root　将本机/opt/test 目录拷贝到远程主机 192.168.0.1 的/tmp 下。

8．其他命令

（1）man 命令：帮助命令。

命令用法：man　命令名　显示某个命令的详细解释。

（2）常用的几个按键[Tab][Ctrl+c][Ctrl+d]。

Tab 键：该功能键具备命令补全与档案补齐的功能，当输入第一个字时按下 tab 键会将命令补全，当在一串指令的第二个字以后时，则是档案补全。

Ctrl+c 组合键：如果当一个指令或者程序运行出错，而且处于无法停止的情况，可以使用 Ctrl+c 组合键来终止目前的程序。

Ctrl+d 组合键：键盘输入结束（End Of File，EOF 或 End Of Input）的意思。可以取代 exit 的输入。

说明：Linux 系统默认区分字母大小写，在输入命令、参数或文件名信息时应注意。

（三）Vim 文本编辑器

因为在 Linux 系统中，绝大部分的配置文件都是以纯文本形态存在，修改大多通过文本编辑器来实现，Vim 是文本模式下功能强大、应用最广泛的文本编辑器，有命令模式、编辑模式、末行模式三种模式。

命令模式：该模式下可以使用上下左右按键来移动光标，使用删除字符或删除整行来处理档案内容，可以使用复制、粘贴来处理文件数据。以 vim 打开一个文本文件就直接进入命令模式。

编辑模式：在命令模式下按下 i、I、o、O、a、A、r、R 等任何一个字母后会进入编辑模式，通常在画面的左下方会出现 INSERT 或 REPLACE 的字样。该模式下实现对文本的编辑。按下 ESC 这个按键即可退出编辑模式，回到命令模式。

末行模式：在命令模式当中，输入 ：/ ？ 三个中的任何一个按钮，就可以将光标移动到最底下那一行。搜索、读取、存盘、替换、退出等的操作是在此模式中实现的。

1．模式转换

命令模式→编辑模式：

i：在当前光标所在字符的前面，转为输入模式；

a：在当前光标所在字符的后面，转为输入模式；

o：在当前光标所在行的下方，新建一行，并转为输入模式；

I：在当前光标所在行的行首，转换为输入模式；

A：在当前光标所在行的行尾，转换为输入模式；

O：在当前光标所在行的上方，新建一行，并转为输入模式。

编辑模式→命令模式：在输入模式按 ESC 键。

命令模式→末行模式：在命令模式按"："。

末行模式→命令模式：在末行模式按两下 ESC 键。

注：编辑模式和末行模式之间不能直接切换。

2. 打开文件操作

vim +# file　打开 file 文件，并定位于第#行。

vim +：file　打开 file 文件，定位至最后一行。

3. 关闭文件操作

（1）末行模式关闭文件：

：q　退出。

：wq　保存并退出。

：q!　不保存并退出。

：w　保存。

：w!　强行保存。

（2）编辑模式下退出：

ZZ　保存并退出。

4. 移动光标操作，编辑模式下有效

（1）逐字符移动：

h 左。

l 右。

j 下。

k 上。

#h　移动#个字符。

（2）行内跳转：

0　绝对行首。

^　行首的第一个非空白字符。

$　绝对行尾。

（3）行间跳转：

#G　跳转至第#行。

gg　第一行。

G　最后一行。

（4）翻屏操作，命令模式下有效：

Ctrl+f 向下翻一屏。

Ctrl+b 向上翻一屏。

Ctrl+d 向下翻半屏。

Ctrl+u 向上翻半屏。

（5）删除操作，命令模式下有效：

x 删除光标所在处的单个字符。

#x 删除光标所在处及向后的共#个字。

dd 删除当前光标所在行。

#dd 删除包括当前光标所在行在内的#行。

（6）粘贴操作，命令模式下有效：

P 如果删除或复制为整行内容，则粘贴至光标所在行的下方，如果复制或删除的内容为非整行，则粘贴至光标所在字符的后面。

（7）复制操作，命令模式下有效：

yy 删除当前光标所在行。

#yy 删除包括当前光标所在行在内的#行。

（8）替换操作，命令模式下有效：

r 单字符替换。

#r 光标后#个字符全部替换。

R 替换模式。

（9）撤销编辑操作，命令模式下有效：

u 撤销前一次的编辑操作，连续按 u 可以撤销前 n 次操作。

#u 直接撤销最近#次编辑操作。

Ctrl+r 撤销最近一次撤销操作。

（10）查找，命令模式下有效：

/hello 查找文本中的 hello。

n 按 n 键查找下一个。

N 查找上一个。

（四）防火墙配置工具 iptables

iptables 是 Linux 系统中的防火墙规则配置工具，它将定义好的规则交由内核中的 netfilter 即网络过滤器来读取并执行，实现防火墙的功能。下面简单介绍一下 iptables 的配置规则。

用法：iptables [-t table] COMMAND chain CRETIRIA -j ACTION

参数说明：

（1）-t table 表，简单理解为存放链的容器，主要分为以下四种。

filter 表：过滤数据包，确定是否放行该数据包。

mangle 表：为数据包设置标记。

nat 表：负责网络地址转换，用来修改数据包中的源、目标 IP 地址或端口。

raw 表：确定是否对该数据包进行状态跟踪。

数据包到达防火墙时，规则表之间的优先顺序是：raw>mangle>nat>filter。

（2）COMMAND 定义如何对规则进行管理，常用选项如下：

-A 或者--append 将一条或多条规则加到链尾。

-D 或者--delete 从链中删除该规则。

-R 或者--replace 从所选链中替换一条规则。

-L 或者--list 显示链的所有规则。

-v 显示链更详细的规则。

-N 显示链所有规则，并以数字形式显示，跟-L 配合使用。

-I 或者--inset 根据给出的规则序号，在链中插入规则。按序号的顺序插入，如是"1"就插入链首。

-X 或者--delete-chain 用来删除用户自定义链中规则，如没有指定链，将删除所有自定义链中的规则。

-F 或者--flush 清空所选链中的所有规则。如指定链名，则删除对应链的所有规则。如没有指定链名，则删除所有链的所有规则。

-N 或者--new-chain 用命令中所指定的名字创建一个新链。

-P 或者--policy 设置链的默认规则。

-Z 或者--zero 将指定链中的所有规则的包字节计数器清零。

（3）chain 链，简单理解为存放规则的容器，主要分为以下五种。

INPUT 链：处理入站数据包，匹配目标 IP 为本机的数据包。

OUTPUT 链：处理出站数据包，一般不做配置。

FORWARD 链：处理转发数据包，匹配流经本机的数据包。

PREROUTING 链：路由前过滤，用来修改目的地址，用来做 DNAT。相当于把内网服务器的 IP 和端口映射到路由器的外网 IP 和端口上。

POSTROUTING 链：路由后过滤，用来修改源地址，用来做 SNAT。相当于内网通过路由器 NAT 转换功能实现内网主机通过一个公网 IP 地址上网。

表和链的关系如图 3-9 所示。

（4）CRETIRIA　匹配规则，常用的是通用匹配、隐含匹配，具体如下：

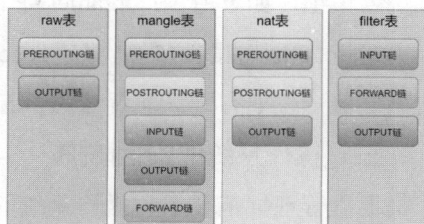

图 3-9　**iptables** 中表和链关系图

1）通用匹配。

-p　协议匹配，协议名。

-s　地址匹配，源地址，可以是 IP、网段、域名、空（任何地址）。

-d　地址匹配，目的地址，可以是 IP、网段、域名、空（任何地址）。

-i　接口匹配，入站网卡。

-o　接口匹配，出站网卡。

2）隐含匹配，常用的是端口匹配。

--sport　源端口或源端口范围。

--dport　目的端口或目的端口范围。

（5）-j ACTION　控制说明，常用选项如下：

ACCEPT　允许数据包通过（默认）。

DROP　直接丢弃数据包，不给出任何回应信息。

REJECT　拒绝数据包通过，会给数据发送端一个响应信息。

SNAT　修改数据包的源地址。

DNAT　修改数据包的目的地址。

MASQUERADE　伪装成一个非固定公网 IP 地址。

LOG　在/var/log/messages 文件中记录日志信息，然后将数据包传递给下一条规则。

（6）iptable 配置举例：

禁止网段 192.168.1.0 网点访问本地主机：iptables -t filter -A INPUT -i eth0 -s 192.168.1.0/24 -j DROP。

允许源地址 192.169.1.1 访问本地主机 22 端口：iptables -A INPUT -s 192.169.1.0/24 -p tcp --dport 22 -j ACCEPT。

允许所有 ping 数据包通过：iptables -A INPUT -p icmp -m icmp --icmp-type any -j ACCEPT。

说明：

1）INPUT、FORWARD、OUTPUT 链中，条默认规则中都是 accept（允许），使用"黑名单"机制，即对规则中的动作应该为 DROP 或 REJECT，表示只有匹配到规则的报文才会被拒绝，未匹配的数据均可通过。可以通过设置默认规则来改变这种机制，如设置入站规则默认为拒绝，如下所示：iptables -P INPUT DROP。

2）iptables 的默认规则都是 accept，iptables 配置的规则即时生效，但重启服务后会失效。如果要保持长期有效，配置后应执行以下命令保存规则库：iptables -save>/etc/iptables.rules

三、操作系统的安全防护

根据管理规范要求，操作系统的安全防护涉及以下四个方面：配置管理、网络管理、接入管理、日志与审计。

（1）配置管理：①限制超级管理员，根据不同角色分配权限，实现权限分离，仅授予管理用户所需的最小权限。②清除多余的或过期账户。③口令满足强度要求，3 个月更换、长度不能小于 8 位、至少包含数字、大写字母、小写字母和特殊字符中的 3 种的混合、不得与用户名相同。开启登录失败锁定策略。④配置补丁更新策略，及时修复系统漏洞。⑤开启操作系统自带的安全功能。⑥禁止用户随意更改 IP 和 MAC 地址。

（2）网络管理：①禁止用户随意更改计算机的名称。②启用操作系统的防火墙功能，实现对所访问的主机的 IP、端口、协议等进行限制。③禁止开启非必要的服务，关闭 ftp、telnet、login、135、445、SMTP/POP3 等通用网络服务。

（3）接入管理：①配置外设接口使用策略，只准许特定接口接入设备，限制外部存储设备使用。②禁止外部存储设备自动播放或自动打开功能。③禁止使用不安全的远程登录协议，限制远程登录主机 IP 地址范围等。④禁止通过拨号、3G 网卡、无线网卡等方式连接互联网。

（4）日志与审计：①启用日志审计功能，对系统应对重要用户行为、系统资源的异常使用、入侵攻击行为等重要事件进行日志记录和安全审计。②分配合理的日志数据存储空间和存储时间。③日志默认保存两个月，自动循环覆盖。

【任务实施】

安全防护配置：

1. 危险点分析

本工作任务为凝思磐石 V6.06 操作系统安全加固配置，该工作任务的主要危险点及防范措施见表 3-4。

表 3-4 　　　　　　　　凝思磐石操作系统安全加固配置危险点分析表

序号	危险点	控制措施
1	配置修改前未备份保存原配置文件，配置错误导致系统异常而无法恢复	配置修改前先备份保存原配置文件，系统异常及时恢复

序号	危险点	控制措施
2	工作前、后未确认业务系统运行情况，导致业务系统运行异常	工作前、后应确认业务系统运行正常
3	未保存设备配置，设备断电或重启造成设备数据丢失	设备配置完成及时保存配置
4	配置后未重新加载配置文件或重启服务，导致配置未生效	配置后重新加载配置文件或重启服务

2. 标准化作业卡编制

标准化作业卡是使得安全加固配置工作内容更加清晰明确，确保不漏配置重要措施。本工作任务根据《国网福建电力监控系统网络安全操作标准化作业指导书》编制操作安全加固标准化作业卡，见表 3-5。

表 3-5　　　　　　　　　凝思磐石安全操作系统安全加固配置标准化作业卡

序号	加固项目	内容及要求	执行完打√	备注
1	配置管理	设置用户权限		
2		清除多余的或过期账户		
3		配置口令强度要求		
4		配置补丁更新策略		
5		开启操作系统自带的安全功能		
6	网络管理	启用操作系统的防火墙功能		
7		关闭通用服务		
8	接入管理	配置外设接口使用策略		
9		禁止外部存储设备自动播放或自动打开功能		
10		禁止使用不安全的远程登录协议，限制远程登录主机 IP 地址		
11	日志与审计	启用日志审计功能		
12		分配合理的日志数据存储空间和存储时间		
13		日志默认保存两个月，自动循环覆盖		

3. 材料工具准备

操作系统安全加固无需额外材料、工具。

4. 现场配置步骤

说明：需切换到 root 用户权限才能配置。

（1）配置管理。

1）设置用户权限（按权限分离原则创建）。凝思磐石安全操作系统已默认创建以下 4 个系统管理员账号，实现权限分离。

audadmin 系统默认审计管理员。

sysadmin 系统默认系统管理员。

secadmin 系统默认安全管理员。

netadmin 系统默认网络管理员。

2）清除多余的或过期账户。打开账户列表/etc/passwd，找出多余的或过期账户，如图 3-10 所示，存在 test 多余账户。

图 3-10　显示系统中的账户

使用 userdel 命令删除上步操作找到的账户，删除账户 test 的示例：userdel test。

3）配置口令强度要求。

a．设置口令复杂度。打开文件 /etc/pam.d/password，添加或修改文件中的内容为：

password required /lib64/security/pam_cracklib.so retry=3 minlen=8 difok=3

lcredit=1 ucredit=1 dcredit=1 ocredit=1 reject_username

参数说明：

retry=3　键入口令错误时，重复次数 3 次退出。

minlen=8　口令最小长度 8 个字符。

lcredit=1　小写字符至少为 1。

ucredit=1　大写字母至少为 1。

dcredit=1　数字至少为 1。

ocredit=1　特殊字符至少为 1。

difok=3　新旧口令差别至少 3 个字符。

reject_username　口令中，不允许包括用户名称（正序和逆序）。

b．设置口令期限，对已存在的账户无效。打开文件 /etc/login.defs 修改以下参数：

PAM_MIN_DAYS=1（密码最小使用期限）

PAM_MAX_DAYS=90（密码最大使用期限）

PAM_WARN_AGE=10（密码过期前告警时间）

已存在的账户使用以下命令修改：

chage [参数] 用户名

主要参数如下：

-m　密码最小使用期限。为零时代表任何时候都可以更改密码。

-M　密码最大使用期限。

-w　密码过期前告警时间。

c．设置连续登录失败 5 次后，账户锁定 30min。

在/etc/pam.d/kde、/etc/pam.d/login 和/etc/pam.d/sshd 文件中各增加一行：

auth required /lib64/security/pam_tally.so per_user unlock_time=1800 onerr=succeed audit deny=5

参数说明如下：

deny：连续登录失败次数。

unlock_time：账户锁定时长（单位：秒）。

4）配置补丁更新策略。说明：根据电力监控系统安全防护要求，操作系统的补丁均应经过安全验证之后，采用人工方式更新，此步骤无需配置。

5）开启操作系统自带的安全功能。凝思磐石安全操作系统已经默认开启安全内核模块功能，无需再行配置。执行 lsmod | grep lsm_linx 命令，如果显示 lsm_linx 字样的信息，说明安全内核模块已加载。

（2）网络管理。

1）启用操作系统的防火墙功能。凝思磐石安全操作系统防火墙默认启动，在常用的 INPUT、FORWARD、OUTPUT 链中，默认允许通过，如果要启用过滤规则，可使用 iptables 工具来配置，如仅允许 192.168.1.1 远程主机，使用 ssh 登录本地主机，配置如下：

iptables -A INPUT -s 192.168.1.1/32 -p tcp --dport 22 -j ACCEPT。

iptables -P INPUT DROP　设置默认规则为拒绝。

iptables -save>/etc/iptables.rules　保存配置文件。

2）关闭通用服务。

a．禁用 ftp 服务，执行如下命令，删除运行级别 3 和 5 中的默认启动的 FTP 服务。

cd　/etc/rc.d/rc3.d/

rm　S*proftpd

cd　/etc/rc.d/rc5.d/

rm　S*proftpd

停止 ftp 服务进程：

ps -ef | grep ftpd　显示 ftp 服务进程，找到含有 ftpd 字样的进程号 NUMBER。

kill -9 NUMBER　强制关闭 ftp 服务进程。

b．凝思磐石安全系统已默认关闭了 LOGIN、135、445、SMTP/POP3、SNMPv3 以下版本等服务（端口）。

（3）接入管理。

1）配置外设接口使用策略。对多余的 USB 接口、光驱驱动器以及其他驱动器粘贴"禁止使用"标签。

2）禁止外部存储设备自动播放或自动打开功能。凝思磐石安全系统已在系统中部署禁用或开启 USB 存储、光驱、虚拟设备功能脚本，操作如下：

禁用光驱：remove_built-in_cdrom start。

启用光驱：remove_built-in_cdrom stop。

禁用 U 盘：remove_built-in_usb start。

启用 U 盘：remove_built-in_usb stop。

禁用虚拟设备：stop_tty start。

启用虚拟设备：stop_tty stop。

3）禁止使用不安全的远程登录协议，限制远程登录主机 IP 地址。

a．禁用 telnetd、rshd、rlogin 服务。打开/etc/inetd.conf，检查是否有 shell、login、telnet 的启动项，有就在前面加"#"号注释掉相应服务。然后执行命令：/etc/init.d/inetd　stop。

b．限制远程登录主机 IP 地址。打开/etc/hosts.allow，设置允许访问的远程网络或主机地址。修改内容如下：

sshd：192.168.1.0/24　允许来自 192.168.1.0 网段的访问。

sshd：192.169.1.1/32　允许来自 192.168.1.1 主机的访问。

创建　/etc/hosts.deny　访问控制黑名单，打开 /etc/hosts.deny 修改内容如下：

sshd：ALL：deny　拒绝所有 ssh 连接。

说明：当有外来 ssh 访问时，系统先检查 /etc/hosts.allow 文件，如匹配成功，则允许访问，不再检查/etc/hosts.deny 文件，否则检查/etc/hosts.deny，如匹配成功，则禁止访问。

c．ssh 连接超时时间设置。对于 root 用户设置 TMOUT 变量来设置 ssh 连接超时时间，打开/etc/profile 文件，增加如下一行（空闲时间为 300s）：

export TMOUT=300

打开/root/.bashrc 文件，增加如下一行（空闲时间为 300s）：

export TMOUT=300

配置后执行 source /etc/profile，使配置立即生效。

对于其他用户，如 D5000 用户，可以在/home/d5000/.cshrc 文件中，增加如下一行（空闲时间为 5min）：

set -r autologout=5

配置后执行 source /home/d5000/.cshrc，使配置立即生效。

d. 禁止 root 用户远程登录。打开/etc/ssh/sshd_config 文件，将#PermitRootLogin yes 前的"#"删除并保存，然后执行以下命令，重启 sshd 服务：/etc/init.d/sshd restart。

（4）日志与审计。

1）启用日志审计功能。凝思安全操作系统默认已对审计做好了配置，并且系统启动时即已自动开启审计，功能覆盖上述审计要求，不需要再额外配置，也不需要手动开启。

手动开启审计功能：/etc/init.d/auditd start。

检查审计功能是否开启：ps -ef | grep auditd。

如果执行结果有看到/sbin/auditd，就说明审计功能已开启。

2）分配合理的日志数据存储空间和存储时间。打开文件 /etc/audit/auditd.conf 修改以下内容：

max_log_file = 300　　日志文件容量 300MB。

max_log_file_action = ROTATE　　超过大小则进行 ROTATE 日志轮转。

space_left = 75　　磁盘空间剩余 75MB 时。

space_left_action = SYSLOG　　执行 SYSLOG 动作，发送警告到系统日志。

num_logs = 8　　日志存储的文件最大数量 8 个。

3）日志默认保存两个月，自动循环覆盖。在/etc/logrotate.d 目录中增加一个新文件 auditd，编辑文件内容如下：

```
/var/log/audit/audit.log {
        monthly
        minsize 1M
        rotate 2
        create 0640 audadminaudadmin
        sharedscripts
        prerotate
```

```
        echo "begining audit.log rotate..."
    endscript
    sharedscripts
    postrotate
        echo "finished audit.log rotate，restart auditd..."
        /etc/init.d/auditd restart
    endscript
}
```

任务三　数据库管理系统

【任务目标】

1. 了解数据库管理系统对自动化主站系统的影响。
2. 熟悉数据库管理系统的基本运维。
3. 掌握数据库管理系统的安全加固要求。
4. 能够按照规范要求完成数据库管理系统的安全加固配置和检查工作。

【任务描述】

本任务主要完成数据库管理系统的安全加固及检查。

本工作任务以达梦数据库管理系统的安全加固配置为例介绍数据库管理系统的安全加固过程。

【知识准备】

一、概述

数据库管理系统是电力调度自动化系统的重要支撑软件，主站自动化系统不仅有着复杂场景下，高实时性、多并发性的数据访问要求，而且存储着海量数据，对数据库性能、系统的运行速度、稳定性、安全性都有着极高要求，特别是特殊情况下实现数据的备份、恢复、故障转移。支持大规模事务处理、多核多线程、高并发高负载等需求的安全的数据库管理系统，是调度自动化系统必不可少的核心部分。根据安全防护要求，关键基础信息系统必须使用国产数据库管理系统。当前国产数据库管理系统主要有金仓、达梦、OceanBase、华为云GaussDB 等多个厂家。其中达梦数据库管理系统以兼容性好、运维成本低、操作简单、数据迁移能力强、跨平台性优越，在电力调度自动化各级系统中应用最为广泛。同时，达梦数据库管理系统具有完全自主知识产权，比起同类产品有着更高的安全性。以下内容均以达梦数据库管理系统（DM V6.0）、安装平台为凝思磐石安全操作系统为例进行阐述。

二、达梦数据库运维简介

（一）数据库的启动和关闭

启动达梦数据库：安装后默认DM服务会自动启动，在/etc/rc.d/init.d中有名称为DmService开头的文件，文件全名为 DmService+实例名（例如：如果实例名为 DMSERVER，则相对应的服务文件为DmServiceDMSERVER）。以实例名为DMSERVER为例，在终端输入./DmServiceDMSERVERstart 或者 serviceDmServiceDMSERVERstart 即可启动 DM 数据库。

关闭达梦数据库：进入/etc/rc.d/init.d，以实例名为 DMSERVER 为例，在命令行工具中输入./DmServiceDMSERVERstop 即可关闭 DM 数据库。或在启动数据库的命令工具中输入 exit，然后回车，也可以退出 DM 数据库。

说明：达梦数据库在启动时都会进行 LICENSE 检查。若 LICENSE 过期或安全版环境中KEY 文件与实际运行环境不配套，DM 服务器会强制退出。

（二）DM 数据库状态和模式

达梦数据库包含以下几种状态：

配置状态（MOUNT）：不允许访问数据库对象，只能进行控制文件维护、归档配置、数据库模式修改等操作；

打开状态（OPEN）：不能进行控制文件维护、归档配置等操作，可以访问数据库对象，对外提供正常的数据库服务；

挂起状态（SUSPEND）：与 OPEN 状态的唯一区别就是，限制磁盘写入功能；一旦修改了数据页，触发 REDO 日志、数据页刷盘，当前用户将被挂起。

OPEN 状态与 MOUNT 和 SUSPEND 能相互转换，但是 MOUNT 和 SUSPEND 之间不能相互转换。

达梦数据库包含以下几种模式：

普通模式（NORMAL）：用户可以正常访问数据库，操作没有限制；

主库模式（PRIMARY）：用户可以正常访问数据库，所有对数据库对象的修改强制生成REDO 日志，在归档有效时，发送 REDO 日志到备库；

备库模式（STANDBY）：接收主库发送过来的 REDO 日志并重做。数据对用户只读。

三种模式只能在 MOUNT 状态下设置，模式之间可以相互转换。

对于新初始化的库，首次启动不允许使用 MOUNT 方式，需要先正常启动并正常退出，然后才允许 MOUNT 方式启动。一般情况下，数据库为 NORMAL 模式，如果不指定 MOUNT状态启动，则自动启动到 OPEN 状态。

在需要对数据库配置时（如配置数据守护、数据复制），服务器需要指定 MOUNT 状态启动。当数据库模式为非 NORMAL 模式（PRIMARY、STANDBY 模式），无论是否指定启动状态，服务器启动时自动启动到 MOUNT 状态。

（三）DM 管理工具

DM 管理工具是达梦数据库自带的图形化工具，其主要功能包括：服务器管理、数据库实例管理、模式对象管理、表对象管理、索引对象管理、视图对象管理、物化视图对象管理、存储过程对象管理、函数对象管理、序列对象管理、触发器对象管理、类对象管理、同义词对象管理、全文索引对象管理、角色权限管理、用户权限管理、安全信息管理、表空间对象管理、备份恢复管理、数据复制管理、数据守护管理、作业调度管理等。使用 DM 管理工具可以方便快捷地对数据库进行日常运维操作管理。

进入数据库安装路径/tool 目录下，运行./manager 即可启动 DM 管理工具。登录界面如图 3-11 所示，首次登录可以使用新建连接（不保存对象导航，下次开启后需重新连接）或注册连接（保存对象导航，下次开启后可直接进行连接），建议采用注册连接方式。

点击"注册连接"，在弹出的窗口中输入主机名（IP 地址）、端口（默认 5236）、用户名（默认 SYSDBA）、密码（默认 SYSDBA），点击"测试"，测试是否连通，点击"确定"，连接数据库，如图 3-12 所示。

连接数据库成功后，左侧对象导航栏中，实例连接自动展开，可以看到其中功能模块如图 3-13 所示，包含模式、全文索引、角色、用户、资源限制、表空间、安全等模块。

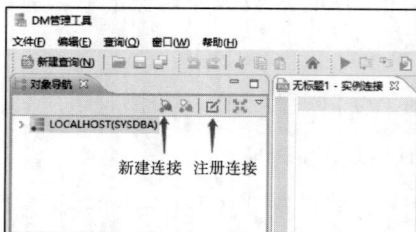

图 3-11　DM 管理工具界面

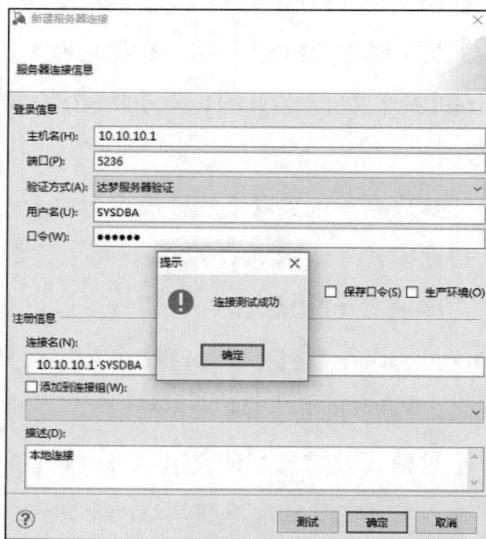

图 3-12　注册连接数据库登录界面

左键点击各个功能模块可以展开下级功能模块，右键点击各个功能模块，可进行相应的功能配置。如图 3-14 所示，选择用户下的"管理用户"，右键点击"新建用户"，输入用户名和密码，选择用户所属的表空间和索引表空间，可以完成新建用户，并对用户所属角色、系统权限、对象权限进行修改。

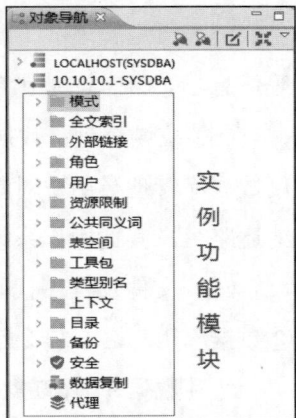

图 3-13　实例功能模块界面

三、数据库的安全防护

根据管理规范要求，关系数据库的安全防护涉及以下七个方面：用户管理、口令管理、数据库操作权限、最大访问连接数管理、日志管理、安装管理、文件及程序代码管理。

（1）用户管理：①根据数据库安全管理需要，设置系统操作管理、审计、安全管理员用户。②根据应用需求设置数据库操作用户。③禁止将数据库管理员权限赋予数据库操作用户。达梦数据库 V6.0 默认采用"三权分立"安全机制。在数据库安装过程中，已预设数据库管理员账号 SYSDBA、数据库安全员账号 SYSSSO 和数据库审计员账号 SYSAUDITOR，并赋予相应的权限。

（2）口令管理：①口令满足强度要求，长度不能小于 8 位、至少包含数字、大写字母、小写字母和特殊字符中的 3 种的混合、不得与用户名相同，有效期为 90d。②数据库用户名、口令应加密存储。③连续登录失败 5 次锁定 10min。

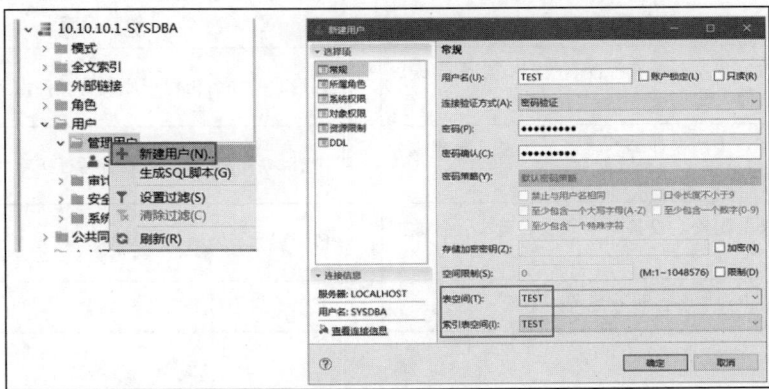

图 3-14　实例功能模块界面

（3）数据库操作权限：①限制数据库的系统权限和对象权限，通过系统权限严格控制用户的创建数据库对象的权限。②对于跨模式查询，应对用户进行按需指定，指定其对特定的对象进行特定的操作权限。

（4）最大访问连接数管理：①多个用户共用的数据库限制数据库连接数 80 以内。②单个用户使用的数据库限制数据库连接数 30 以内。③限制所有用户的数据库最大连接数。

（5）日志管理：①启用日志记录功能，记录访问数据库的 IP 地址、用户名称、操作语句等信息。②日志记录包含操作语句。③日志保存至少 5d。

（6）安装管理：数据库应安装存储在指定的目录下，保证数据库目录和文件的授权访问。仅数据库管理员用户对数据库存储路径具有读、写、删除、执行权限。D5000 用户可以访问上述路径，其他操作系统用户不具备访问权限。

（7）文件及程序代码管理：①应用程序配置文件中，数据库用户名、口令应加密存储。②数据库用户名、口令应从源程序中独立出来，并加密存储。

达梦数据库 V6.0 默认采用"三权分立"安全机制。将系统管理员分为数据库管理员、数据库安全员和数据库审计员三种类型。在安装过程中，达梦数据库会预设数据库管理员账号 SYSDBA、数据库安全员账号 SYSSSO 和数据库审计员账号 SYSAUDITOR，其默认口令与用户名一致。

【任务实施】

一、达梦数据库的安全加固

1. 危险点分析

本工作任务为达梦数据库 V6.0 安全加固配置，该工作任务的主要危险点及防范措施见表 3-6。

表 3-6 达梦数据库 V6.0 安全加固配置危险点分析表

序号	危险点	控制措施
1	配置修改前未备份保存原配置文件，配置错误导致系统异常而无法恢复	配置修改前先备份保存原配置文件，系统异常及时恢复
2	工作前、后未确认业务系统运行情况，导致业务系统运行异常	工作前、后应确认业务系统运行正常
3	未保存设备配置，设备断电或重启造成设备数据丢失	设备配置完成及时保存配置
4	配置后未重启服务，导致配置未生效	配置后重启服务

2. 标准化作业卡编制

标准化作业卡是使得安全加固配置工作内容更加清晰明确，确保不漏配置重要措施。本工作任务根据《国网福建电力监控系统网络安全操作标准化作业指导书》编制达梦 6.0 数据库安全加固标准化作业卡，见表 3-7。

表 3-7   达梦数据库 **V6.0** 安全加固配置标准化作业卡

序号	加固项目	内容及要求	执行完打√	备注
1		配置口令策略		
2	口令管理	配置登录失败处理策略		
3		配置登录超时时间		
4	资源控制	配置允许最大连接数		
5	数据加密	开启数据加密功能		
6	日志审计	开启数据库审计功能		

3．材料工具准备

达梦数据库安全加固无需额外材料、工具。

二、现场配置步骤

1．口令管理

（1）配置口令策略。修改/home/server/data/dm/dm.ini 配置文件中的 PWD_POLICY 参数，说明如下：

0：无策略；

1：禁止与用户名相同；

2：口令长度不小于 6（DM7 中为不小于 9）；

4：至少包含一个大写字母（A-Z）；

8：至少包含一个数字（0-9）；

16：至少包含一个标点符号（英文输入法状态下，除""和空格外的所有符号）。

说明：若为其他数字，则表示配置值的和，如 3=1+2，表示同时启用第 1 项和第 2 项策略。需要重新启动数据库服务生效。

（2）配置登录失败处理策略。使用 SYSDBA 用户登录上数据库后，安全→登录→登录名，右击→属性→资源限制，在弹出的窗口中设置"登录失败次数=3"和"口令锁定期=10"。需要重新启动数据库服务生效。

（3）配置登录超时时间。使用 SYSDBA 用户登录上数据库后，用户→管理用户→用户名，右击→修改→资源限制，在弹出的窗口中设置"会话空闲期=10 分钟"。需要重新启动数据库服务生效。

2．资源控制

配置允许最大连接数为 1000（最大连接数根据系统实际需求设置）。修改/home/server/

data/dm/dm.ini 文件中配置 MAX_SESSIONS=1000。需要重新启动数据库服务生效。

开启数据加密功能。修改/home/server/data/dm/dm.ini 中 ENABLE_ENCRYPT=1。需要重新启动数据库服务生效。

3. 日志审计

开启数据库审计功能。修改/home/server/data/dm/dm.ini 配置文件中的 ENABLE_AUDIT=1。需要重新启动数据库服务生效。

任务四 安全防护设备

【任务目标】

1. 了解主网边界安全防护基本结构。
2. 熟悉安全防护设备的功能介绍。
3. 掌握安全防护设备的基本配置。
4. 安全防护设备的日常巡视工作。

【任务描述】

本任务主要完成主网边界安全防护设备的功能掌握和基本业务配置，包括电力纵向加密、正反向隔离、防火墙等安全防护设备。

本任务分别以 PSTunnel-2000 电力专用纵向加密认证装置、StoneWall-2000 网络安全隔离装置、DPtech-FW1000 防火墙为例介绍安全防护设备的基本配置。

【知识准备】

电力调度数据网络数据传输的安全性至关重要，其承载的数据涵盖了电力一次系统遥测、遥信、实时控制、故障录波等重要业务信息，实现这些信息传输的保密性、真实性和完整性是保证电力系统免遭外部黑客或病毒恶意破坏，实现电力二次系统安全运行的重要基础。电力监控系统安全防护体系如图 3-15 所示。

一、电力纵向加密工作原理

当前电力调度数据网络主要通过电力专用纵向加密认证装置来实现对业务数据的过滤、加解密、认证和完整性校验，从而保证业务数据传输的安全可靠。按照"安全分区、网络专业、横向隔离、纵向认证"的安全防护原则，纵向加密认证装置部署用于安全区 I/II 的广域网边界防护：一是为本地安全区 I/II 提供一个网络屏障，类似包过滤防火墙的功能；二是为网关机之间的广域网通信提供认证与加密服务。装置采用基于 CA 证书链的机制和基于 PKI 的密钥分发机制，具有 IP 过滤、双向认证、数据加密、远程管控、实时告警功能，实现了生产控制大区业务数据传输的真实性、机密性、完整性、不可抵赖性，以及抗重放攻击功能，是电力监控系统的重要纵向安全防线。

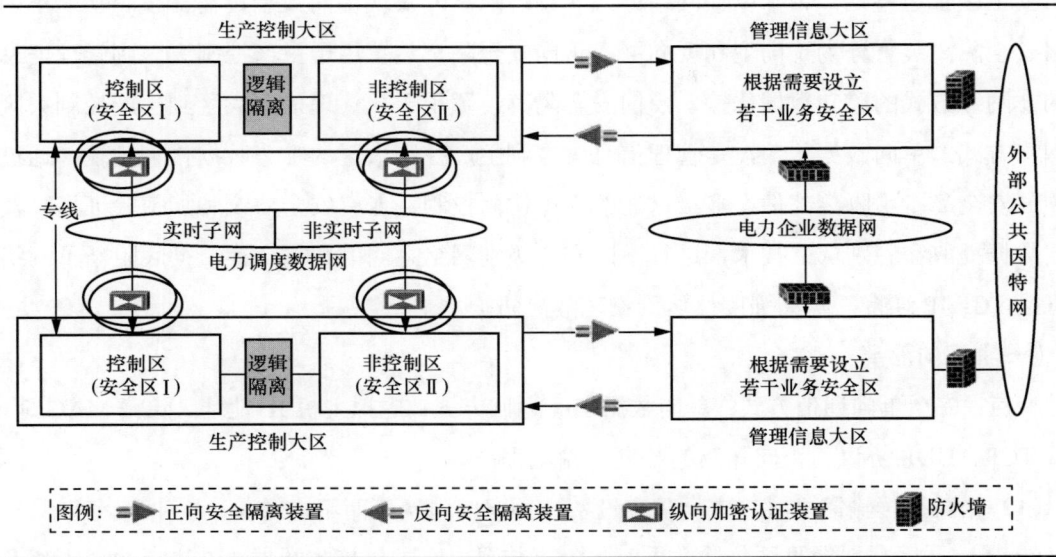

图 3-15 电力监控系统安全防护体系

按照"分级管理"要求，纵向加密认证装置部署在各级调度中心及下属的各厂站，根据电力调度通信关系建立加密隧道。如图 3-16 所示。

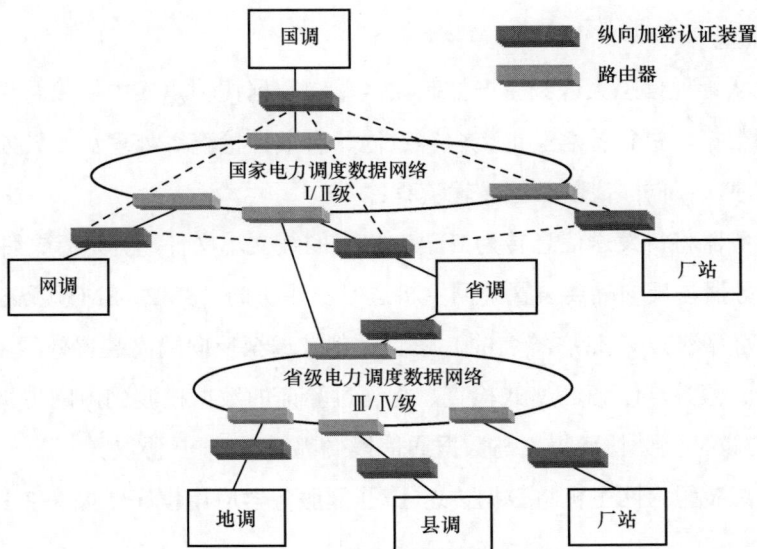

图 3-16 纵向加密认证装置分级管理

二、电力专用横向单向安全隔离装置工作原理

电力专用横向单向安全隔离装置部署在生产控制大区和信息管理大区之间，即安全区Ⅰ/Ⅱ与安全区Ⅲ边界处，用于以非网络方式（物理隔离）实现单向数据传输，按照功能不同，网络安全隔离装置分为正向型和反向型，正向安全隔离装置用于生产控制大区到管理信息大区的非网络方式的单向数据传输，反向安全隔离装置用于从管理信息大区到生产控制大区的非网络方式的单向数据传输，是管理信息大区到生产控制大区的唯一数据传输途径；通过采用硬件安全岛专用隔离部件、多级过滤的立体访问控制、专有安全协议和加密验证机制及应用层数据提取和鉴别认证技术，进行不同安全级别网络之间的数据交换，彻底阻断了网络间的直接 TCP/IP 连接，隔离强度已达到物理隔离防护水平。

（一）正向隔离

特点：完全单向通信方式；单向数据 1bit 返回方式；虚拟主机 IP 地址、隐藏 MAC 地址，支持 TCP、UDP 协议。正向隔离的数据传输流程：

（1）无数据传输需求时，安全隔离设备、外网、内网两两不连通；

（2）Ⅰ/Ⅱ区需要向Ⅲ区传输数据时，隔离装置内网主机接收数据，并进行协议剥离，将原始数据写入存储介质。

（3）控制器收到完整的交换信号之后，立即切断与内网主机的物理连接，向外网主机发起物理连接，将存储介质内的数据推向外网主机。

（4）外网主机收到数据后，立即进行网络协议的封装重组，并将数据传输给Ⅲ区应用系统。

（二）反向隔离

特点：保证从管理信息大区到生产控制大区单向数据传输，集中接收管理信息大区发向生产控制大区的数据，进行签名验证、内容过滤、有效性检查等处理后，转发给生产控制大区内部的接收程序。反向隔离的数据传输流程：

（1）Ⅲ区服务器将待发送信息转为 E 语言格式的纯文本文件，并进行文件签名。

（2）Ⅲ区服务器与反向隔离装置外网主机进行密钥协商（SM2、SM3 算法），建立加密通道（电力专用加密算法），将带有签名的 E 语言文件发送至反向隔离装置外网主机。外网主机对数据进行解密、验签、E 语言格式检查，将通过验证的数据摆渡到内网主机。反向隔离装置只响应 UDP 协议，因此协商报文与数据通信报文都使用 UDP 协议。

（3）反向隔离装置内网主机将数据传送Ⅰ/Ⅱ区服务器应用程序。如图 3-17 所示。

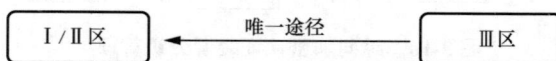

图 3-17　反向传输

三、防火墙工作原理

防火墙是一种用来加强网络区域之间访问控制，防止不可信任网络区域的用户进入可信任网络区域非法访问网络资源，从而保护可信任网络操作环境的网络设备。它对两个或多个网络区域之间传输的数据按照已经定义好的网络安全策略来实施检查，以决定网络区域之间的通信是否被允许，并监视网络运行状态。防火墙还经常用作网络地址转换设备，因为防火墙通常被部署在网络的边界，并且是进出网络的唯一通道。

防火墙通常使用的安全控制手段主要有包过滤、状态检测、代理服务。包过滤技术是一种简单、有效的安全控制技术，它通过在网络间相互连接的设备上加载允许、禁止来自某些特定的源地址、目的地址、TCP 端口号等规则，对通过设备的数据包进行检查，限制数据包进出内部网络。包过滤的最大优点是对用户透明，传输性能高。但由于安全控制层次在网络层、传输层，安全控制的力度也只限于源地址、目的地址和端口号，因而只能进行较为初步的安全控制，对于恶意的拥塞攻击、内存覆盖攻击或病毒等高层次的攻击手段，则无能为力。

状态检测是比包过滤更为有效的安全控制方法。对新建的应用连接，状态检测检查预先设置的安全规则，允许符合规则的连接通过，并在内存中记录下该连接的相关信息，生成状态表。对该连接的后续数据包，只要符合状态表，就可以通过。这种方式的好处在于：由于不需要对每个数据包进行规则检查，而是一个连接的后续数据包（通常是大量的数据包）通过散列算法，直接进行状态检查，从而使得性能得到了较大提高；而且，由于状态表是动态的，因而可以有选择地、动态地开通 1024 号以上的端口，使得安全性得到进一步的提高。

防火墙的分类：①简单包过滤防火墙。②应用代理防火墙，应用代理防火墙的转发流程如图 3-18 所示。③状态包过滤防火墙。④基于状态检测技术并融合应用代理技术的自适应防火墙。

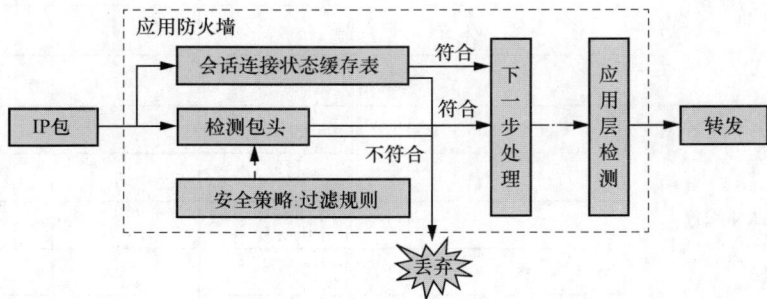

图 3-18　应用防火墙的转发流程

【任务实施】

一、电力纵向加密认证装置配置

1. 危险点分析

本工作任务为 PSTunnel-2000 电力专用纵向加密认证装置的基本配置，该工作任务的主要危险点及防范措施见表 3-8。

表 3-8　　　　　　　　　电力专用纵向加密认证配置作业危险点分析表

序号	危险点	控制措施
1	使用非专用调试计算机，寻找泄密隐患	工作前检查调试计算机为专用
2	调试计算机接入外网，存在泄密隐患	工作前检查调试计算机未接入外网
3	未使用专用移动存储介质，存在泄密隐患	拷贝证书时应使用经过安全检查的专用移动存储介质
4	配置修改前未备份保存配置文件，配置错误导致系统异常而无法恢复	配置修改前先备份保存原配置文件
5	未及时写入配置，设备断电或者重启将造成设备数据丢失	设备配置及时点击写入

2. 标准化作业卡编制

标准作业卡是使得纵向加密认证装置配置工作内容更加清晰明确，确保不漏配置重要措施，本工作任务根据《电力系统专用纵向加密认证装置技术规范》编制电力系统专用纵向加密认证装置标准作业卡，见表 3-9。

表 3-9　　　　　　　　　电力系统专用纵向加密认证装置标准作业卡

序号	配置项目	内容及要求	执行完成打 √	备注
1	基本配置	支持 SM2 算法		
2		设备标识		
3		VLAN 标记类型		
4		工作模式		
5	VLAN 配置	ETH0		
6		ETH1		
7		ETH2		
8		ETH3		
9		ETH4		
10	路由配置	ETH0		

续表

序号	配置项目	内容及要求	执行完成打√	备注
11		ETH1		
12		ETH2		
13		ETH3		
14		ETH4		
15	隧道配置	隧道信息		
16		策略信息		
17		端口信息		
18	告警配置	是否引出报警信息		
19		报警输出通信模式设备		
20		报警输出目的地址		
21		报警输出目的端口		
22		是否开启阈值告警		若勾选，需填入 CPU 阈值、内存阈值
23	管理中心配置	远程管理中心 IP 配置		
24		权限设置		
25		证书路径		

3. 配置作业工具准备

应根据系统配置作业现场实际情况合理配置所需的工器具，电力系统专用纵向加密认证装置配置作业工具准备见表 3-10。

表 3-10　　　　　　　　　　　　　配置作业工具准备表

是否准备√	序号	名称	单位	数量	备注
	1	专用调试计算机	台	1	
	2	专用移动存储介质	个	1	
	3	网络线	条	1	

4. 基本配置作业

电力系统专用纵向加密认证装置采用网络形式进行管理，网线连接装置 eth4 口，默认管理 IP 是 169.254.200.200。

（1）配置设备的基本信息。点击主界面 "基本配置"如图 3-19 所示。

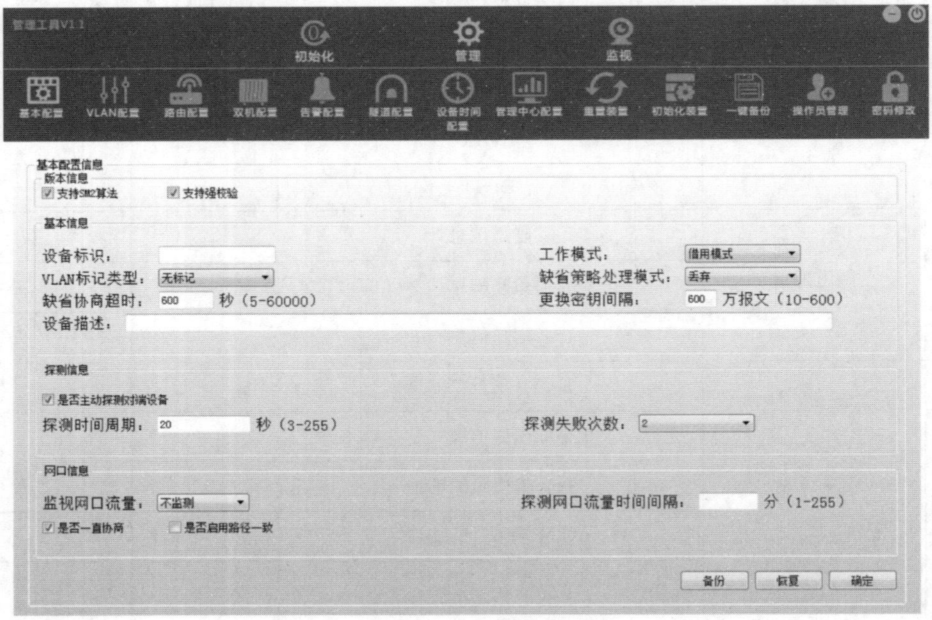

图 3-19　基本配置

1）支持 SM2 算法：支持 SM2 算法。

2）设备标识：是设备的名称，名称要符合标识符的命名规则。

3）VLAN 标记类型：如果 VLAN 是 802.1q 标签协议，选择 802.1q；或者无标记。

4）缺省策略处理模式：放行，丢弃。如果数据报文没有匹配到的策略，设备将按照此配置来处理报文。默认应当配置"丢弃"。

5）缺省协商超时：如果在规定时间内，隧道没有建立，则认为是协商超时，这个时间是时间阈值（5～600s），默认 600s。

6）更换密钥间隔：为了增强数据保密性、安全性，协商好的密钥要定期更换，每到数据包累积到一定数量，就要求原有的对称密钥过期，重新进行对称密钥协商。此处配置为数据包阈值（10 万～600 万）。可以根据各个不同业务数据流量来确定此阈值。

7）是否主动探测对端设备：选择此项后，装置会主动向远端装置发送探测包，以确定远端装置是否存在。

8）探测时间周期：在选择"主动探测对端设备"后，在此处填入时间，时间范围值是 3～255，默认是 20s，建议无特殊情况，不需改动此值。

9）探测失败次数：在选择"主动探测对端设备"后，在此处填入探测次数，默认是 2 次。

10）监视网口流量：包括 3 种方式：不监测、监测外网、监测内外网。当选择"不监测"时，"检测网口流量时间间隔"处不可用；当两装置同时在线，一台在线工作，另一台在线没有工作，选择"监测外网"时，在"检测网口流量时间间隔"填入时间；若能够确保在线工作装置内外网口一直都有流量的情况下，选择"监测内外网"时，在"检测网口流量时间间隔"填入时间。

11）是否一直协商：选择该项后，装置上的隧道会一直主动协商远端装置。

12）是否启用路径一致：选择该项后，装置会保证数据传输来回的路径一致，默认情况下，此项不用选择。

13）工作模式："PSTunnel-2000 电力专用纵向加密认证网关"可以工作在四种工作模式之下，分别是透明模式、网关模式、借用模式、借用 1-*N* 模式。

14）设备描述：描述设备的功能，起备忘的作用。

（2）配置 VLAN 信息，如图 3-20 所示。

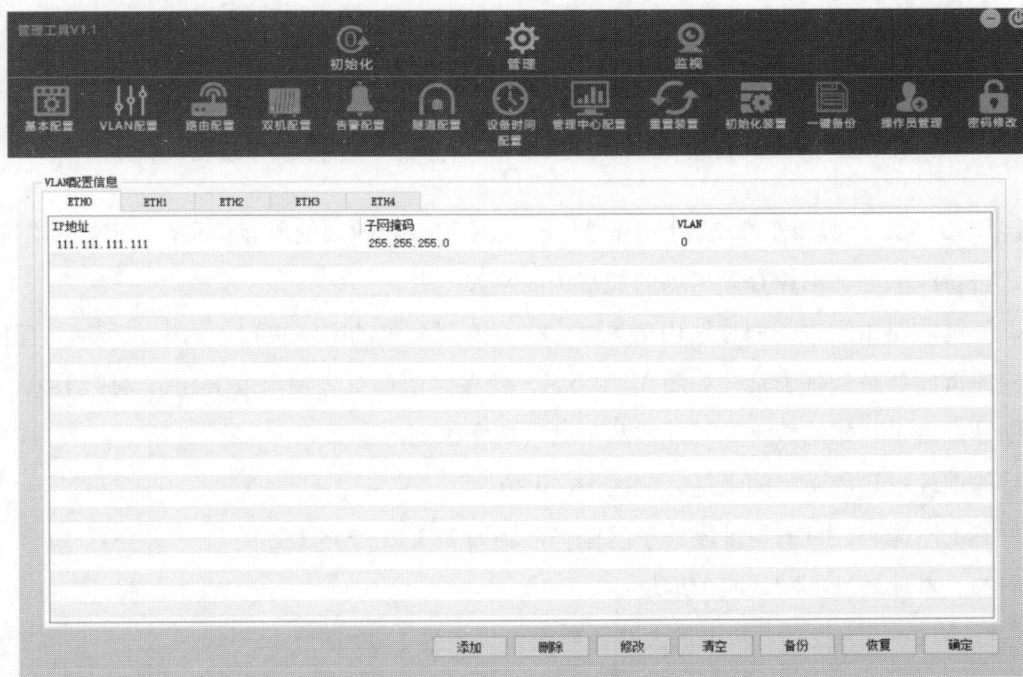

图 3-20　配置 VLAN 信息

五个网口的 IP 地址可以根据现有网络不同的 VLAN，不同的 IP，对地址进行配置；ETH0 到 ETH4 分别代表内网口、外网口、内网口、外网口和配网口。

外网口是连接"纵向加密认证网关"和外网路由器的网口；内网口是连接"纵向加密网关"和内部网络交换设备的网口；配网口是连接"加密网关"和管理工具的网口。

点击"新建"，会弹出如图 3-21 所示对话框，要求填入 IP 地址，子网掩码与对应的 VLAN。如果在装置配置中没有配置 VLAN 格式，此处请填写 0。

根据现场的业务不同，一些业务处于不同 VLAN 的各自独立的网端，如果将"纵向加密认证网关"部署在路由器和核心交换机之间，并且要借用原有路由器地址和交换机网关地址，那么各个业务都将本装置内网口配置成不同 VLAN 的各个业务的网关地址，外网口的地址代表着加密网关的 IP 地址。

"修改"，如果选中列表中已经存在的 VLAN 配置，点击修改按钮将弹出修改窗体。如图 3-22 所示。

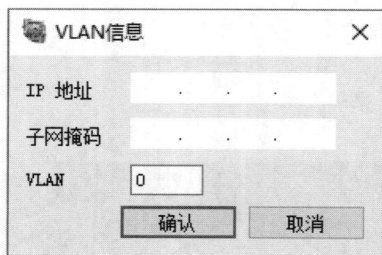

图 3-21　VLAN 信息　　　　　　　　　图 3-22　VLAN 信息

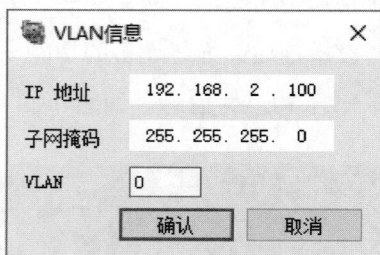

【注意】以上一切操作都是在界面的操作，如要保存修改后的所有信息，一定要按"确定"按钮，将修改后的信息保存到"纵向加密认证网关"上。

（3）基本路由配置。配置路由信息时，先要选择配置的网络接口，内网、外网、配网分别对应的页面都是一张表格，如图 3-23 所示。每条路由信息分别由以下几个字段组成：

序号：由 1 开始的数字编号，按从小到大顺序排列；

目的地址：目的网络的地址，例如 10.20.30.0；

目的子网掩码：目的地址段的子网掩码，例如 255.255.255.252；

网关：本地地址的默认网关地址；

路径 MTU：一般以太网上最大路径数据包大小为 1500 字节。

点击"添加"路由信息，会弹出以下界面，填写所在网段的路由信息。如图 3-24 所示。

"确认"，将修改后的路由配置保存到网关上。

【注意】 以上一切操作都是在界面的操作，如要保存修改后的所有路由信息，一定要按"确定"按钮，将修改后的信息保存到"纵向加密认证网关"上。

（4）配置隧道信息。如果是存在配置好隧道信息表，此时将显示所有已经配置的隧道信息摘要内容。

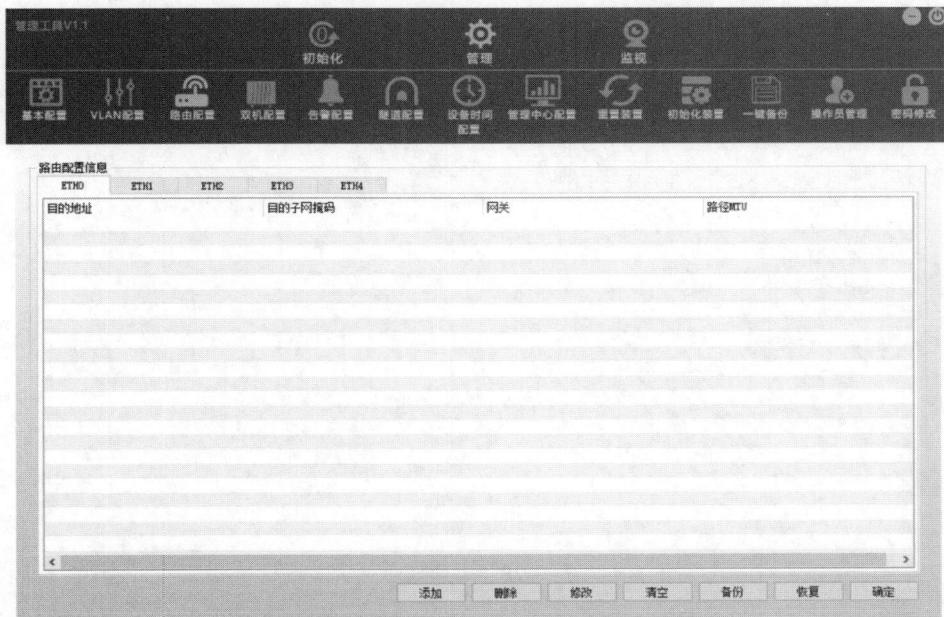

图 3-23　路由配置

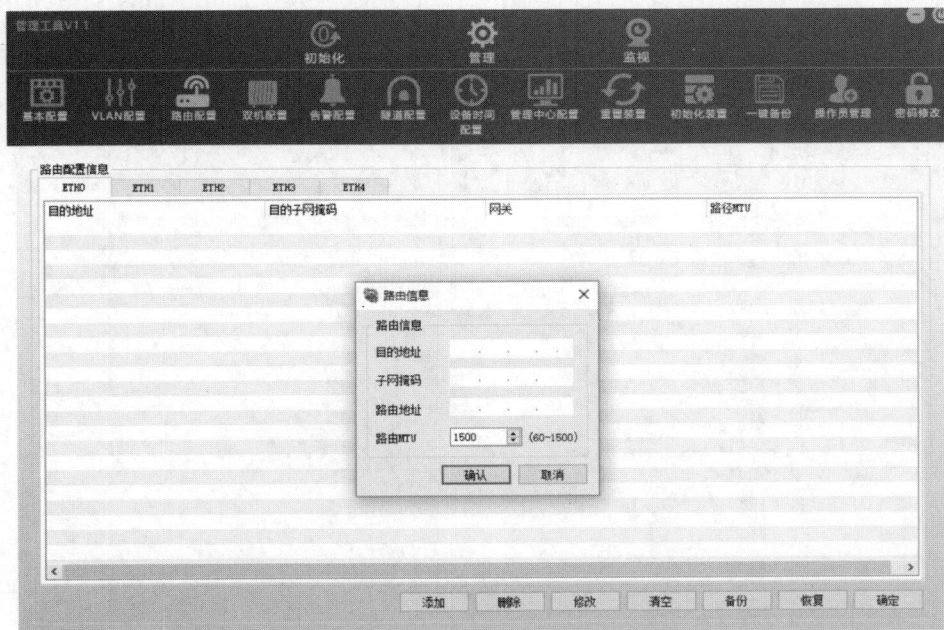

图 3-24　路由信息

1）添加隧道：添加一条新的隧道，配置新的隧道信息，导入隧道对端设备的证书信息。如图 3-25 所示。

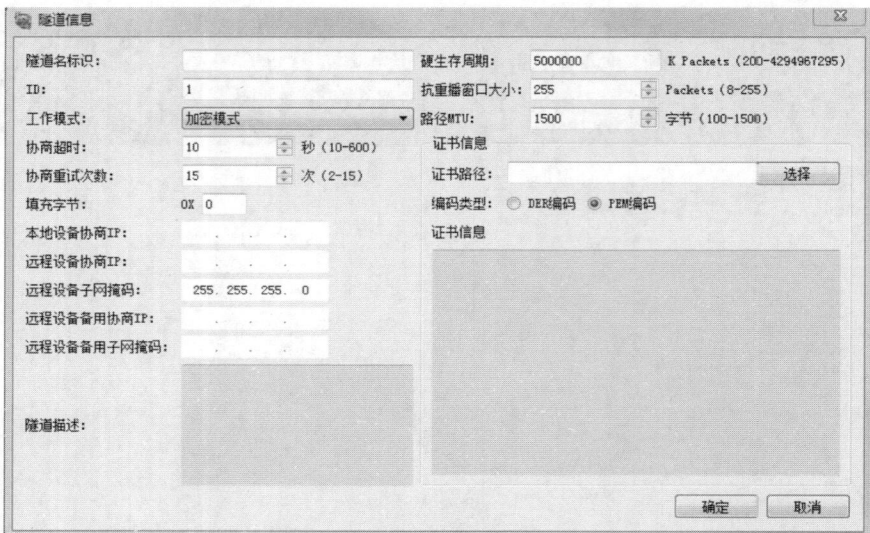

图 3-25 添加隧道

2）修改隧道：选中一条隧道信息后，可以对该隧道信息进行修改。如果需要修改证书信息，导入新证书即可。如果不需要修改证书信息，证书信息为空即可。如图 3-26 所示。

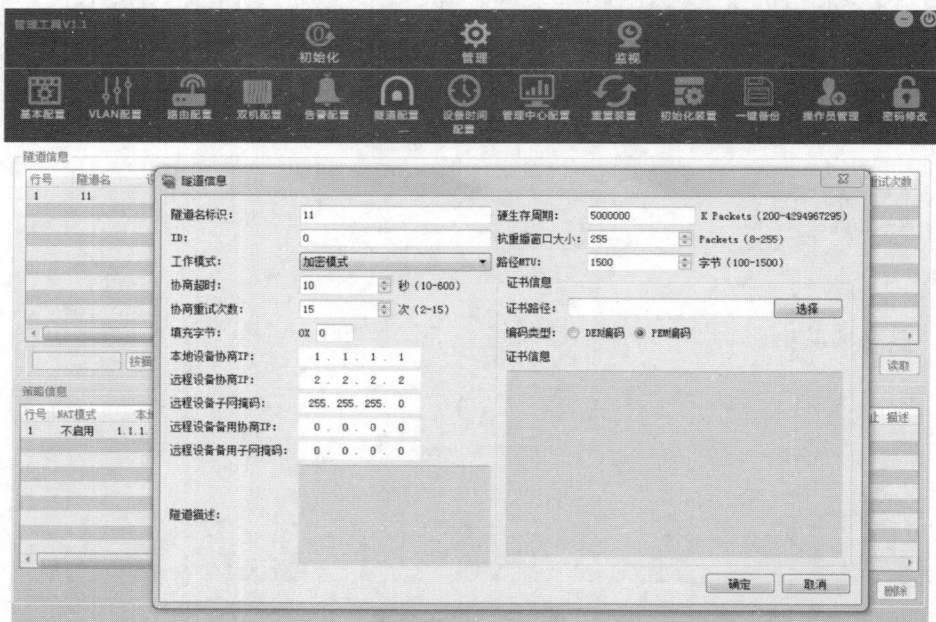

图 3-26 修改隧道

3）复制隧道：如果需要配置一条新隧道配置信息，并且列表中存在内容比较相似的隧道，可以选中这条隧道，进行复制，然后对信息进行修改，修改隧道名称。这样可以减少配置信息的填写工作。隧道配置信息填写后，请导入隧道对端设备的证书信息。如图 3-27 所示。

图 3-27　复制隧道

4）删除隧道：删除选中的该隧道信息及隧道对端证书信息。如图 3-28 所示。

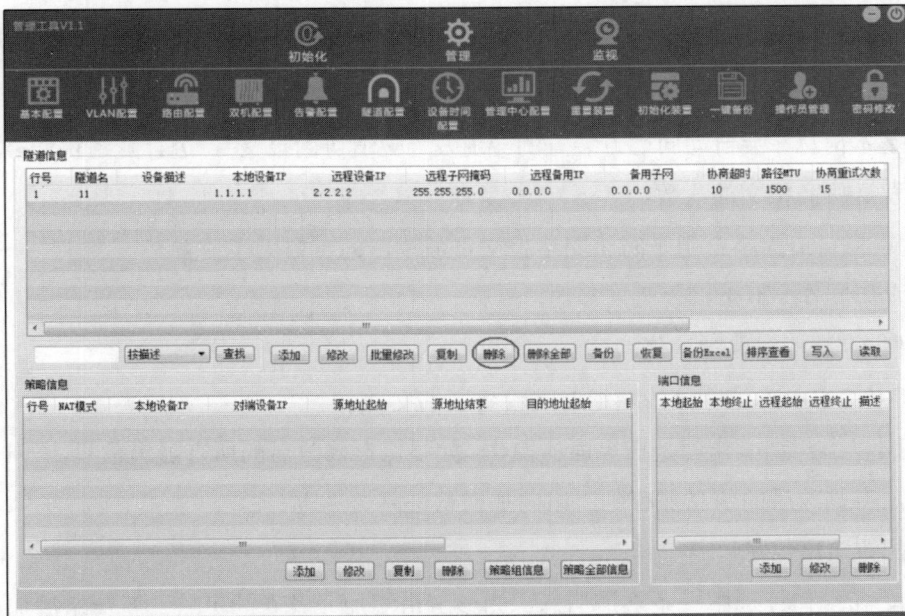

图 3-28　删除隧道

5）配置写入装置：将显示在表格中的隧道信息，写入到加密网关的配置文件中去。

6）读取隧道配置：将设备中存储的隧道信息进行读取，显示到列表中。利用隧道配置界面，可以进行隧道的配置工作，其中的信息包括以下几个方面：

a. 隧道标识：两位数字或者字母的组合，不允许有其他字符，这个字段必添信息，在管理中心进行查询隧道时，会有此标识。

b. ID：系统自动进行填充的 ID 的标识，用户可以不必填写。

c. 本地设备协商 IP：本地设备的协商 IP 地址（即本地设备外网口地址）。

d. 远程设备协商 IP：建立加密隧道时，远端对等设备（如果远端存在主备双机，此处填写主设备）的协商 IP 地址。

e. 远程设备子网掩码：远端对等设备（主设备）的子网掩码。

f. 远程设备备用协商 IP：建立加密隧道时，远端对等设备（如果远端存在主备双机，此处填写备设备）的协商 IP 地址。

g. 远程设备备用设备子网掩码：远端对等设备（备设备）的子网掩码。

h. 隧道描述：该隧道的简单文本描述信息（字母或汉字）。

i. 协商超时：范围 10～600s，该隧道的协商超时时间阈值，超过设置范围内时间的数值，将被认为协商该隧道时间超时，协商过期。系统在指定的时间范围内没有协商成功隧道，会记录告警信息。

j. 路径 MTU：网络连接路径上，可传送的报文的最大字节数。

k. 协商重试次数：隧道的默认协商次数。当隧道没有成功建立时，系统会根据已经配置好的隧道基本信息，会自动向远方装置的隧道发"隧道协商报文"，进行隧道协商。此处配置的是默认发送协商报文的次数。

l. 抗重播窗口大小：用于防止网络报文重放攻击的窗口大小设置。

m. 填充字节：不必修改原来参数，默认。

n. 硬生存周期：取默认值即可。

o. 证书信息：本地存储的隧道对端设备证书文件。

【注意】以上一切操作都是在界面的操作，如要保存修改后的所有隧道信息，一定要按"确定"按钮，将修改后的信息保存到"纵向加密认证网关"上。

（5）配置策略信息。

添加策略/端口：选中一条隧道信息，为该隧道添加一条新的策略。新策略添加成功后默认本地起始端口为 1，本地终止端口为 65535，远程起始端口为 1，远程终止端口为 65535。如图 3-29 所示。

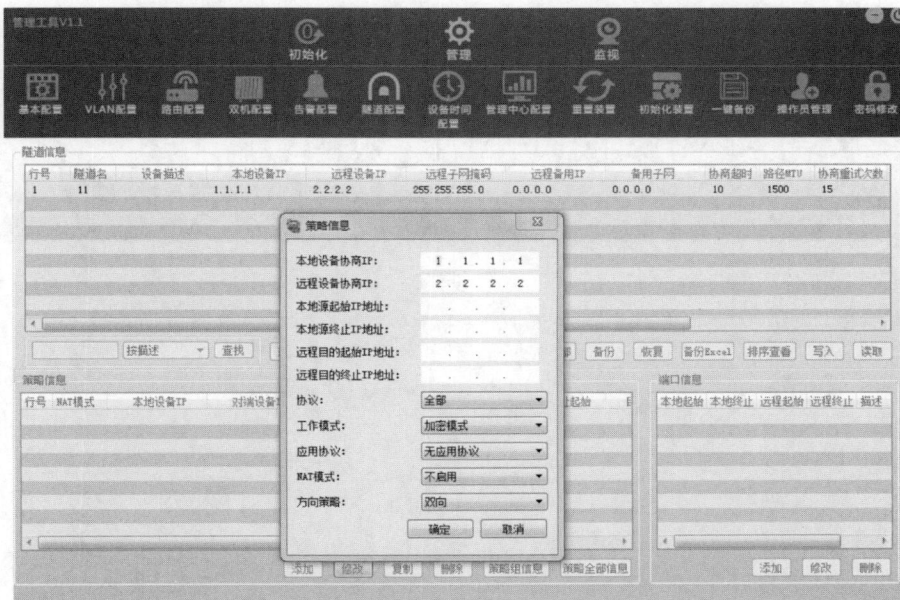

图 3-29 配置策略信息

a．本地设备协商 IP：本地设备的协商 IP 地址（即本地设备外网口地址）。

b．远程设备协商 IP：与该设备建立隧道的纵向加密认证网关或者装置的地址。

c．本地源起始 IP 地址：本地局域网内部的被保护主机的 IP 地址段的起始地址。

d．本地源终止 IP 地址：本地局域网内部的被保护主机的 IP 地址段的终止地址，如果是单一主机，起始和终止的 IP 地址都要填写为主机的 IP 地址。

e．远程目的起始 IP 地址：远程被保护局域网内部的主机的 IP 地址段的起始地址。

f．远程目的终止 IP 地址：远程被保护局域网内部的主机的 IP 地址段的终止地址，如果是单一主机，起始和终止的 IP 地址都要填写为主机的 IP 地址。

g．协议：可选择"TCP""UDP""ICMP""ALL"。选择应用系统的协议类别，可以为不同的协议来匹配策略信息。如果选择 ALL，即将另外三种协议全部包括。

h．工作模式：明通、密通、选择加密、丢弃，对应不同的应用系统，可以选择这四种工作模式。

i．应用协议：电力专用协议的过滤，DL476、104 等协议。

j．NAT 模式：支持内网 NAT、外网 NAT、内外网 NAT。

k．方向策略：可选择"双向""正向""反向"，其中从本地到远程的方向为"正向"，从远程到本地的方向为"反向"。如果双向都需要加密保护，要选择"双向"；如仅需要从本地到远程的方向报文加密，请选择"正向"，如仅需要从远程到本地的报文加密，方向为"反向"。

选中一条策略，可为该策略继续添加端口信息。如图 3-30 所示。

图 3-30 端口信息

a）策略标识：字母或者数字的组合，长度为 2。

b）策略描述：百兆设备支持 4 个字符的策略描述，千兆设备支持汉字。端口范围：本地起始端口—本地终止端口：本地应用系统的端口号 1-65535。远程起始端口—远程终止端口：远程应用系统的端口号 1-65535。

【注意】以上一切操作都是在界面的操作，如要保存修改后的所有隧道信息，一定要按"确定"按钮，将修改后的信息保存到"纵向加密认证网关"上。

c）修改策略/端口：选中一条策略信息后，可以对该策略信息进行修改。选中一条端口信息，可以对该策略的端口信息进行修改。

d）复制策略：如果需要配置一条新策略配置信息，并且列表中存在内容比较相似的策略，可以选中这条策略，进行复制，然后对信息进行修改，修改策略名称，这样可以减少配置信息的填写工作。

（6）告警配置。根据现场情况，如果上级有内网安全监视平台，可以将"纵向加密认证网关"告警日志上传到内网安全监视平台。如图 3-31 所示。

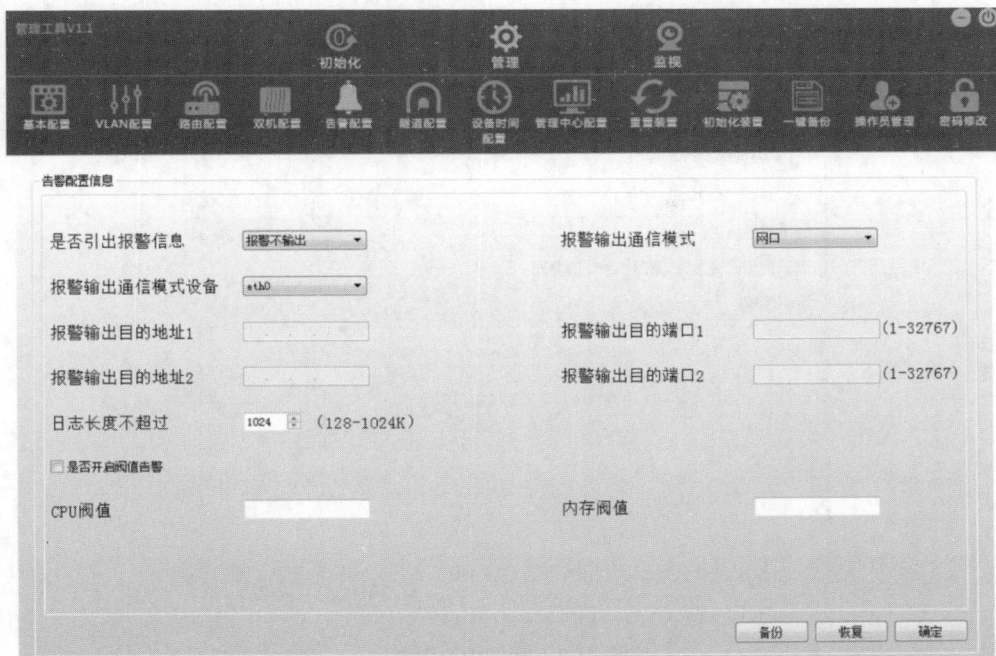

图 3-31 告警配置

1）是否引出报警信息：选择"报警不输出"或者"1 个报警地址输出"和"2 个报警地址输出"。

2）报警输出通信模式：选择"网口"。

3）报警输出通信模式设备：分别可以选择"eth0""eth1""eth2""eth3""eth4"网口。

4）报警输出目的地址：内网安全监视平台日志采集工作站的 IP 地址。

5）报警输出目的端口：内网安全监视平台应用监听端口号。

6）日志长度不超过："纵向加密认证网关"存储的日志文件大小。128～1024K。推荐使用 128K，此文件可以循环记录。

7）是否开启阈值告警：勾选后，启用"纵向加密认证网关"阈值告警；当"纵向加密认证网关"设备的 CPU 及内存超过所定义的"CPU 阈值"和"内存阈值"后，将告警信息上报到内网安全监视平台。

8）CPU 阈值：填写 CPU 阈值。

9）内存阈值：填写内存阈值。

（7）管理中心配置，如图 3-32 所示。

1）远程管理中心配置：远程管理中心的 IP 地址。

2）权限：可设置查看、配置两种权限。

3）证书路径：点击选择，导入远程管理中心的证书。

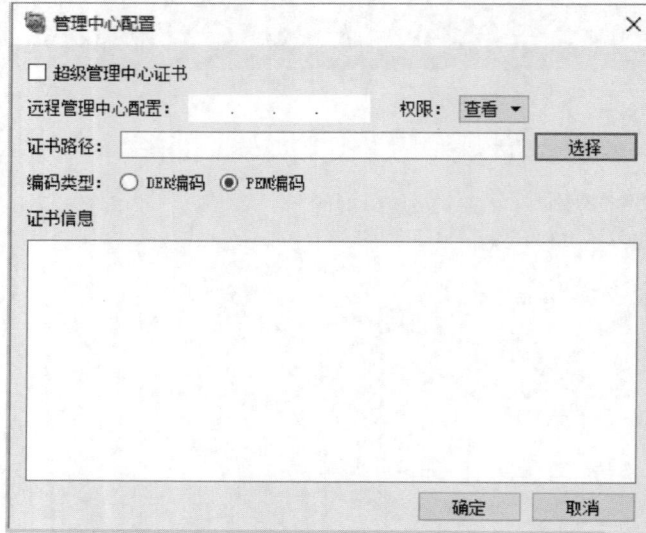

图 3-32　管理中心配置

二、电力专用横向单向安全隔离装置配置

1. 危险点分析

本工作任务为 Stone Wall-2000 电力专用横向单向安全隔离装置的基本配置，该工作任务的主要危险点及防范措施见表 3-11。

表 3-11　　　　　　　　电力专用横向单向安全隔离装置配置作业危险点分析表

序号	危险点	控制措施
1	使用非专用调试计算机，寻找泄密隐患	工作前检查调试计算机为专用
2	调试计算机接入外网，存在泄密隐患	工作前检查调试计算机未接入外网
3	未使用专用移动存储介质，存在泄密隐患	拷贝证书时应使用经过安全检查的专用移动存储介质
4	配置修改前未备份保存配置文件，配置错误导致系统异常而无法恢复	配置修改前先备份保存原配置文件
5	未及时写入配置，设备断电或者重启将造成设备数据丢失	设备配置及时点击写入

2. 标准化作业卡编制

标准作业卡是使得安全隔离装置配置工作内容更加清晰明确，确保不漏配置重要措施，本工作任务根据《国网福建电力监控系统安全操作标准作业指导书》编制安全隔离装置标准作业卡，见表 3-12。

表 3-12 电力专用横向单向安全隔离装置配置标准作业卡

序号	配置项目	内容及要求	执行完成打√	备注
1	基本配置	设备名称		
2		协商 IP		仅反向装置需要
3	日志配置	勾选内外网日志网口报警		
4		源 IP		
5		接收端口号		
6		目的 IP		
7		输出网口		
8		接收报警的设备 MAC 地址		
9	规则配置	主机信息表		
10		链路信息表		
11		连接信息表		
12		端口信息表		
13	证书密钥	选择算法		仅反向装置需要
14		生成设备密钥		
15		导出设备证书		
16		发送端 IP		
17		发送端证书导入		
18	接收端软件配置	配置监听端口		
19	正向传输软件配置	创建发送任务		
20	反向传输软件配置	导出证书		
21		配置加密隧道		
22		配置链路信息		

3. 配置作业工具准备

应根据系统配置作业现场实际情况合理配置所需的工器具,电力专用横向单向安全隔离装置配置作业工具准备见表 3-13。

表 3-13 配置作业工具准备表

是否准备√	序号	名称	单位	数量	备注
	1	专用调试计算机	台	1	
	2	专用移动存储介质	个	1	
	3	串口线	条	1	

4. 基本配置作业

安全隔离装置工具采用串口形式进行管理，串口线连接装置发送端 console 口，正向设备用内网串口，反向设备用外网串口。默认波特率 115200。

StoneWall-2000 网络安全隔离设备（正向型）登录界面如图 3-33 所示。

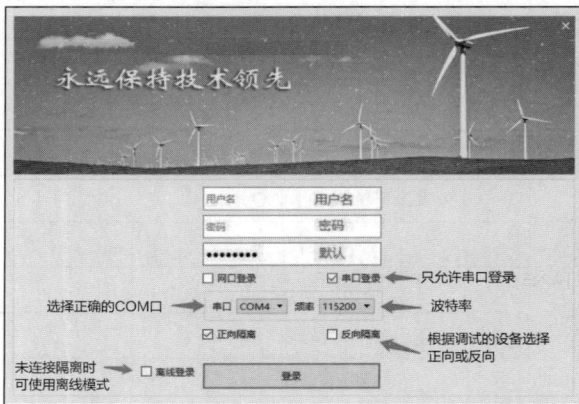

图 3-33　登录界面

5. 设备配置

（1）基本配置：管理 IP 可以不填；设备名称需要填写，名称自定；自动退出时间默认是无操作 5min 管理工具自动退出。如图 3-34 所示。

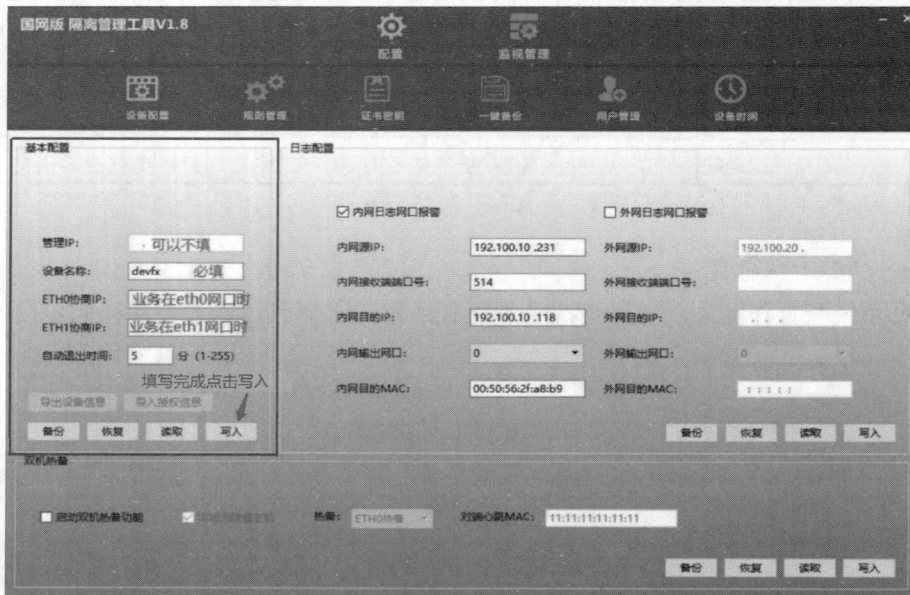

图 3-34　基本配置

当配置完此模块时需要点击"写入"按钮将配置写入隔离。

（2）日志配置：配置隔离告警的模块，可以将告警上送到监测装置或管理平台。根据报警上送的平台内网还是外网，选择对应的内外网日志网口报警。源 IP：设备自身的 IP 地址（在通信网络中的 IP）；接收端端口号：514；目的 IP：接收告警的地址；输出网口：0/1 口；目的 MAC：接收报警的设备 MAC 地址。如图 3-35 所示。

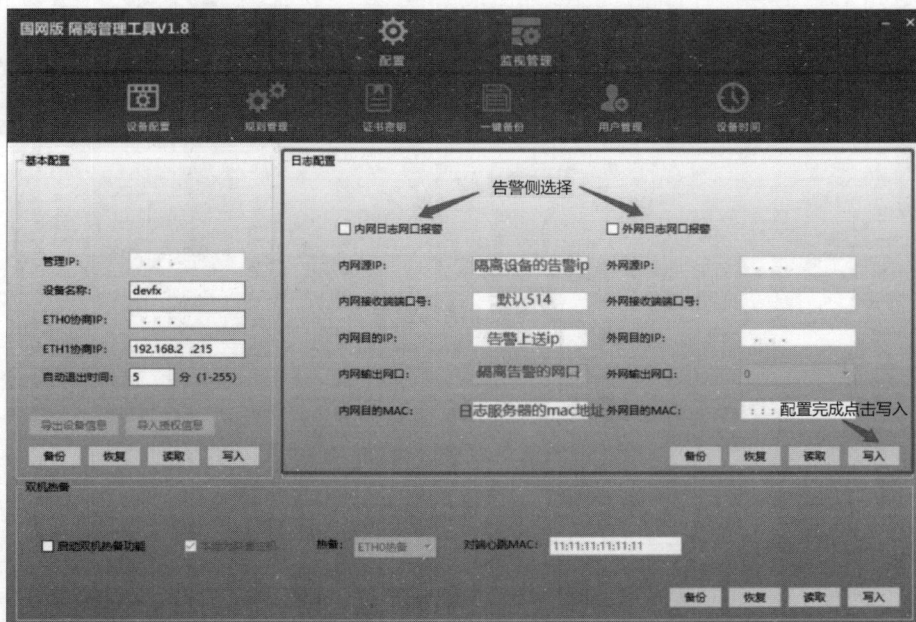

图 3-35　日志配置

当配置完此模块时需要点击"写入"按钮将配置写入隔离。

6. 规则管理

规则配置中包括三个模块：主机信息表、连接信息表、端口信息表。主机信息表中内外网最少各有一条主机信息，以备添加隔离规则使用。

添加顺序是：添加主机信息表→添加连接信息表→默认、添加或修改端口信息表。如图 3-36 所示。

（1）主机信息表：点击主机信息表模块下方添加按钮开始添加主机信息。如图 3-37 所示。

主机名：自定义规范主机名称。

主机 IP：主机业务通信用 IP 地址，主机的实际 IP。

虚拟 IP：主机虚拟在对端网段的虚拟 IP，不能和网路中现有 IP 冲突。

MAC：主机自身业务通信网口的 MAC，最多可以填 4 个，如图 3-38 所示。

图 3-36　规则管理

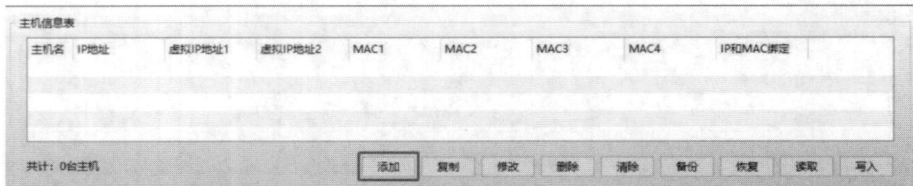

图 3-37　添加主机信息

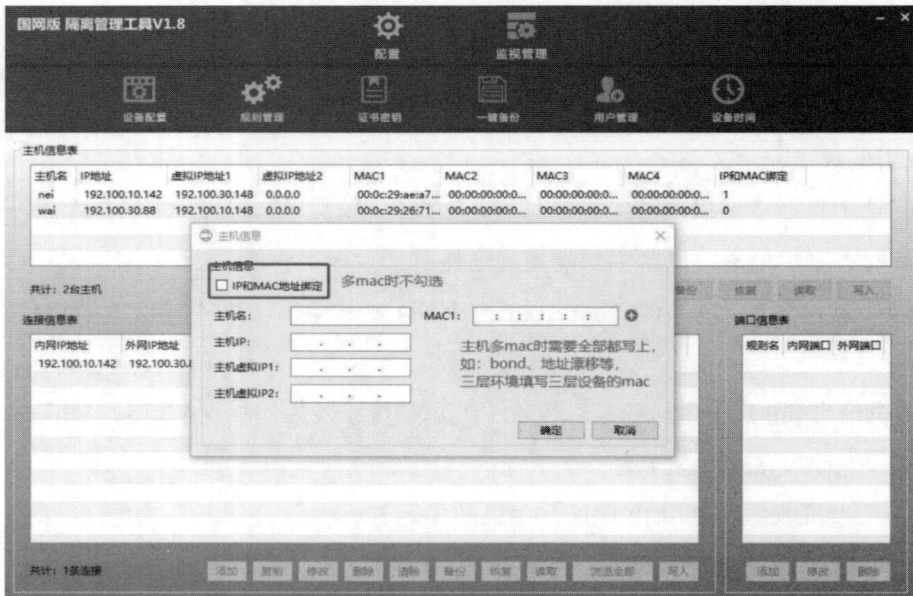

图 3-38　IP 和 MAC 地址绑定

（2）连接信息表：点击连接信息表模块下方添加、修改、删除按钮开始编辑连接信息。

规则名：自定义规范业务传输名称。

协议：传输 TCP 或 UDP 协议，反向只有 UDP。

内外网主机信息：选择对应内外网主机信息，虚拟地址，及通过隔离设备 0/1 口传输。

对非法方向的报文信息选择记录和不记录。也可对特殊值过滤。如图 3-39 所示。

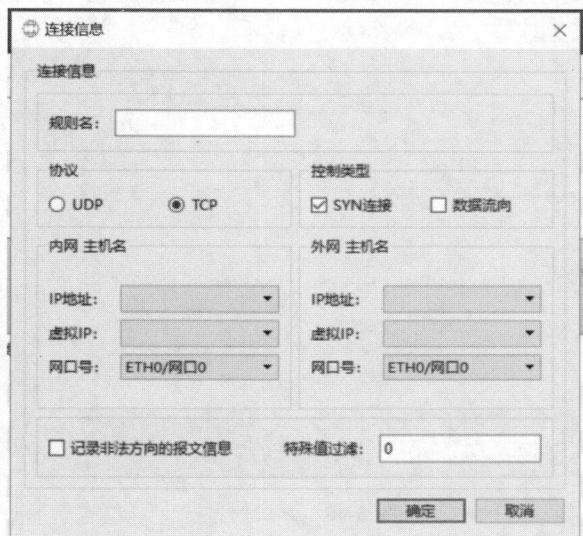

图 3-39　连接信息

（3）端口信息：包括在连接信息中的，如果规则中需要限制内网端口或者外网端口，先选中连接信息中的规则，点击"添加"开始添加端口。

规则名称：对应修改连接信息的规则名，默认不能改。0 端口为默认端口，代变所有端口。

内网端口：正向设备不需修改，反向设备改为业务传输用的端口。

外网端口：反向设备不需修改，正向设备改为业务传输用的端口，如图 3-40 所示。

当规则配置完成时需要点击各子模块中的"写入"按钮将配置写入隔离（如按钮为灰色不需要点击），写入后如无其他配置需要修改则重启隔离设备使之生效。

三、反向型网络安全隔离设备

设备配置中与正向隔离不同之处在于：反向隔离设备增加网口协商 IP，协商 IP 是隔离设备外网口的 IP，作用于和发送端建立隧道连接。

ETH0 协商 IP，当现场业务使用隔离设备 eth0 网口作为业务口时在此处填写。ETH1 协商 IP，当现场业务使用隔离设备 eth1 网口作为业务口时在此处填写，一般现场只使用到其中一个网口，配置对应网口即可，如图 3-41 所示。

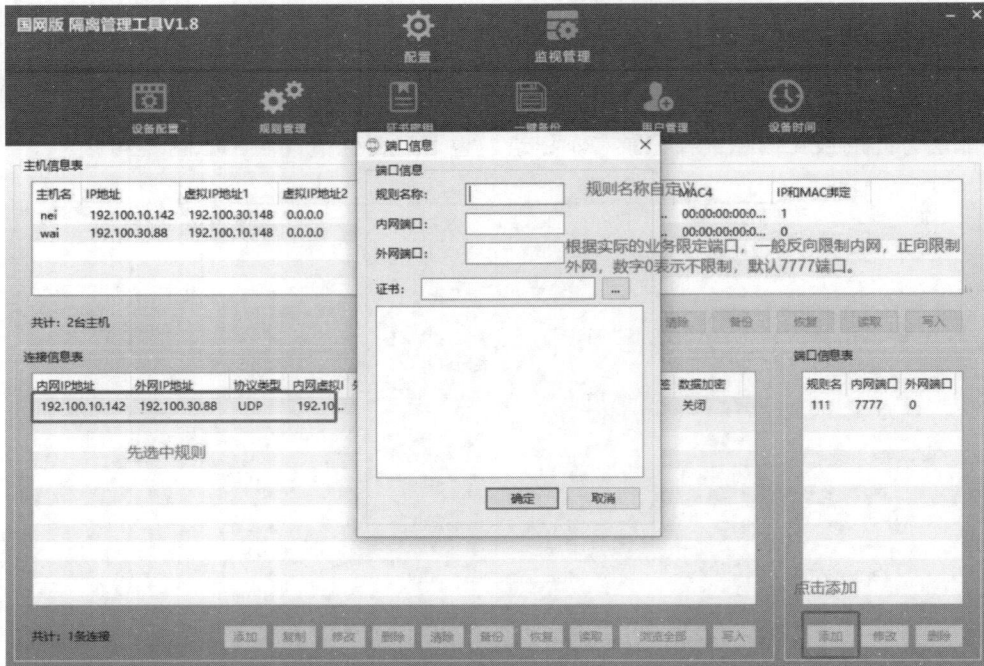

图 3-40　端口信息

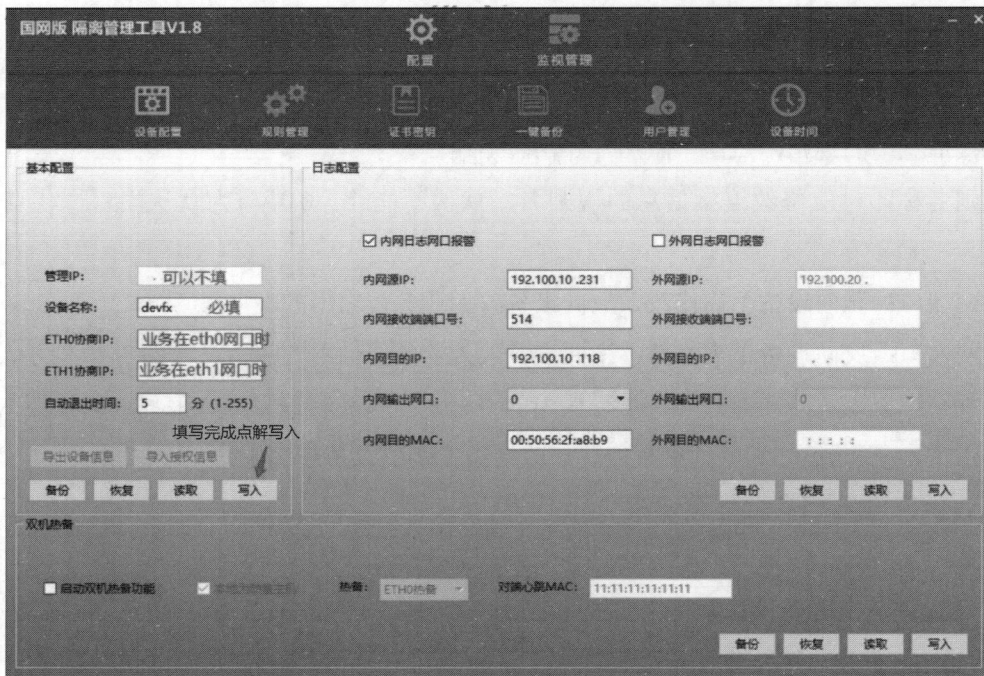

图 3-41　基本配置

规则管理，如图 3-42 所示。

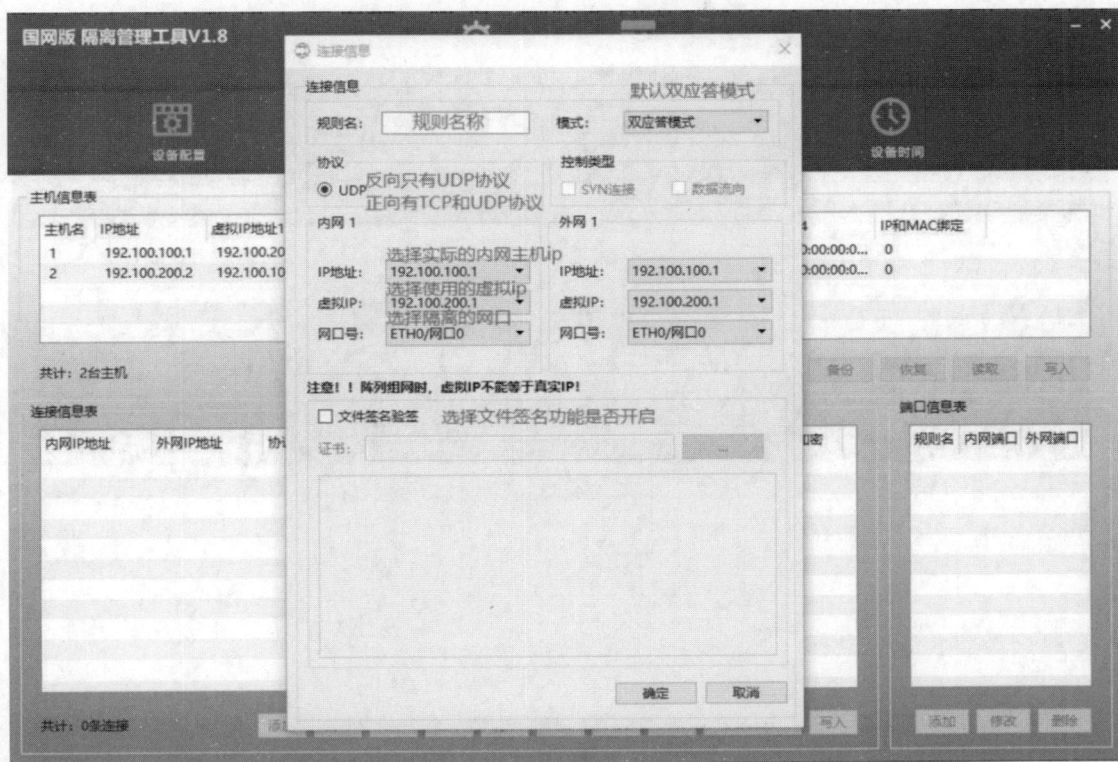

图 3-42　规则管理

链接信息表协议：反向传输协议只有 UDP。

端口设置：与正向隔离装置不同，外网端口为 0，设置内网端口对应发送业务端口。

四、证书密钥

证书密钥中包括两个模块：设备密钥、发送端证书。设备密钥模块是导出隔离设备证书的模块，发送端证书模块是导入传输软件发送端生成的证书的模块。

导出隔离设备证书的步骤：

设备密钥证书类型有 RSA 和 SM2 两种，504 版本程序必须使用 SM2 类型证书，点击"生成设备密钥"，导出设备证书文件。如图 3-43 所示。

发送端证书点击"添加"后，填写发送端 IP，并导入在传输软件中导出的发送端证书。之后点击写入并重启生效。

五、传输软件配置

启动发送端.jar 和接收端.jar 的方法说明（以 504 版本版本为例）：

（1）使用 1.8 以上版本的 java 环境，在传输软件路径下，以 java 的绝对路径的方式启动传输软件。

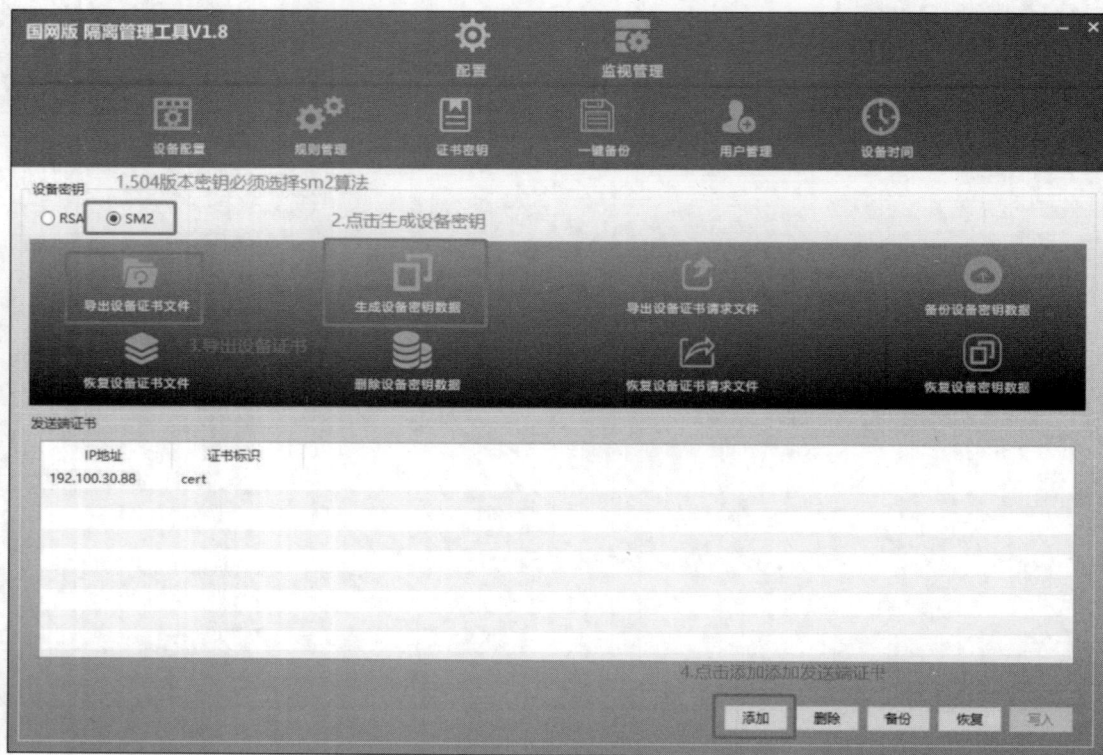

图 3-43　证书密钥

（2）需要使用非管理员权限的用户进行登录，需要注意传输软件、发送文件夹遍历路径及传输文件的权限及所属。

（3）需要对配置文件进行加密，之后再启动传输软件。

1）加密前将 fileEncrypt-safe.jar 文件放到与 config 同级路径下，加密成功后 config 下的配置文件为 tSM4 结尾。

2）执行 java-jarfileEncrypt-safe.jar 即可对 config 文件夹下配置文件进行加密，发送端和接收端通用（会报对方的配置文件不存在）。

3）使用 java-jar 程序名.jar 的方式启动传输软件，加壳版本使用./xjarjava-jar 程序名.jar的方式启动，windows 系统在 cmd 中执行来启动。

根据以上方式打开接收端工作站上的接收端.jar 文件，配置接收端监听端口号，如图 3-44和图 3-45 所示。

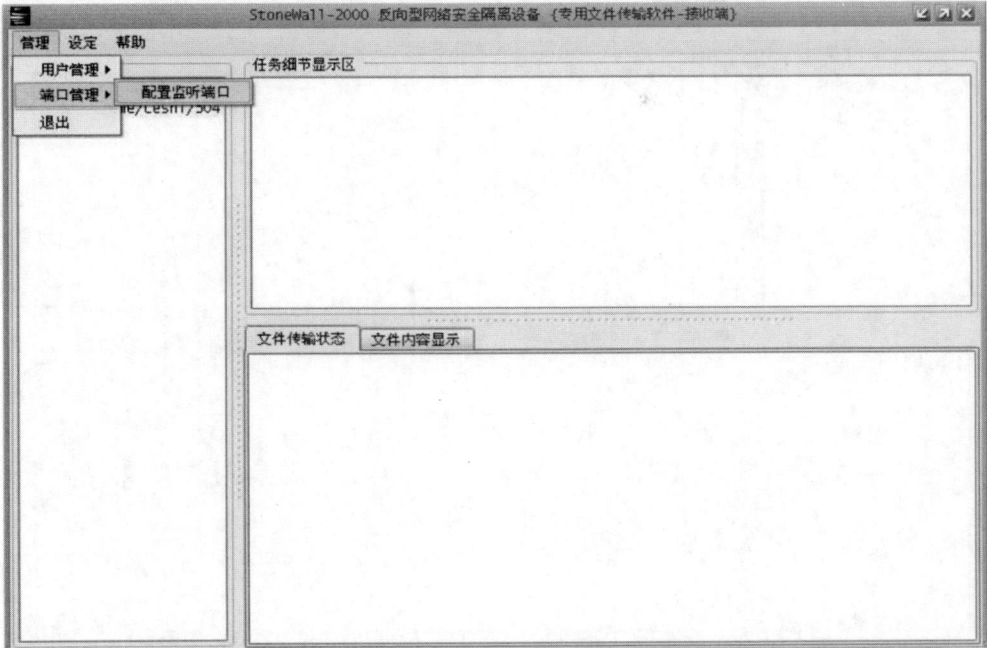

图 3-44　配置监听接口 1

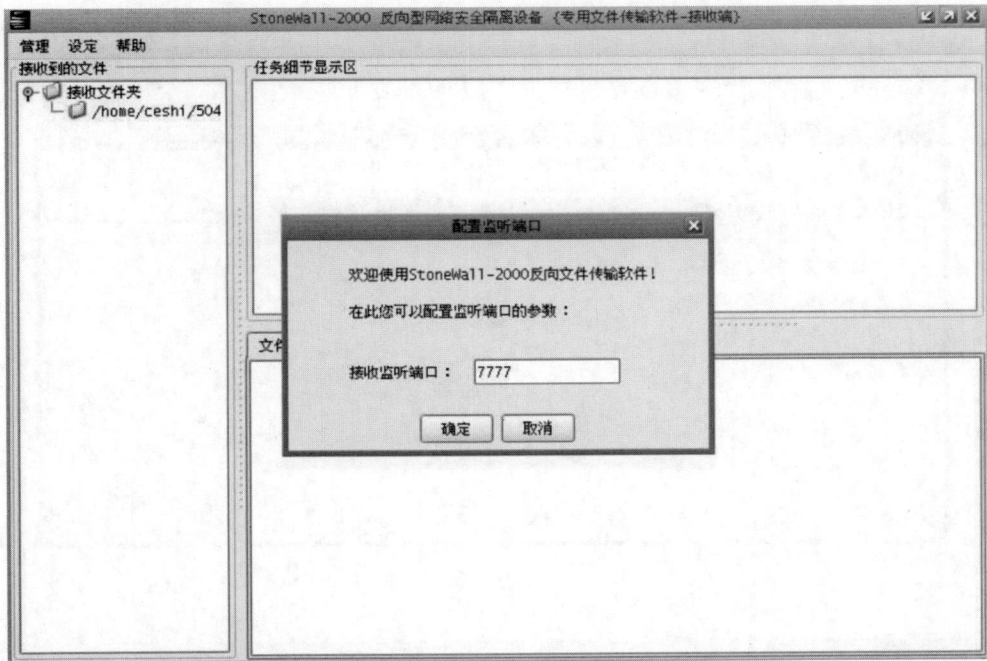

图 3-45　配置监听接口 2

配置接收端接收文件夹如图 3-46 和图 3-47 所示。

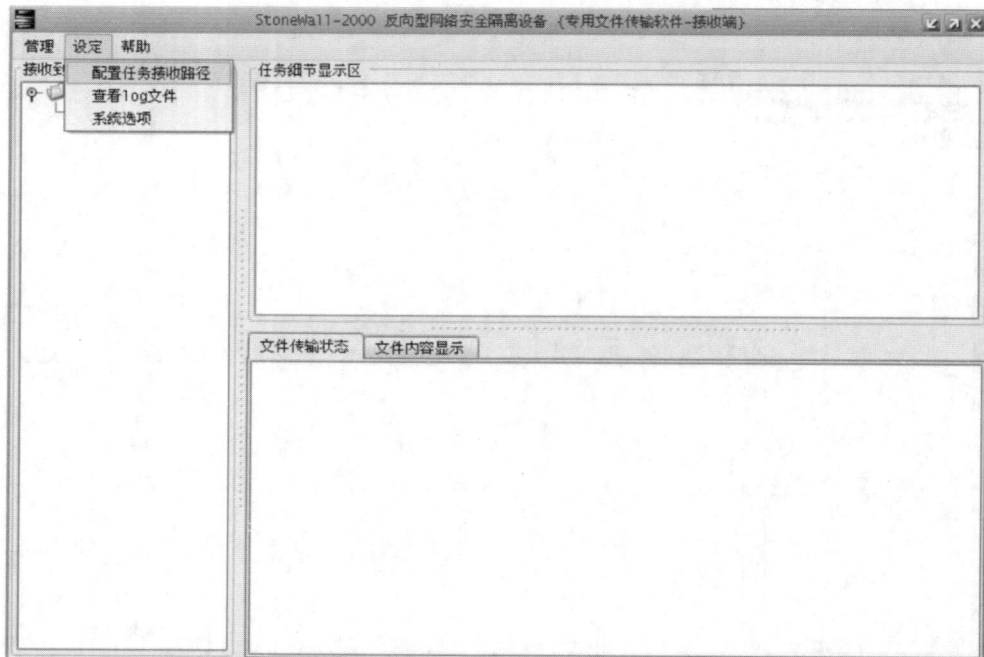

图 3-46　配置任务接收路径 1

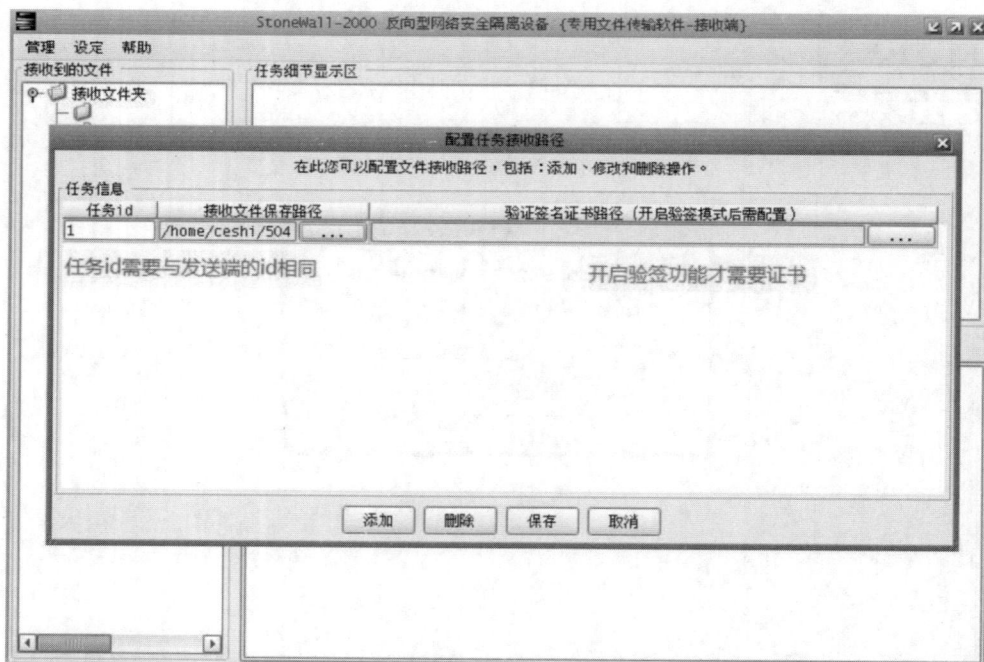

图 3-47　配置任务接收路径 2

打开发送端工作机的发送端 jar 文件，导出发送端证书，如图 3-48 和图 3-49 所示。

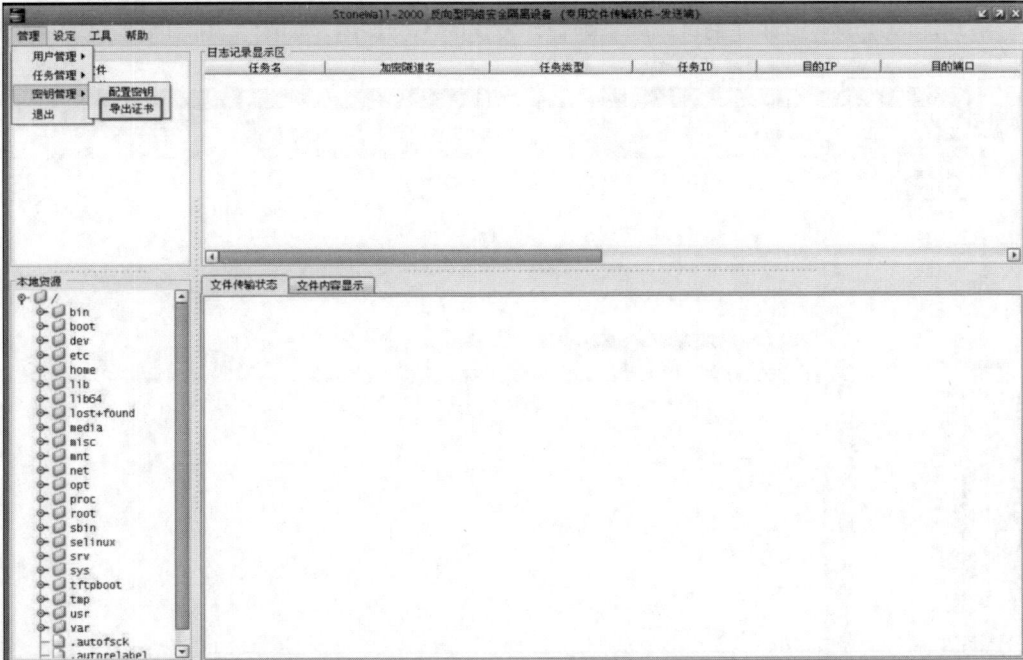

图 3-48　导出发送端证书 1

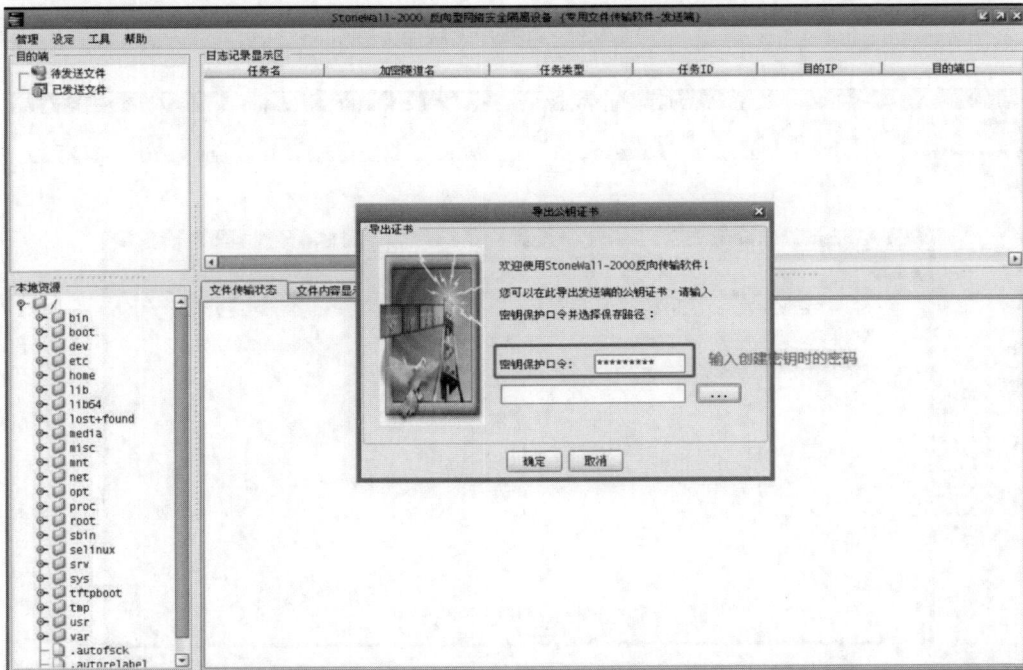

图 3-49　导出发送端证书 2

配置加密隧道。反向设备必须建立加密隧道，正向可以根据现场需求选择是否创建，未开启正向隧道功能的现场隧道和证书可以随意配置，发送时不会调用。如图 3-50 和图 3-51 所示。

图 3-50　配置加密隧道 1

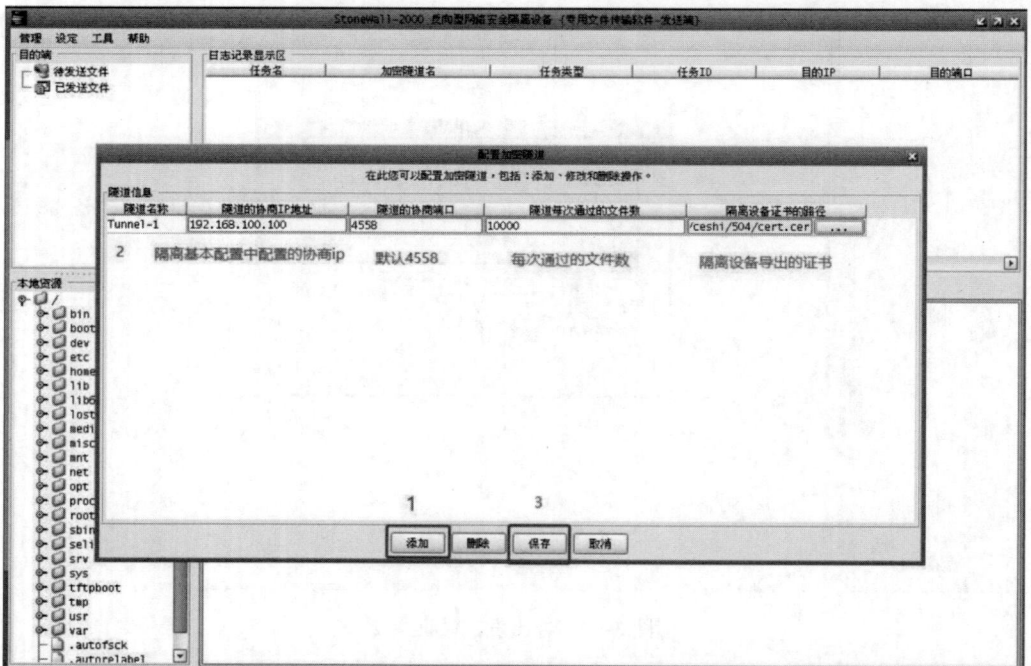

图 3-51　配置加密隧道 2

配置链路信息，如图 3-52 所示。

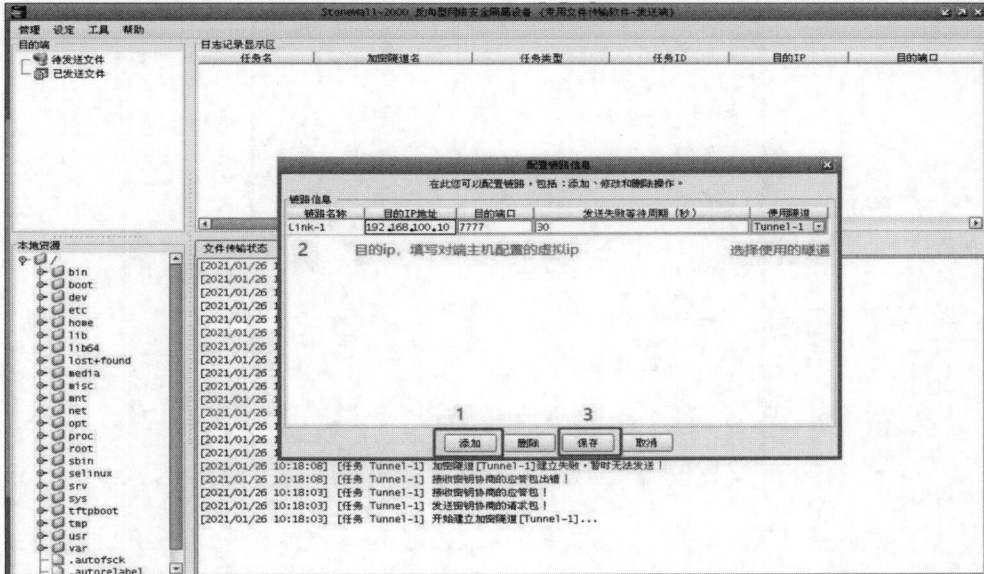

图 3-52　配置链路信息

配置任务信息，如图 3-53 和图 3-54 所示。

图 3-53　配置任务信息 1

图 3-54　配置任务信息 2

六、防火墙配置

1. 危险点分析

本工作任务为 DPtech-FW1000 防火墙装置的基本配置，该工作任务的主要危险点及防范措施见表 3-14。

表 3-14　　　　　　　　　　防火墙配置作业危险点分析表

序号	危险点	控制措施
1	使用非专用调试计算机，寻找泄密隐患	工作前检查调试计算机为专用
2	调试计算机接入外网，存在泄密隐患	工作前检查调试计算机未接入外网
4	配置修改前未备份保存配置文件，配置错误导致系统异常而无法恢复	配置修改前先备份保存原配置文件
5	未及时保存配置，设备断电或者重启将造成设备数据丢失	设备配置及时保存

2. 标准化作业卡编制

标准化作业卡是使得防火墙装置配置工作内容更加清晰明确，确保不漏配置的重要措施，本工作任务根据《国网福建电力监控系统安全操作标准作业指导书》编制防火墙装置标准作业卡，见表 3-15。

表 3-15　　　　　　　　　　防火墙装置标准作业卡

序号	配置项目	内容及要求	执行完成打√	备注
1	网络管理/接口管理	配置接口参数		
2	网络管理/接口管理	配置 VLAN-IF 地址		
3	网络管理/网络对象	配置安全域		
4	网络管理/蛋白 IPv4 路由	添加管理路由		
5	网络管理/网络对象	添加地址对象		
6	网络管理/网络对象	添加服务/服务组		
7	防火墙	配置包过滤策略		

3. 配置作业工具准备

应根据系统配置作业现场实际情况合理配置所需的工器具，防火墙装置配置作业工具准备见表 3-16。

表 3-16　　　　　　　　　　配置作业工具准备表

是否准备√	序号	名称	单位	数量	备注
	1	专用调试计算机	台	1	
	2	串口线	条	1	

4. 基本配置作业

配置二层网络防火墙，如图 3-55 所示。

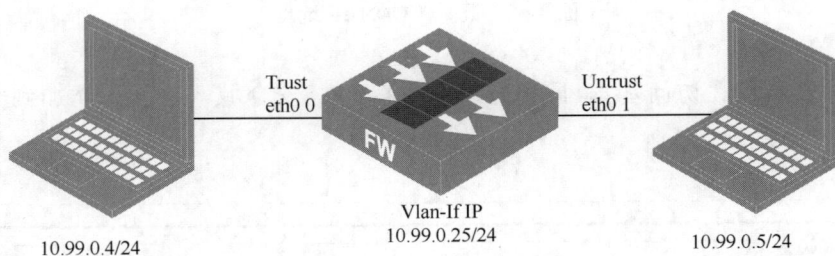

图 3-55　二层网络防火墙

此模式下，设备以透明方式接入，对现有网络结构无影响，通常开启包过滤及访问控制策略，Trust 域 PC 对外提供"远程桌面"及"HTTP"服务。

设备登录：设备管理口默认地址 192.168.0.1/24，将调试计算机的 IP 地址设置为192.168.0.5/24，串口线连接到防火墙的 ETH8 口。

图 3-56 登录

打开 IE 浏览器，输入 https：//192.168.0.1，默认用户名 admin，密码 admin_default。如图 3-56 所示。

（1）配置接口参数。访问基本>网络管理>接口管理>组网配置，配置接口相关参数，可以在相应的接口上直接配置需要的 IP 地址。如图 3-57 所示。

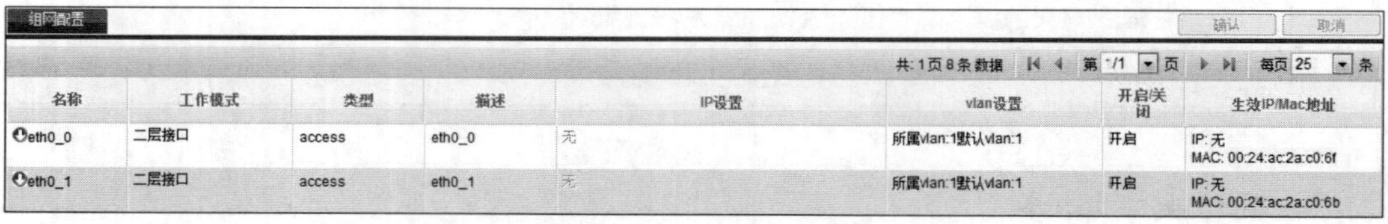

图 3-57 配置 IP 地址

说明：若为 trunk 模式，则修改工作模式为"二层接口"，类型为"trunk"，并在 vlan 设置中配置"所属 vlan"及"默认 vlan"。

（2）配置 VLAN-IF 地址。访问基本>网络管理>接口管理>VLAN 配置，配置 VLAN-IF 接口 IP。如图 3-58 所示。

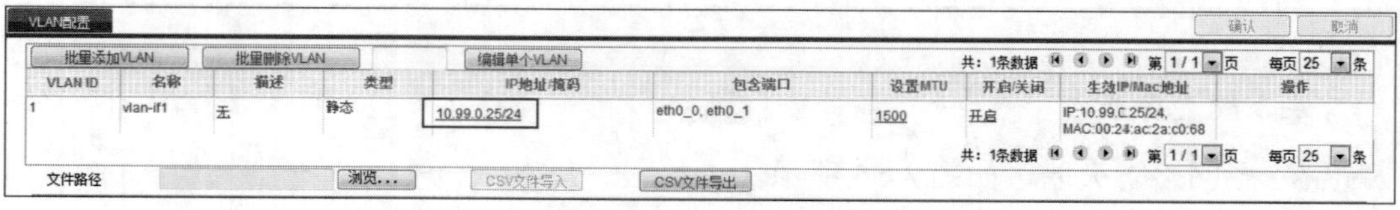

图 3-58 配置 VLAN-IF 地址

（3）配置安全域。访问基本>网络管理>网络对象>安全域，将接口添加到安全域。如图 3-59 所示。

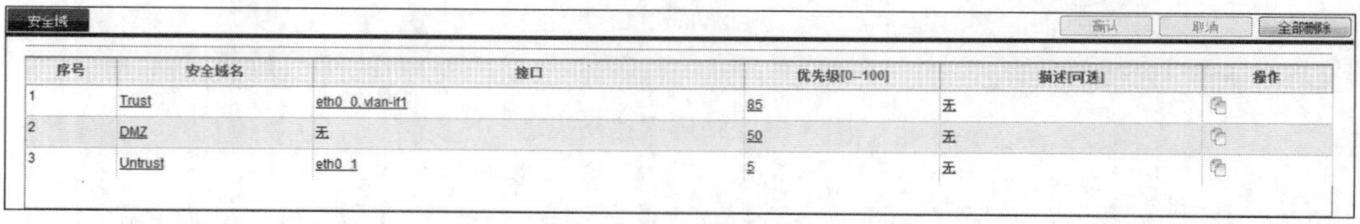

图 3-59 配置安全域

说明：高优先级可访问低优先级，反之不可访问；不同域下的相同优先级，互相不可访问；相同域下的相同优先级，互相可以访问。

（4）添加管理路由。访问基本>网络管理>单播 IPv4 路由>静态路由（配置静态路由），添加管理路由，用于对设备跨网段管理，下一跳指向网关。如图 3-60 所示。

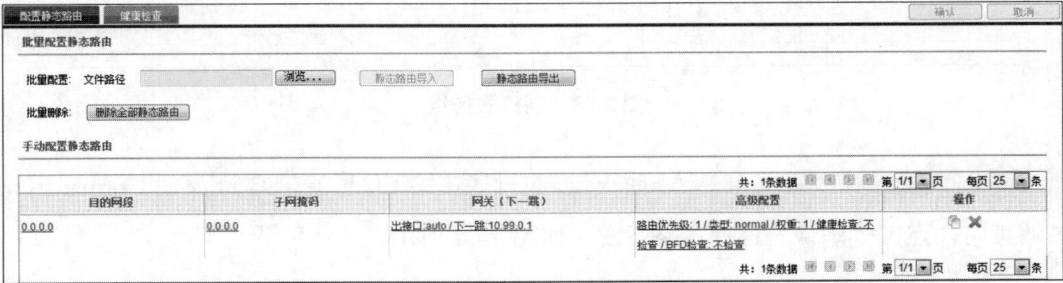

图 3-60 添加管理路由

（5）添加地址对象。访问基本>网络管理>网络对象>IP 地址（地址对象），添加 IP 地址，用于包过滤及其他策略引用。如图 3-61 所示。

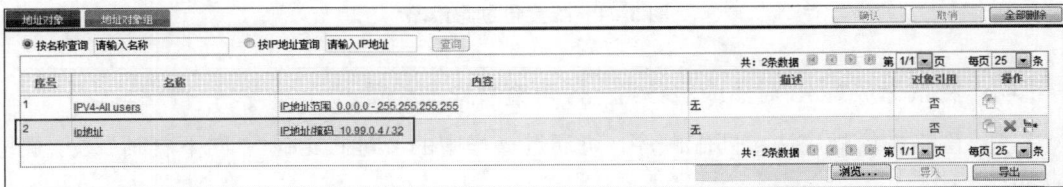

图 3-61 添加地址对象

说明：多个 IP 地址对象，可添加到一个 IP 地址对象组中。

注意：IP 地址子网掩码的划分。

（6）添加服务/服务组。访问基本>网络管理>网络对象>服务（自定义服务对象），添加远程桌面服务"TCP_3389"。如图 3-62 所示。

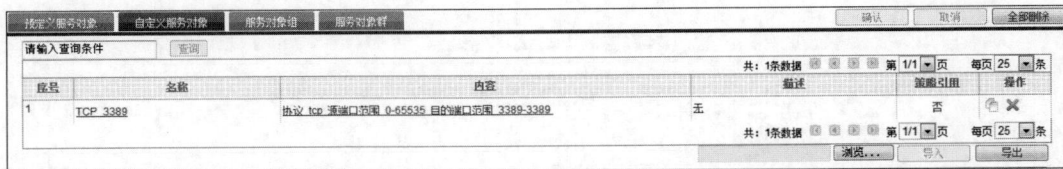

图 3-62 添加服务/服务组

注意：请正确配置服务协议，源、目的端口。

访问基本>网络管理>网络对象>服务（服务对象组），创建服务组，将预定义服务对象的"HTTP"及自定义对象的"TCP_3389"。如图 3-63 所示。

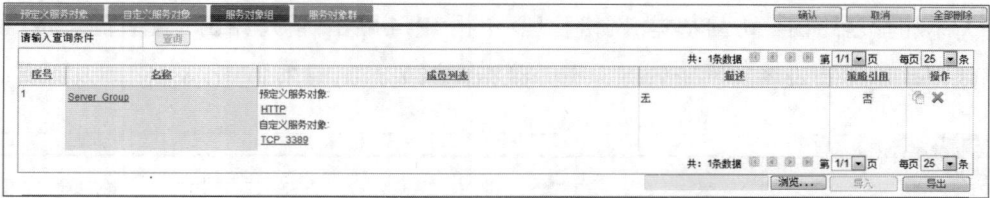

图 3-63　创建服务组

（7）配置包过滤策略。访问基本>防火墙>包过滤策略（包过滤策略），添加 Untrust 到 trust 包过滤策略，点击"确认"进行策略下发。如图 3-64 所示。

图 3-64　配置包过滤策略

说明：将鼠标放置 IP 对象或服务组上，可查看详细配置。

注意：策略先后顺序决定匹配顺序，可通过操作中的"向上复制""向下复制"及"删除"进行控制。

功能验证：Untrust 域 PC 可访问 Trust 域 PC 的 HTTP 及远程桌面服务。

5. 网络管理

（1）诊断工作。访问基本>网络管理>诊断工具（诊断工具），通过 Ping 工具探测网络连通性。如图 3-65 所示。

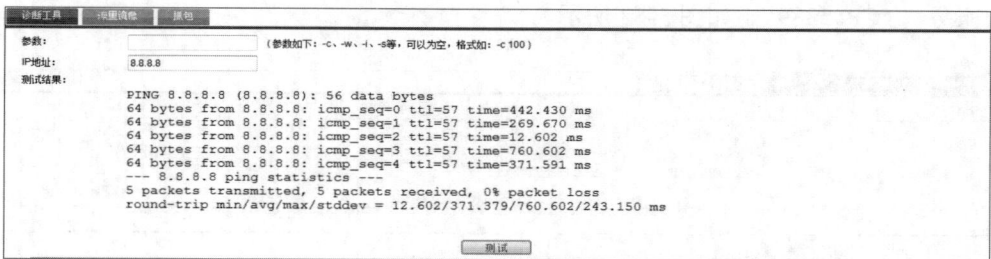

图 3-65　诊断工作

（2）访问基本>网络管理>诊断工具（抓包），通过应用协议、IP 地址类型、源/目的 IP 地址等信息，过滤报文进行抓包，保存在本地；同时可通过指定接口进行报文回放，用于分析及排错工作。如图 3-66 所示。

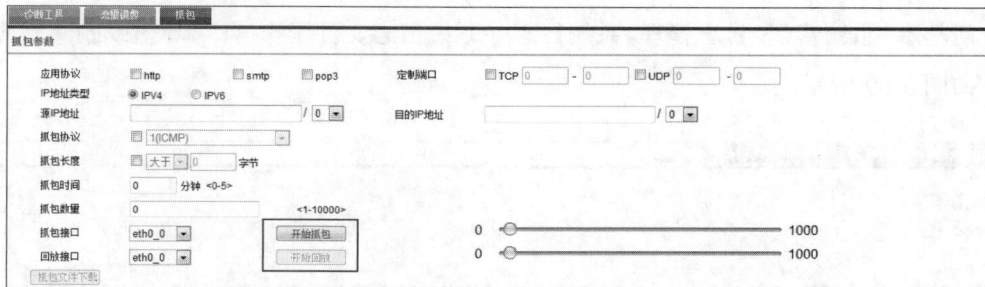

图 3-66　抓包

6. 日志管理

（1）系统日志管理。访问基本>系统管理>日志管理>系统日志（最近的日志），查看最近产生的系统日志。如图 3-67 所示。

图 3-67　系统日志管理

访问基本>系统管理>日志管理>系统日志（系统日志查询），根据相关参数过滤，进行系统日志查询。如图 3-68 所示。

图 3-68　系统日志查询

访问基本>系统管理>日志管理>系统日志（系统日志文件操作），可导出或删除相应系统日志。如图 3-69 所示。

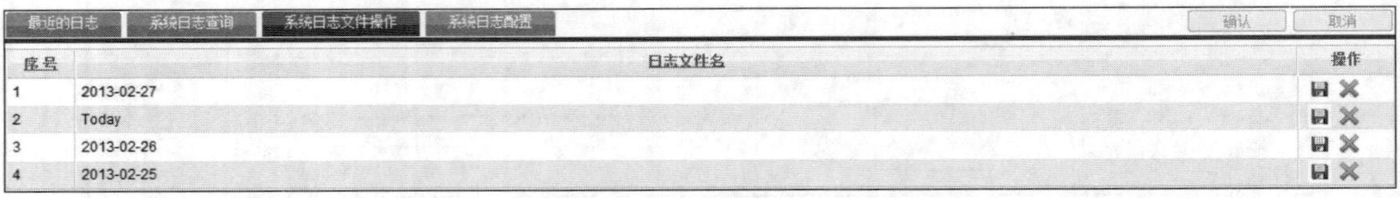

最近的日志 | 系统日志查询 | 系统日志文件操作 | 系统日志配置　　确认　取消

序号	日志文件名	操作
1	2013-02-27	
2	Today	
3	2013-02-26	
4	2013-02-25	

图 3-69　系统日志导出删除

访问基本>系统管理>日志管理>系统日志（系统日志配置），设置系统日志输出参数及保存天数。如图 3-70 所示。

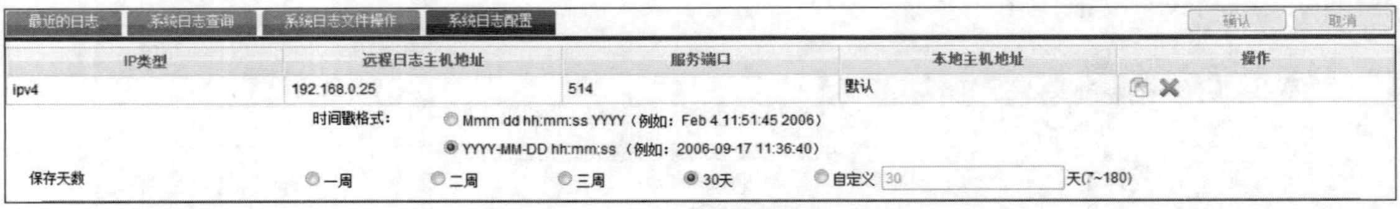

最近的日志 | 系统日志查询 | 系统日志文件操作 | 系统日志配置　　确认　取消

IP类型	远程日志主机地址	服务端口	本地主机地址	操作
ipv4	192.168.0.25	514	默认	

时间戳格式：　○ Mmm dd hh:mm:ss YYYY（例如：Feb 4 11:51:45 2006）
◉ YYYY-MM-DD hh:mm:ss（例如：2006-09-17 11:36:40）

保存天数　○一周　○二周　○三周　◉30天　○自定义 30 天(7~180)

图 3-70　系统日志输出参数及保存天数

（2）操作日志管理。访问基本>系统管理>日志管理>操作日志（最近的日志），查看最近产生的操作日志。如图 3-71 所示。

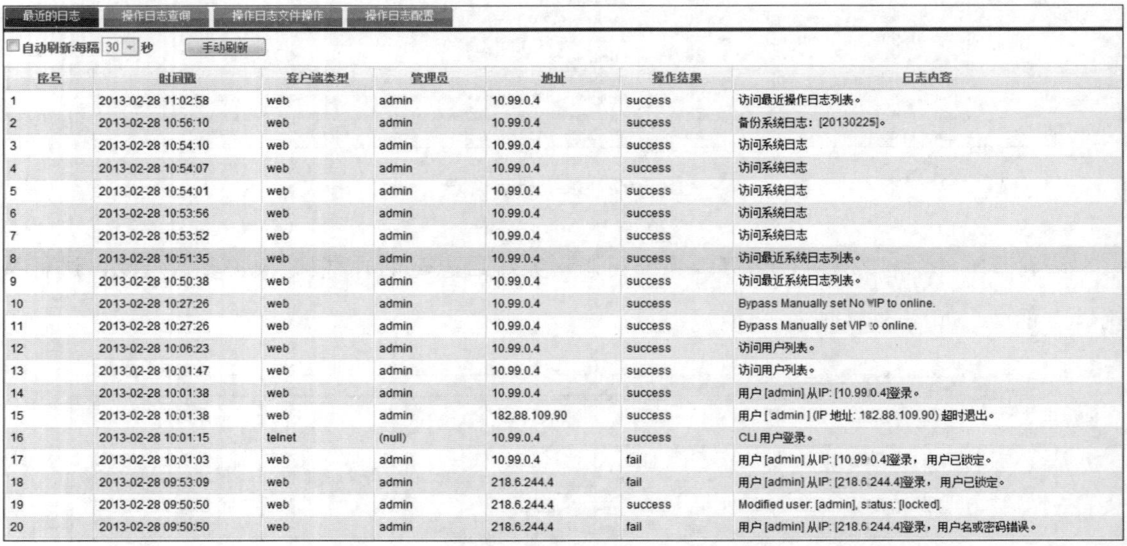

最近的日志 | 操作日志查询 | 操作日志文件操作 | 操作日志配置

自动刷新:每隔 30 秒　手动刷新

序号	时间戳	客户端类型	管理员	地址	操作结果	日志内容
1	2013-02-28 11:02:58	web	admin	10.99.0.4	success	访问最近操作日志列表。
2	2013-02-28 10:56:10	web	admin	10.99.0.4	success	备份系统日志：[20130225]。
3	2013-02-28 10:54:10	web	admin	10.99.0.4	success	访问系统日志
4	2013-02-28 10:54:07	web	admin	10.99.0.4	success	访问系统日志
5	2013-02-28 10:54:01	web	admin	10.99.0.4	success	访问系统日志
6	2013-02-28 10:53:56	web	admin	10.99.0.4	success	访问系统日志
7	2013-02-28 10:53:52	web	admin	10.99.0.4	success	访问系统日志
8	2013-02-28 10:51:35	web	admin	10.99.0.4	success	访问最近系统日志列表。
9	2013-02-28 10:50:38	web	admin	10.99.0.4	success	访问最近系统日志列表。
10	2013-02-28 10:27:26	web	admin	10.99.0.4	success	Bypass Manually set No VIP to online.
11	2013-02-28 10:27:26	web	admin	10.99.0.4	success	Bypass Manually set VIP to online.
12	2013-02-28 10:06:23	web	admin	10.99.0.4	success	访问用户列表。
13	2013-02-28 10:01:47	web	admin	10.99.0.4	success	访问用户列表。
14	2013-02-28 10:01:38	web	admin	10.99.0.4	success	用户 [admin] 从IP: [10.99.0.4]登录。
15	2013-02-28 10:01:38	web	admin	182.88.109.90	success	用户 [admin] (IP 地址: 182.88.109.90) 超时退出。
16	2013-02-28 10:01:15	telnet	(null)	10.99.0.4	success	CLI 用户登录。
17	2013-02-28 10:01:03	web	admin	10.99.0.4	fail	用户 [admin] 从IP: [10.99.0.4]登录，用户已锁定。
18	2013-02-28 09:53:09	web	admin	218.6.244.4	fail	用户 [admin] 从IP: [218.6.244.4]登录，用户已锁定。
19	2013-02-28 09:50:50	web	admin	218.6.244.4	success	Modified user: [admin], status: [locked].
20	2013-02-28 09:50:50	web	admin	218.6.244.4	fail	用户 [admin] 从IP: [218.6.244.4]登录，用户名或密码错误。

图 3-71　操作日志管理

访问基本>系统管理>日志管理>操作日志（操作日志查询），根据相关参数过滤，进行操作日志查询。如图 3-72 所示。

序号	时间范围	客户端类型	管理员	地址	操作结果	日志内容
1	2013-02-28 11:03:53	web	admin	10.99.0.4	success	访问操作日志
2	2013-02-28 11:03:53	web	admin	10.99.0.4	success	访问用户列表。
3	2013-02-28 11:03:48	web	admin	10.99.0.4	success	访问用户列表。
4	2013-02-28 11:02:58	web	admin	10.99.0.4	success	访问最近日志列表。
5	2013-02-28 10:56:10	web	admin	10.99.0.4	success	备份系统日志：[20130225]。
6	2013-02-28 10:54:10	web	admin	10.99.0.4	success	访问系统日志
7	2013-02-28 10:54:07	web	admin	10.99.0.4	success	访问系统日志
8	2013-02-28 10:54:01	web	admin	10.99.0.4	success	访问系统日志
9	2013-02-28 10:53:56	web	admin	10.99.0.4	success	访问系统日志
10	2013-02-28 10:53:52	web	admin	10.99.0.4	success	访问系统日志
11	2013-02-28 10:51:35	web	admin	10.99.0.4	success	访问最近系统日志列表。
12	2013-02-28 10:50:38	web	admin	10.99.0.4	success	访问最近系统日志列表。
13	2013-02-28 10:27:26	web	admin	10.99.0.4	success	Bypass Manually set No VIP to online.
14	2013-02-28 10:27:26	web	admin	10.99.0.4	success	Bypass Manually set VIP to online.
15	2013-02-28 10:06:23	web	admin	10.99.0.4	success	访问用户列表。
16	2013-02-28 10:01:47	web	admin	10.99.0.4	success	访问用户列表。
17	2013-02-28 10:01:38	web	admin	10.99.0.4	success	用户 [admin] 从IP: [10.99.0.4]登录。

图 3-72　操作日志查询

访问基本>系统管理>日志管理>操作日志（操作日志文件操作），可导出或删除相应操作日志。如图 3-73 所示。

序号	日志文件名	操作
1	Today	
2	2013-02-27	
3	2013-02-26	
4	2013-02-25	

图 3-73　导出或删除操作日志

访问基本>系统管理>日志管理>操作日志（操作日志配置），设置操作日志输出参数及保存天数。如图 3-74 所示。

图 3-74　操作日志输出参数及保存天数

（3）业务日志管理。访问基本>系统管理>日志管理>业务日志（业务日志配置），设置业务日志保存天数、SYSLOG 日志输出等参数。如图 3-75 所示。

图 3-75 设置业务日志参数

任务五 电力监控系统网络安全管理平台

【任务目标】

1．了解电力监控系统网络安全管理平台。

2．熟悉电力监控系统网络安全管理平台的设备接入配置。

3．掌握电力监控系统网络安全管理平台的日常监视。

4．掌握电力监控系统网络安全管理平台的告警处理。

【任务描述】

本任务主要完成电力监控系统网络安全管理平台的基本配置，包括纵向加密设备、防火墙、隔离装置等设备接入、日常监视、告警处理等工作。

本工作任务以科东电力监控系统网络安全管理平台为例进行配置工作讲解。

【知识准备】

电力监控系统网络安全管理平台全面监测、分析和审计设备接入、网络访问、用户登录、人员操作等各种事件，及时发现和治理电力监控系统的网络安全风险，快速处置恶意攻击、病毒感染等网络安全事件，实现"外部侵入有效阻断、外力干扰有效隔离、内部介入有效遏制、安全风险有效管控"的电力监控系统安全防护目标，保障电力监控系统和电网安全稳定运行。

电力监控系统网络安全管理平台系统建设遵循"独立采集、分布处理、多级协同、统一管控"的四项原则。

（1）独立采集：以终端采集为单元，实现调度系统、配电自动化系统、负荷控制系统、变电站、发电厂等进行安全事件独立采集，满足安全事件的采集要求。如图 3-76 和图 3-77 所示。

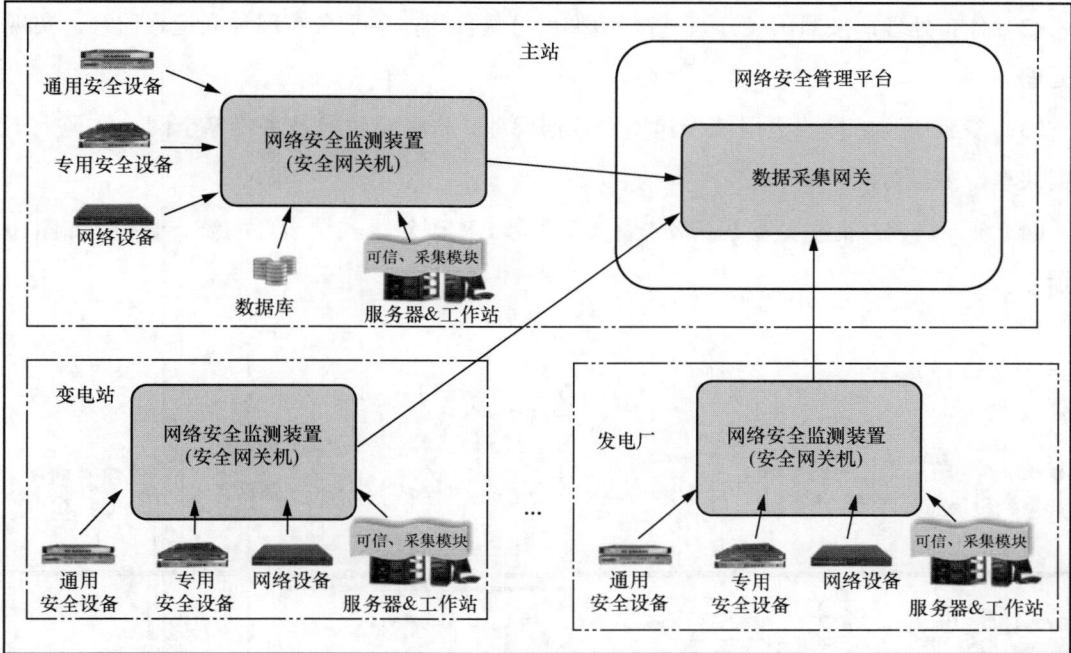

图 3-76 电力监控系统网络安全管理平台 1

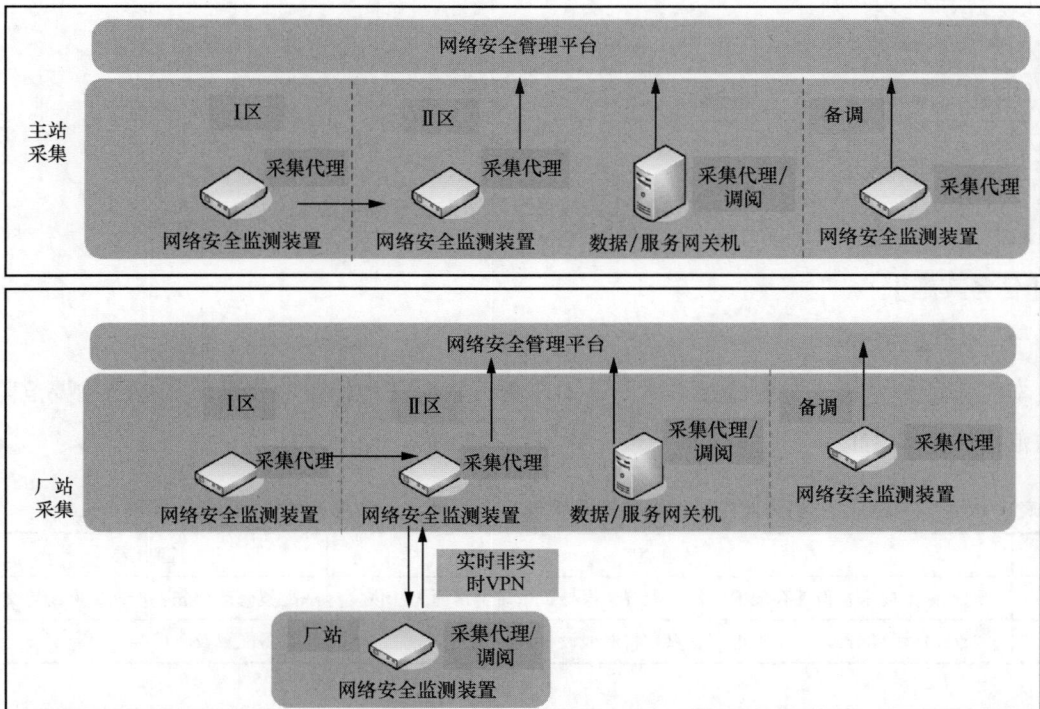

图 3-77 电力监控系统网络安全管理平台 2

（2）分布处理：按照国（分）、省、地调度分级部署，各平台实现独立运行监视，实现分布处理。

（3）多级协同：按照采用统一建模、数据代理、资源定位等技术贯穿全网，实现上下级数据共享，多级协同。

（4）统一管控：能够实现上下级告警实时同步，实现对于安全事件的统一管控。如图3-78所示。

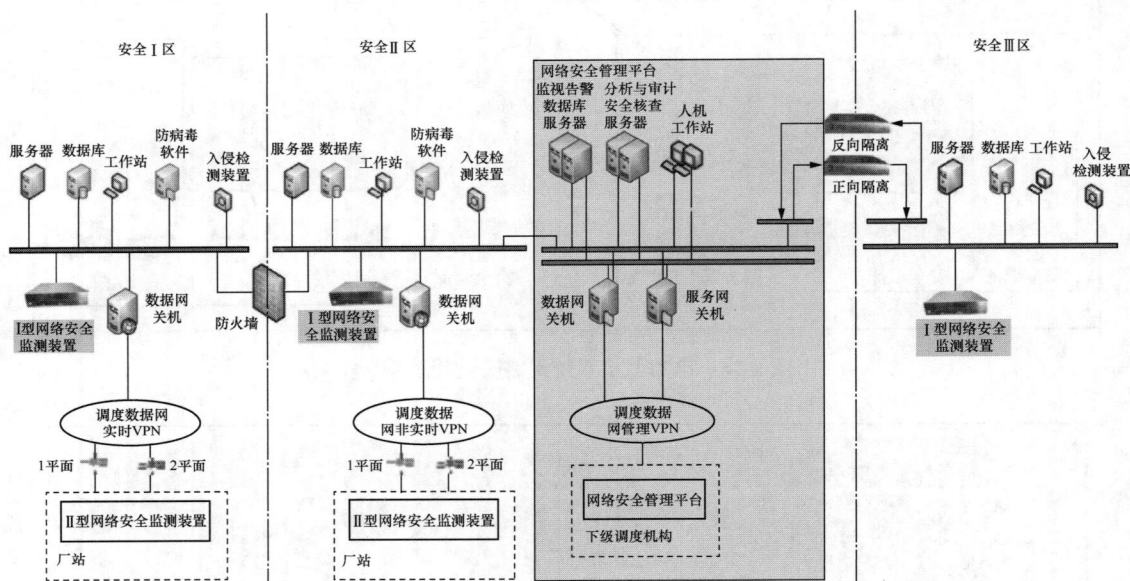

图 3-78　电力监控系统网络安全管理平台 3

【任务实施】

一、危险点分析

本工作任务为科东电力监控系统网络安全管理平台基本配置，该工作任务的主要危险点及防范措施见表3-17。

表 3-17　　　　　　　　电力监控系统网络安全管理平台配置作业危险点分析表

序号	危险点	控制措施
1	配置修改前未备份保存配置文件，配置错误导致系统异常而无法恢复	配置修改前先备份保存原配置文件
2	未及时保存配置，设备断电或者重启将造成设备数据丢失	设备配置及时保存

二、标准化作业卡编制

标准化作业卡是使得电力监控系统网络安全管理平台配置工作内容更加清晰明确，确保不漏配置的重要措施，本工作任务根据《电力系统专用纵向加密认证装置技术规范》编制电力监控系统网络安全管理平台标准作业卡，见表 3-18。

表 3-18　　　　　　　　　电力监控系统网络安全管理平台配置标准作业卡

序号	配置项目	内容及要求	执行完成打 √	备注
1	模型管理	区域管理添加		
2		厂家管理添加		
3		设备管理添加		
4	安全监视	装置管理隧道添加		
5		设备监视查看		
6		告警监视查看		

三、配置作业工具准备

配置工具的准备应根据系统配置作业现场实际情况合理配置所需的工器具，电力监控系统网络安全管理平台配置作业工具准备见表 3-19。

表 3-19　　　　　　　　　　　配置作业工具准备表

是否准备 √	序号	名称	单位	数量	备注
	1	—			在平台工作站配置即可

注　"—"指无需准备工具，但作业资料需提供工具准备表。

四、基本配置作业

1. 模型管理

模型管理模块包括设备、区域和厂商三种模型。该模块从设备、区域和厂商三种维度展示和管理平台所有的模型。

（1）区域管理，如图 3-79 所示。

进入区域管理页面的步骤：点击模型管理，然后点击左边树状导航区域管理即可。

区域添加操作步骤：首先选中左边区域树某一个节点为父节点，然后点击添加按钮，会弹出新增区域弹窗，如图 3-80 所示。

然后输入区域名称、区域简称、选择节点级别、节点种类、所属行政区域、电压等级字段，其中节点级别分为本级节点和下级节点，节点种类分为分组节点与终端节点，然后点击提交按钮即可。

编辑区域操作步骤：选中表格里要编辑的区域，点击编辑按钮，然后修改对应信息，点击提交按钮即可。

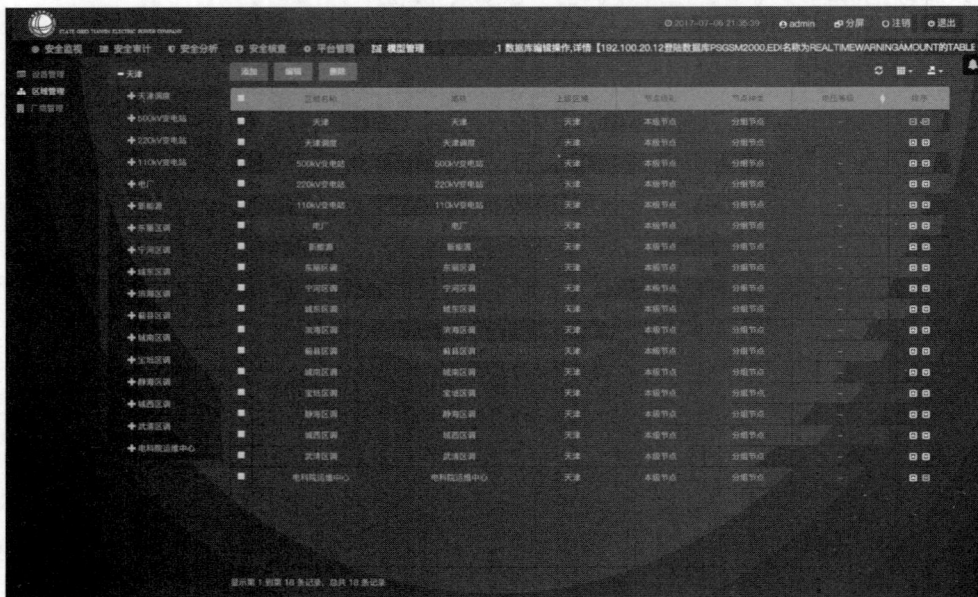

图 3-79　区域管理

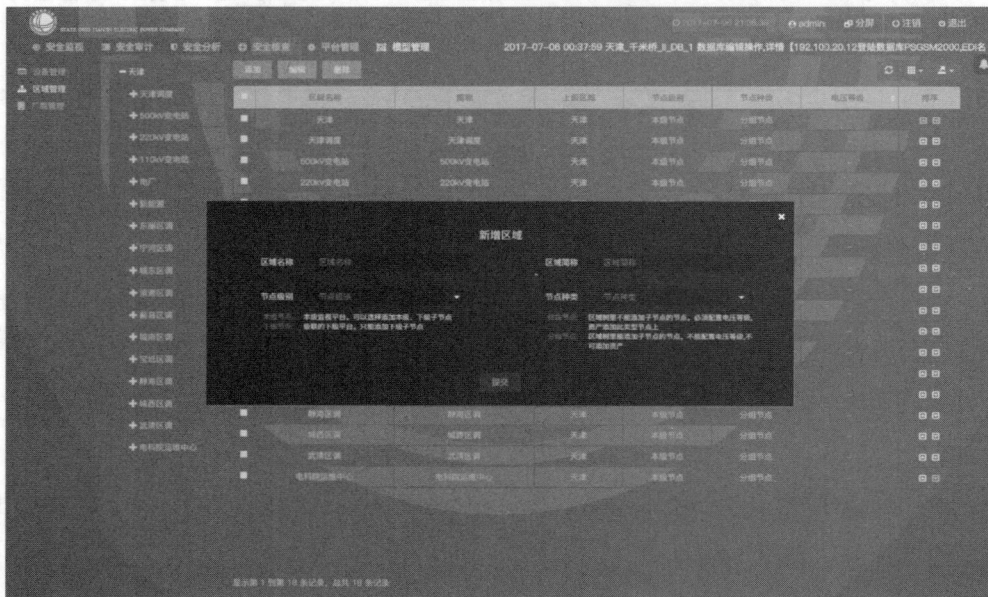

图 3-80　新增区域

（2）厂商管理。厂商管理提供给用户可以针对某一具体类型的设备来配置一个或多个生产厂商，还可以配置某一厂商具体的设备型号、程序版本和动态连接库名称，从而实现了设备与厂商的关联。如图 3-81 所示。

图 3-81 厂商管理

添加厂商操作步骤：首先选中左边资产类型树里某一具体的资产类型，然后点击添加按钮，会出现新增厂商弹窗，如图 3-82 所示。

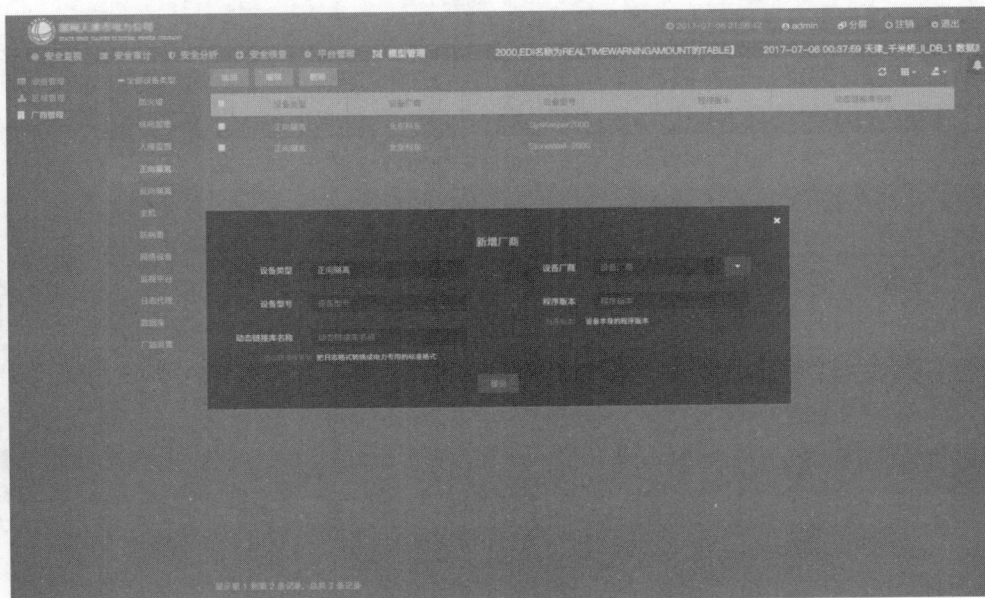

图 3-82 新增厂商

　　然后填写信息，点击提交即可。编辑厂商操作步骤：选中表格里需要编辑的对应设备类型和厂商的一条记录，然后点击编辑按钮，修改厂商信息，点击提交按钮即可。

　　（3）设备管理。设备管理如图3-83所示。可展示平台的设备分布情况、部署情况、在线情况以及设备的详细信息。

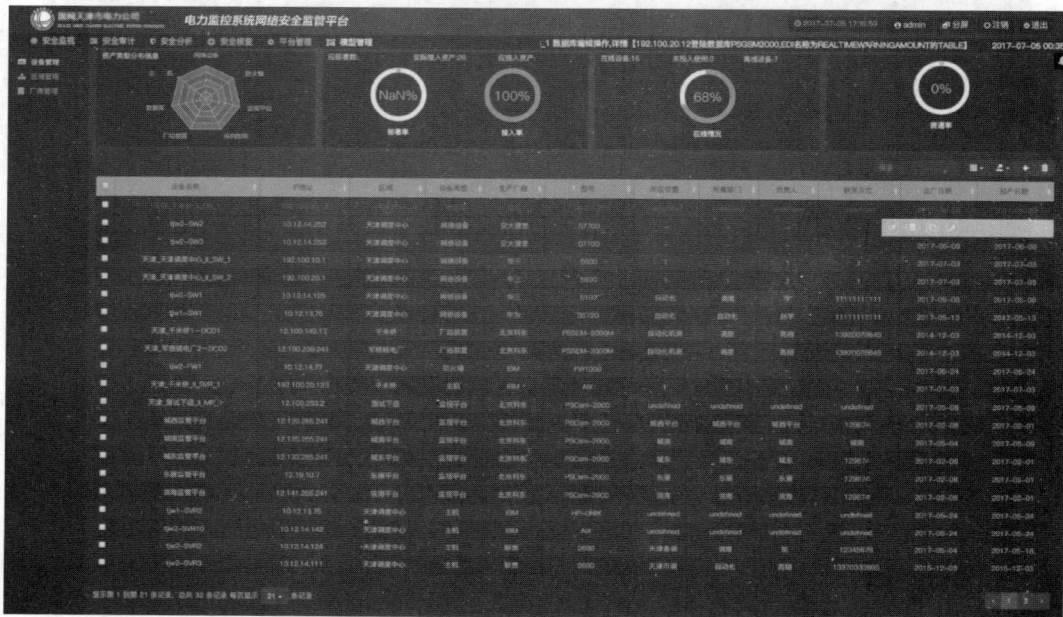

图 3-83　设备管理

　　如需要添加一个资产，可点击表格右上方的设备添加按钮，会弹出一个添加设备的窗口如图3-84所示，填入设备信息，点击提交按钮，显示设备添加成功即可完成该设备的添加。

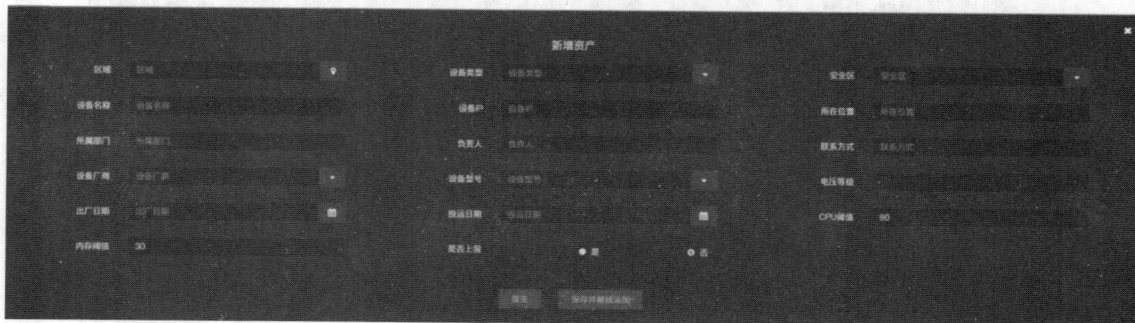

图 3-84　新增资产

　　点击表格中单个设备，会弹出针对这个设备的编辑菜单，可对这个设备进行编辑、删除、复制以及挂牌操作。

在点击编辑设备按钮后,会弹出编辑设备窗口如图 3-85 所示。修改完成后点击提交按钮,提示设备编辑成功,即完成设备编辑操作。

图 3-85 编辑资产

如点击设备复制按钮,则会弹出设备复制窗口如图 3-86 所示,想要复制的设备信息已经全部填入表单中,需要根据提示修改新增的设备 IP,点击提交按钮,显示设备添加成功即可。如果想要继续添加,可点击保存并继续添加按钮,提示添加成功后,修改 IP 即可再次进行添加操作。

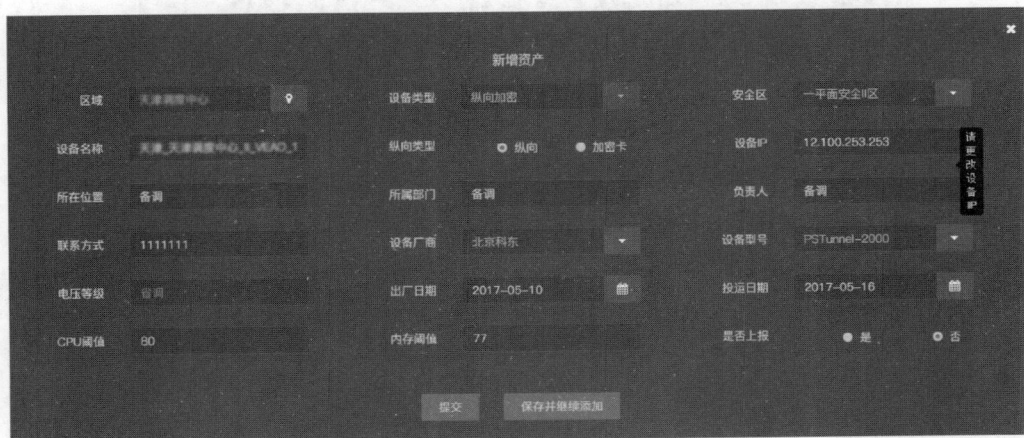

图 3-86 复制添加资产

2. 安全监视

(1)安全拓扑。系统提供给用户交互的主要窗口,窗口中显示用户添加的各装置节点的实时运行状态。如图 3-87 所示。

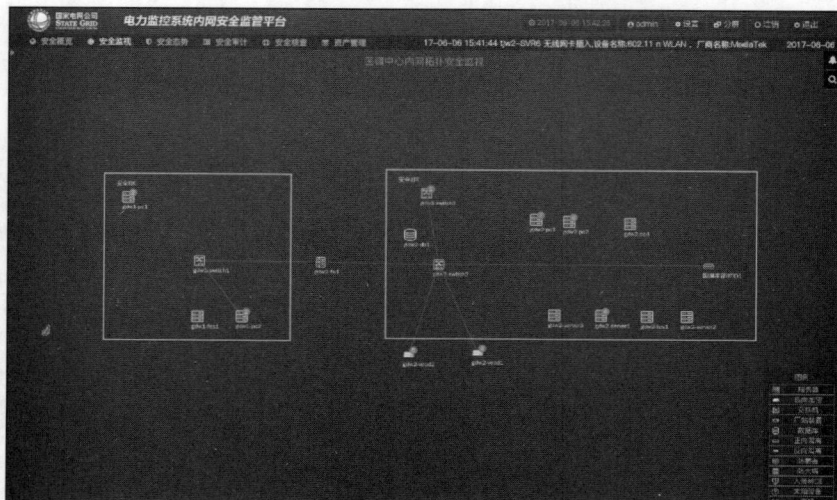

图 3-87 安全拓扑

（2）装置管理。在纵向加密资产上点击鼠标右键弹出的"设备菜单"，会出现管控选项，鼠标悬浮在管控选项上时会出现管控二级菜单，当用户将鼠标悬停在"二级菜单"中的装置管理选项时，会展开该节点的三级菜单，此时三级菜单会展示日志管理、证书替换、路由管理、VLAN 管理、告警配置管理、基本配置管理、管理中心配置七个选项，如图 3-88 所示。

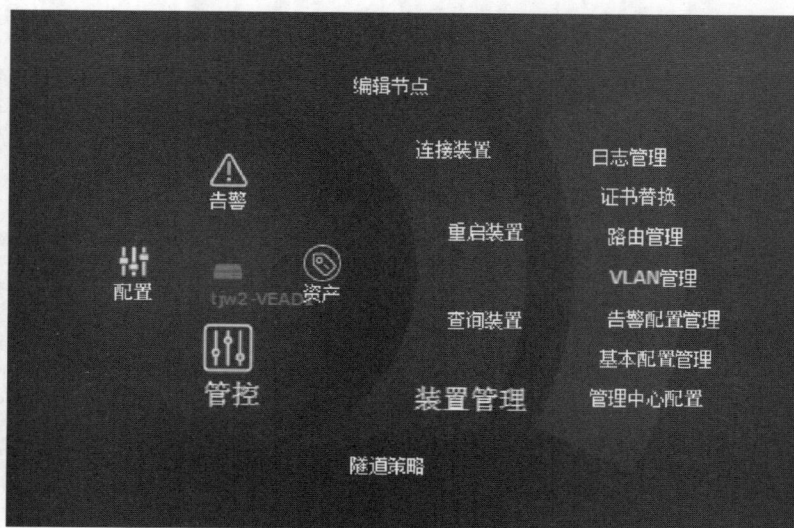

图 3-88 装置管理

隧道策略。装置隧道和策略管理用于显示装置隧道及策略信息，并且提供了对隧道、策略的增、删、改、查等操作，如图 3-89 所示。

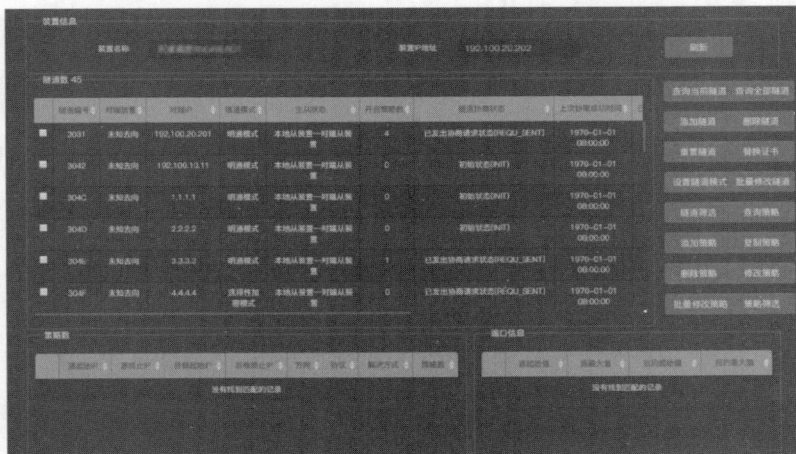

图 3-89　隧道策略

查询全部隧道，点击"全部隧道"按钮时，系统会向纵向装置发送查询请求，得到设备回应后重新刷新显示界面。

查询当前隧道，点击"查询当前隧道"按钮时，系统会使用选定隧道信息向纵向装置发出查询请求，得到设备回应后重新刷新显示界面。

添加隧道，点击"添加隧道"按钮时，系统会弹出添加隧道界面，用户需要添加对端装置 IP，及选择隧道工作模式，装置互备 IP，及对端装置证书为选填项。证书可以通过"节点菜单"中的"替换隧道证书"功能导入。如图 3-90 所示。

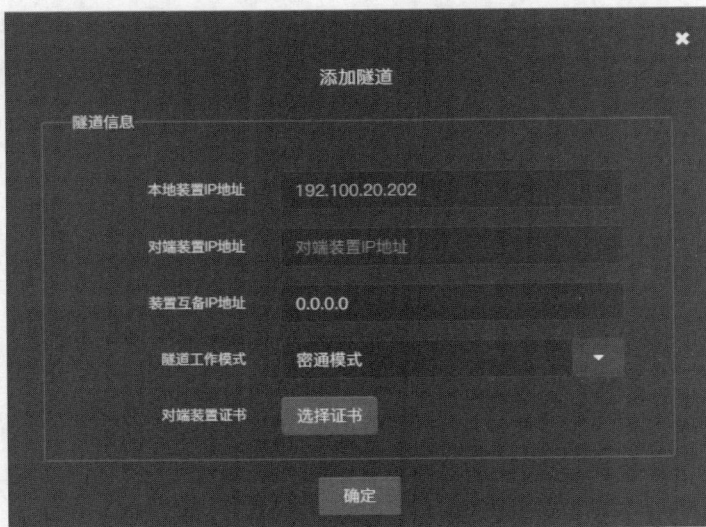

图 3-90　添加隧道

设置隧道模式，点击"设置隧道模式"按钮后，系统弹出设置隧道模式界面。用户可以通过单选按钮选择相应的工作模式，点击"确定"按钮后，系统向纵向装置发送更改隧道工作模式请求。如图 3-91 所示。

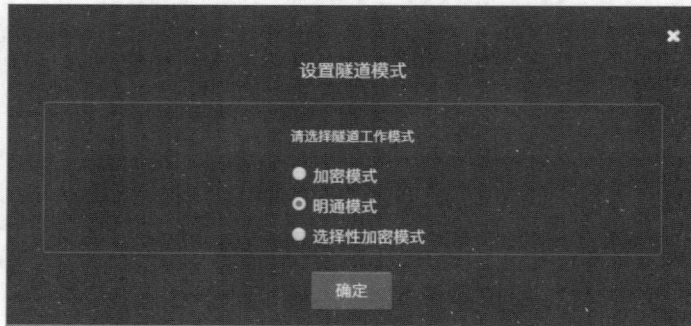

图 3-91 设置隧道模式

添加、复制、修改策略，点击"添加策略""复制策略""修改策略"时，会弹出如图 3-92 界面。

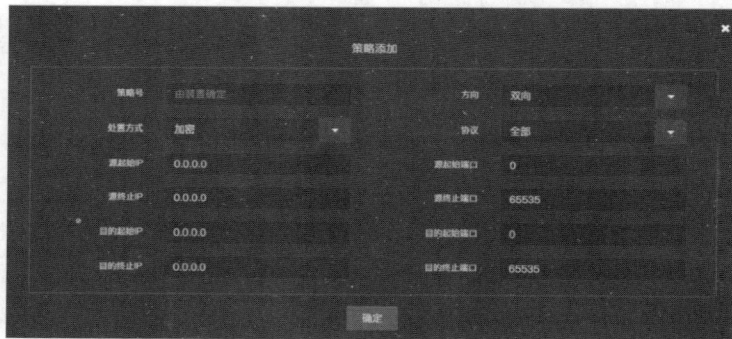

图 3-92 策略添加

用户在界面中填写或修改策略信息后，点击"确定"按钮，系统会发送添加策略命令并将填入的策略信息下发给纵向装置。系统等待装置返回结果，成功时提示成功信息，失败时给出相应的错误信息。

删除策略，选定一条策略后，点击"删除策略"按钮，系统会向相应纵向设备发送删除该条策略的命令。命令执行成功时给出成功提示，执行失败是给出相应的错误信息。

（3）设备监视。设备监视功能包括对主机设备、网络设备、数据库和安全设备的监视，可同时监视以上设备的各个性能指标以及 CPU、内存的使用率，并可对主机设备的外接设备接入数进行监视，还可同时监视所有设备的告警情况。如图 3-93 所示。

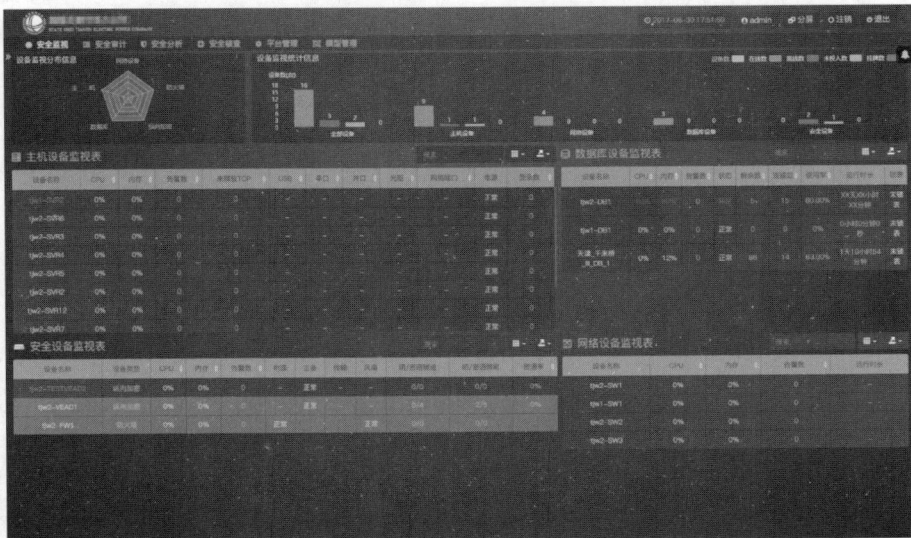

图 3-93　设备监视

　　设备监视分布信息，通过左上角的雷达统计图可查看各个监视资产的数量信息，鼠标悬停可查看统计信息，主要功能设计是为了更直观地查看设备监视分布信息。如图 3-94 所示。

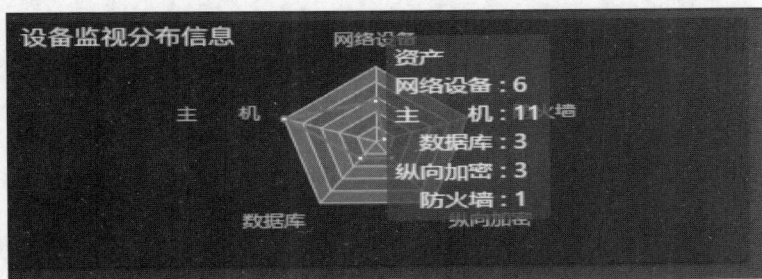

图 3-94　设备监视分布信息

　　通过右上角的柱图可查看各个资产的投入统计信息，鼠标悬停可查看统计信息，主要功能设计是为了直观地查看各资产的统计信息，根据设备类型查看资产的投入情况，如图 3-95 所示。

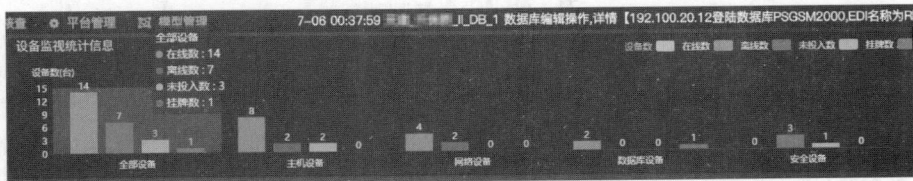

图 3-95　设备监视统计信息

　　设备状态说明：从四个表格中每行通过颜色的不同来区分该设备是在线、离线、未投入以及挂牌的状态。当设备处于在线情况时，即设备投入使用中且处于在线的状态，如图 3-96 所示。

tjw2-SVR4	0%	0%	0	0	-	-	-	-	正常	0
tjw2-SVR10	0%	0%	0	0	-	-	-	-	正常	0

图 3-96　设备在线状态

当设备处于离线情况时，即设备投入使用中但处于离线的状态，如图 3-97 所示。

tjw2-FW1	防火墙	0%	0%	0	正常	-	-	正常	0/0	0/0	-
天津_天津调度中心_I_VEAD_1	纵向加密	0%	0%	0	-	正常	-	-	12/33	1/2	0%
tjw2-VEAD1	纵向加密	0%	0%	0	-	正常	-	-	0/4	2/5	0%

图 3-97　设备离线状态

当设备处于未投入情况时，即设备未投入使用，可能是人为添加的资产，但一直未投入使用，如图 3-98 所示。

tjw1-SVR2	0%	0%	0	0	-	-	-	-	正常	0
tjw2-SVR6	0%	0%	0	0	-	-	-	-	正常	0

图 3-98　设备未投入状态

当设备处于挂牌情况时，即可能因某些故障而导致需要修复的设备，暂时先将设备设置为挂牌状态，目的为了不影响平台的告警及其他统计信息，也可能是进行测试中的设备，也可设置为挂牌状态，如图 3-99 所示。

天津_干米桥_II_DB_1	0%	12%	14	正常	87	13	63.00%	7天18小时42分钟	未锁表

图 3-99　设备挂牌状态

（4）告警监视。告警监视模块主要是当天实时监视发生的告警，并且对告警进行确认和解决的操作。同时也能够对发生的告警进行查询。其主要目的是为了用户能够简捷快速的处理发生的告警。

告警查询中，默认的告警级别是紧急、重要、普通，默认的告警状态是未确认、已确认和已解决。可以根据自己所需，选择告警级别、告警状态、开始时间、结束时间、告警次数，全文搜索。然后点击查询按钮，查看结果。点击重置回到默认状态，如图 3-100 所示。

图 3-100　告警查询

点击列表中某一告警设备，会弹出关于设备的详情信息弹窗，如图 3-101 所示。

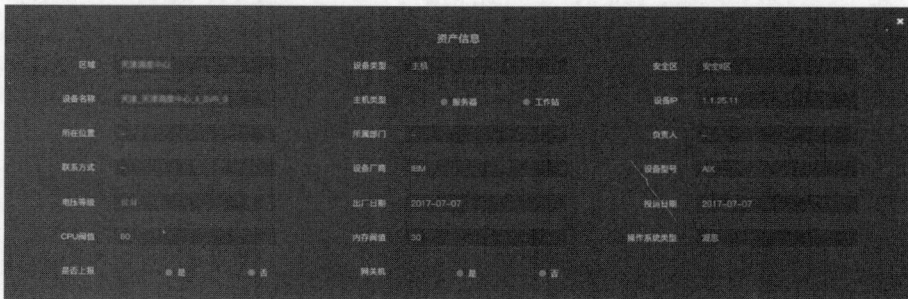

图 3-101　告警信息

点击确认按钮，该告警的告警状态由未确认变为已确认，点击解决按钮，会弹出告警解决窗，如图 3-102 所示。

在左边选中告警，点击批量确认，可对单条告警或者多条告警同时确认。点击批量解决，也可对单条告警或者多条告警同时解决，解决内容默认为无。而在被解决告警后面选择修改，会弹出告警解决弹窗，则会对已经解决的告警修改其解决方案。

还可以点击左上角，根据资产树进行查询，如图 3-103 所示。

告警内容栏中显示告警内容时，如果出现"查看详情"四个字时，点击"查看详情"，弹出窗口，显示一级告警内容，在下面表格中点击左侧的展开按钮，就会展开二级、三级告警，默认显示最新一条告警。如图 3-104 所示。

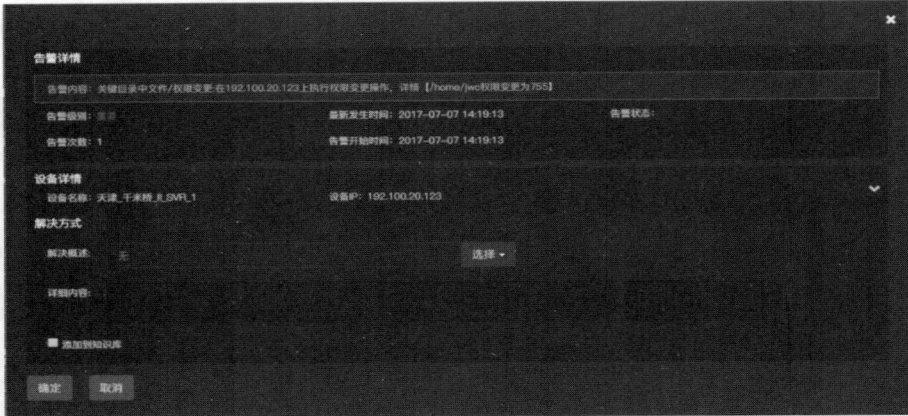

图 3-102　告警解决

图 3-103　根据资产树进行的告警查询

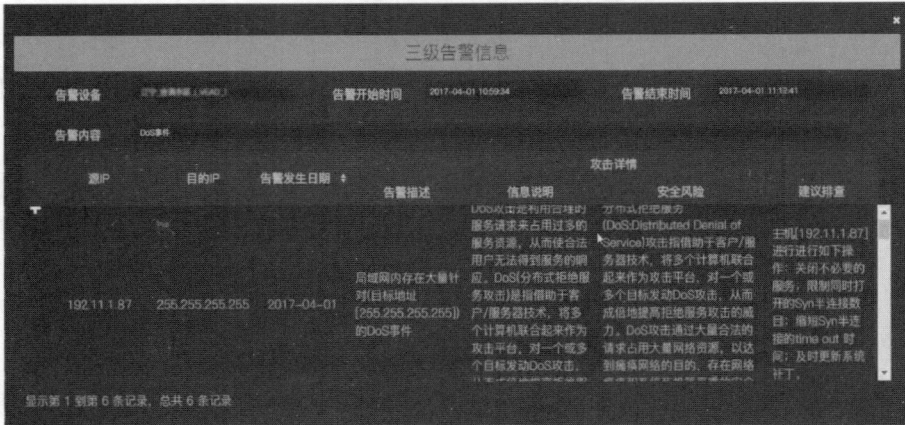

图 3-104　三级告警详情

模块四　主网自动化主站运维技术

任务一　告警维护操作

【任务目标】

1. 熟悉告警定义和告警动作及其分类。
2. 掌握告警定义服务启动与维护。
3. 掌握实时告警窗启动与维护。
4. 掌握告警查询启动与操作。

【任务描述】

任务主要完成告警服务定义相关维护操作，包括定义告警动作、告警行为、告警方式以及告警类型，并进行实时告警监视和告警记录查询。

【知识准备】

告警主要包括电力系统的实时信息和系统本身的重要运行信息，类型主要有事故、遥信变位、遥测越限、厂站工况、保护动作、网络工况、系统资源等。还包括指用户操作的信息，主要包括用户登录和退出、责任区修改、模型操作、告警抑制和确认等操作的信息。

告警定义是定义告警动作、告警行为、告警方式以及告警类型的一个界面工具。一般情况下告警类型是定义好的，用户不能修改，但是用户可以选择告警方式。

告警服务进程是常驻内存的一个后台程序，当它接收到各个应用发送的告警报文之后，就根据接收到的告警类型得到相应的告警行为，然后在告警行为定义中寻找这个行为包含的告警动作，最后发消息给每台机器上的实时告警窗。实时告警窗收到消息后完成相应的告警动作（上告警窗、语音、推画面等）。

【任务实施】

一、告警服务定义

（一）启动与退出

告警服务定义的启动的方法有两种：

方法一：从 D5000 系统的控制台上选择，用鼠标左键单击"告警定义"图标，如图 4-1 所示。

图 4-1 告警定义

启动后的界面如图 4-2 所示。

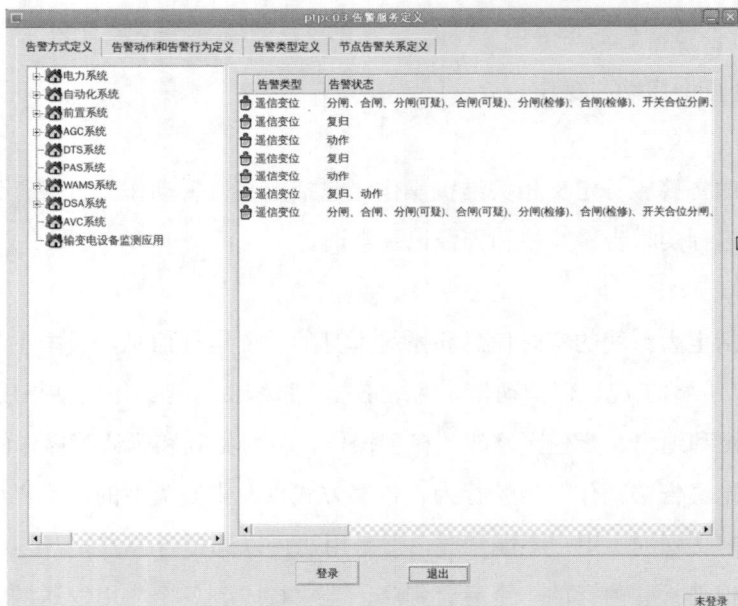

图 4-2 告警服务定义界面

方法二：在终端命令行直接运行 alarm_define。

告警服务定义界面的退出方法：点击图形"×"关闭选项。

（二）告警动作和告警行为定义

告警动作是告警服务中最基本的要素，是指一些具体引起调度员和运行人员注意的告警表现，例如语音报警、推画面报警、打印报警、中文短消息报警、需人工确认报警、上告警窗、登录告警库等。如图 4-3 所示。

图 4-3 告警动作和告警行为定义

告警行为是一组告警动作的集合。当一个告警来到时，机器要发生一系列的告警动作（即告警行为）来提示用户。

鼠标左键单击"告警动作和告警行为定义"，左下方显示区显示告警动作分类和告警行为分类。如果选中某一个具体的动作，右下方显示区就弹出这个动作的属性，包括动作 ID、动作名称、动作定义、动作描述等。如果选中某一个具体的行为，右下方显示区就弹出这个行为所包括的动作以及所有可选告警，在这个区域用户可以选择增加或者删除动作。以"上重要告警窗"这个行为为例，目前这个行为包括两个动作：上告警窗和需人工确认。上面两个箭头是单选功能：在所有可选告警动作里面选中某一个告警动作，按下左箭头就将这个动作添加到这个行为中；在告警行为定义里面选中某一个告警，按下右箭头就将这个动作从这个行为中删除。下面的两个箭头是全选功能，用法与单选功能相同，只不过所操作的对象为所有的动作。

（三）告警方式定义

告警方式简单地讲就是一个告警类型与告警行为之间的一个对应关系。一个告警类型中的一个或者多个告警状态对应一个具体的告警行为，称为告警方式。在本系统中有这样一张默认告警方式定义表，系统对常用的告警类型有一批预定义，定义了这些告警类型的默认告警行为及其行为的一些参数，如果用户对这些告警类型的某些告警状态的告警行为有一些特殊要求，可以通过自定义告警方式定义其告警行为及其行为的一些参数。如图 4-4 所示。

图 4-4　告警方式定义

（四）告警类型定义

告警类型是告警服务中基本的应用对象，例如事故、遥信变位、遥测越限、厂站工况、网络工况、系统资源、人工操作、用户操作登录等。每一个告警类型由 n 个告警状态组成，例如遥信变位有遥信变位合、遥信变位分等多个告警状态。告警类型一般用户不可以自定义。如图 4-5 所示。

（五）节点告警关系定义

利用"节点告警关系定义"工具可以对系统中所有的节点（包括服务器和客户机）进行告警服务特殊定义（主要是告警动作限制），如果对一个节点作了"节点告警关系定义"，原来的整个系统的告警定义无效。如图 4-6 所示。

图 4-5 告警类型定义

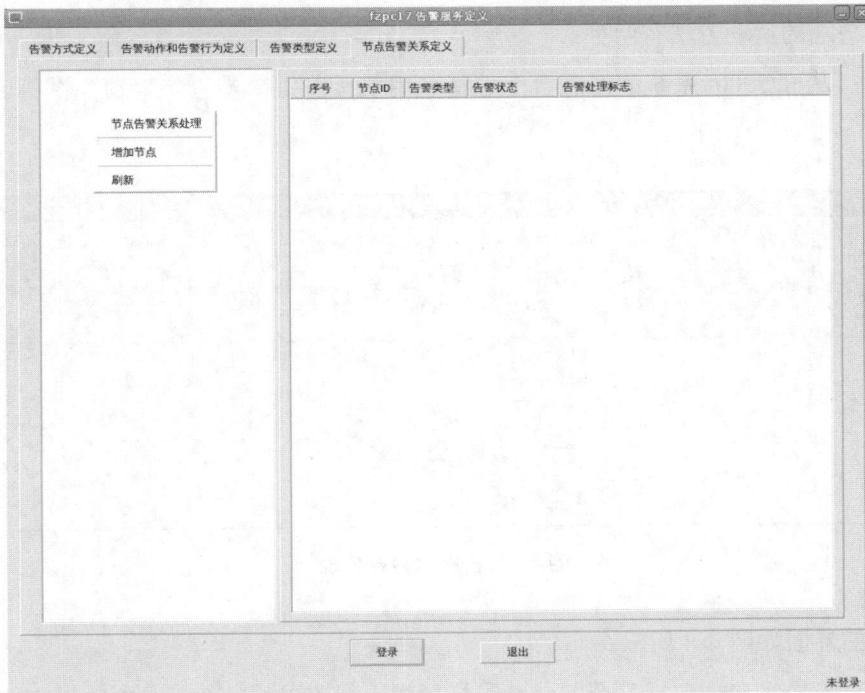

图 4-6 节点告警关系定义

鼠标右键单击节点左下方节点，就会弹出一个节点告警关系处理的对话框。

1. 节点所有告警类型告警定义

这个功能是对某个节点的所有告警类型进行特殊定义，如果已经存在节点告警关系定义，就会弹出一个警告窗口"本节点已经存在节点告警关系定义，必须删除已存在的节点告警关系定义"。

2. 新节点告警关系

增加一个新的告警关系，即增加一个新的告警类型的动作限制。

3. 拷贝到新节点

将此节点的节点告警关系定义拷贝到系统中另外一个节点。

4. 删除节点所有定义

删除本节点已经定义的节点告警关系。

5. 增加节点

增加一个节点告警关系定义的节点，按下此按钮，就会弹出系统中的节点列表，用户可以选择。

二、实时告警监视

（一）启动与退出

告警客户端的启动方法有两种：

方法一：从 D5000 系统的控制台上选择，用鼠标左键单击"告警窗"图标，如图 4-7 所示。

图 4-7 告警客户端启动

启动后的界面如图 4-8 所示。

可以看出告警客户端包括几个部分：①标题栏；②菜单栏；③工具栏；④重要告警窗；⑤告警窗。

图 4-8 告警客户端

方法二：在终端命令行直接运行 alarm_client。

实时告警监视的退出方法也有两种：

方法一：点击图形"×"关闭选项。

方法二：选择菜单栏中的文件，再选择"退出程序"按钮。

（二）菜单栏/工具栏

1. 打印设置/保存设置/退出程序

按下"打印设置"按钮，通过系统所配置的打印机打印系统设置。

按下"保存设置"按钮，将目前系统所有设置保存。下次启动时还是保持保存过的设置。

按下"退出程序"按钮，退出告警客户端程序。

2. 告警全部确认/删除已确认告警

按下"全部确认"按钮，则确认所有的告警。如果需要单个确认，只需要用左键单击告警信息即确认此告警，同时在此之前的同一个设备的同一种类型的告警会自动确认。

告警确认还会反映到图形上，比如遥信不刷新，确认之后图形就不再闪烁。

按下"删除已确认告警"按钮，将已经确认的告警从客户端删除，历史库中仍然保存。

3. 告警窗大小设置

按下"告警窗大小设置"按钮，弹出一个告警窗设置对话框，可以自定义告警窗的大小。这个大小是指告警窗显示信息的最大条数。

4．显示

按下"告警窗显示"按钮，就会显示/隐藏告警窗。

按下"重要告警窗显示"按钮，就会显示/隐藏重要告警窗。

按下"语音告警状态"按钮，语音告警就会启动/停止。

按下"重要告警窗是否滚动"按钮，重要告警窗开始/停止滚动，如果设置重要告警窗滚动，则新的告警信息会上推已有的告警信息，也就是不需要拖动滚动条始终显示最新的告警信息。如果设置重要告警窗不滚动，则新的告警信息出现在重要告警窗的最下面，可以拖动滚动条进行查看和确认操作。

（三）告警窗

显示告警信息，凡是告警行为为"上告警窗"的告警都会在这个窗口显示。

三、告警查询

告警查询是查询历史数据库中告警信息的一个界面工具。在告警查询工具中，用户可以自行定义查询条件和查询时间。

（一）启动与退出

告警查询的启动方法有两种：

方法一：从 D5000 系统的控制台上选择，用鼠标左键单击"告警查询"图标，如图 4-9 所示。

图 4-9　告警查询启动

启动后综合查询（系统默认为综合查询）的界面如图 4-10 所示，图中：①标题栏；②菜单栏；③工具栏；④告警查询模板；⑤综合查询/单表查询切换；⑥信息提示窗口；⑦告警类型选择；⑧查询时间选择；⑨查询条件编辑区；⑩查询条件/查询结果页面切换。

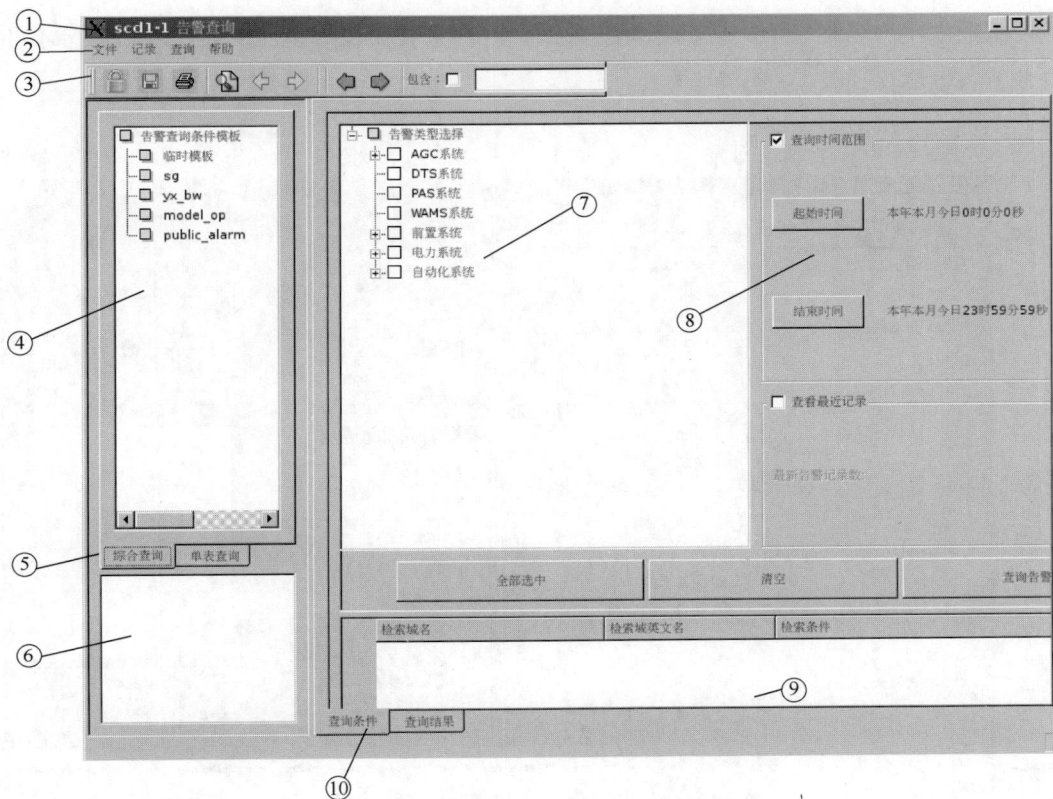

图 4-10　告警查询——综合查询

单击单表查询可以启动如图 4-11 所示界面，图中：①标题栏；②菜单栏；③工具栏；④告警查询模板；⑤综合查询/单表查询切换；⑥信息提示窗口；⑦告警类型；⑧查询时间选择；⑨告警查询域；⑩查询条件；⑪查询 SQL 语句；⑫查询条件/查询结果页面切换。

可以看出，综合查询和单表查询的区别在于查询条件的设置方法不同。

方法二：在终端命令行直接运行 alarm_query。

告警查询的退出方法也有两种：

方法一：点击图形"×"关闭选项。

方法二：选择菜单栏中的文件，再选择"关闭"按钮。

（二）菜单/工具栏

菜单栏中几乎包含了工具栏中的所有工具，下面分类介绍这些菜单栏或者工具栏中的工具。

1. 文件操作

（1）用户登录。在菜单栏或者工具栏中按下"用户登录"按钮，就会弹出用户登录对话框，要求输入用户名称、密码以及选择有效期。同样只有在权限管理中被授权的用户才可以进行告警查询操作。

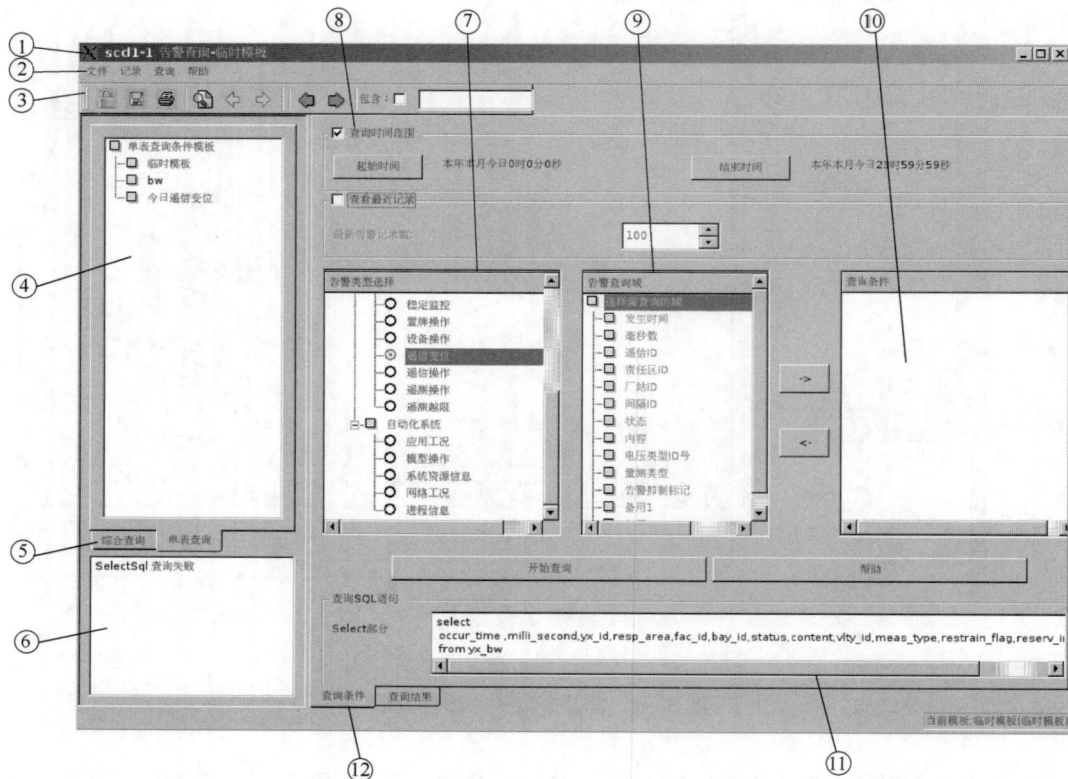

图 4-11 告警查询——单表查询

（2）加载模板。相当于从数据库中重新读取一次模板信息，一般情况下，不需要做这个操作，因为每次进行模板操作都相当于做了一次加载操作。

（3）保存模板。如果选中模板名为"临时模板"的模板，就会新增一个模板，再按下"保存模板"按钮，就会弹出"保存模板到数据库，请确认"，按下"yes"后，输入模板名称，就将本次的告警查询条件作为一个新的模板保存在数据库中，并且同时在界面上显示出来。如果选择的是其他的模板就会将这个模板覆盖。

（4）打印。连接打印机，打印查询结果。

（5）关闭。退出告警查询应用程序。

2. 记录操作

主要包括对查询结果（记录）的一些操作工具。

（1）第一条记录/最后一条记录。跳到第一条/最后一条记录。

（2）上一条记录/下一条记录。跳到当前记录的上一条/下一条记录。

（3）增加记录/删除记录/修改记录。按下"增加记录"按钮，就会在当前记录的后面增加一条新的记录。新的记录关键字不能与现有记录的关键字相同，否则增加记录不成功。

按下"删除记录"按钮，删除当前记录。

按下"修改记录"按钮，然后选择一条记录，就会弹出修改记录的对话框，对记录属性进行修改，按下"确定"按钮之后，记录修改生效。

注：以上增删改记录操作仅适用于单表查询结果。

3. 查询操作

（1）查询数据。按下"查询数据"按钮，系统就根据所设定的告警类型和告警条件查询告警信息。

（2）继续检索数据。这个功能主要在查询结果的告警信息比较多的情况下使用。一般内存只能一次显示前 1000 条记录，如果需要查看后面的记录，按下"继续检索数据"按钮，就会显示后续 1000 条信息。

（3）模糊查询功能。在工具栏上"包含"文字后的 checkbox 框上先选中，然后在后面的编辑框中输入要包含的告警内容信息，查询的结果只把告警内容中包含编辑框中信息的告警查询出来。如果不需使用模糊查询功能，只需把 checkbox 框的选中去掉。

（4）前一天/后一天快速查询功能。在工具栏上"包含"文字前面的两个按钮分别是"前一天查询"和"后一天查询"，把查询时间自动设置为当前时间的前一天和后一天。

（三）告警查询模板

告警查询模板是一些告警类型和告警查询条件的组合。在条件查询和综合查询中，都可以设定告警查询模板。建议把经常用到的告警类型和查询条件作为一个模板，这样在以后的应用中可以调用这个模板，省去了每次都要重新设置查询条件的麻烦，提高查询效率。如图 4-12 所示。

（四）综合查询

综合查询的界面。在图 4-10 区域⑦中选择需要查询的告警类型（可以多选）。然后按下"确认"按钮，区域⑨就弹出检索域的检索条件设置对话框。选中某个检索域，然后单击相应的检索条件，就会弹出一个对话框（或者检索器），

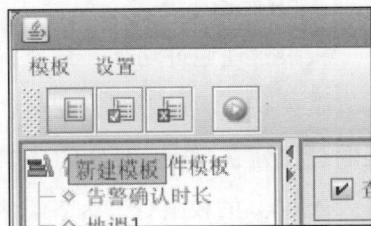

图 4-12　新建告警查询模板

设定需要检索的条件。然后在区域⑧选择需要查询的时间，这样查询条件就算是设定好了。按下工具栏/菜单栏的"查询"按钮，就会弹出查询结果。

（五）单表查询

单表查询的界面。在图 4-11 区域⑦中选择需要查询的告警类型（只能单选）。区域⑨就会弹出检索域的检索条件设置对话框，选中域名，按下中间的右箭头，就会弹出对话框，设置检索条件。按下"确定"按钮，完成了一次查询条件的编辑，区域⑩就会显示此查询条件。如果需要编辑多个条件，除了要进行上述操作之外，还需要设定这些条件的关系，主要是与（and）和或（or）的关系。查询条件设置好之后，与综合查询的操作相同，按下"查询"按钮系统就会将符合条件的结果显示出来，如果信息太多，可以利用"继续检索数据"工具。对这些记录也可以进行增加、删除、修改操作。

（六）查询条件/查询结果页面切换

位于查询条件页面时，如果按下"查询结果"就切换到上次查询结果的页面上。需要说明的是，按下"查询按钮"后，就自动跳到查询结果页面上。

任务二　权限维护操作

【任务目标】

1. 理解权限管理的功能、角色、用户、组的概念。
2. 掌握权限管理工具使用方法、对用户的权限设置和管理方法。

【任务描述】

创建一个用户 test，对这个用户的具体要求：属于远动组，为组长；拥有 "公式修改" "模型定义写" "商用户备份" 功能，针对表信息表中的 "表英文名" 表域具有查询权限、针对图形 test_xsx.sys.pic.g 具有可编辑权限。

【知识准备】

权限管理通过功能、角色、用户、组等多种层次的权限主体，可以实现多层次、多粒度的权限控制。通过系统管理员、安全管理员、应用管理员等不同类型的角色划分，实现了权限的三权分立、相互制约的功能。

D5000 的权限管理为各类应用使用和维护权限提供了丰富的控制手段，是各类应用实现数据安全访问的重要工具。权限管理具有灵活的控制手段，既可以提供基于对象（模型表、图形、报表、流程等）的权限控制，也可以提供基于物理节点（工作站、服务器等）的权限控制，足以满足各种权限控制需求。

一、功能

功能是权限管理中最小的不可再分的权限单位，用于实现一种单一的控制操作。比如挂牌功能、遥控功能等。只有系统管理员才可以增加、删除功能，只有安全管理员才可以修改功能定义。体现了三权分立、相互制约的思想。

二、特殊属性

与功能一样，特殊属性也是最小的不可再分的权限单位。但特殊属性一定是作用在某一个具体的对象（包括数据表、数据表域和图形）之上，用于对该具体对象权限的补充定义。

一般来说当定义了"模型定义写"权限的用户可以对所有的表写操作，当然也可以对某些表的某些域或所有域（全表）定义禁止查询/只查询/修改/删除记录/增删改等特殊属性权限。实际应用是，一般的远动维护人员可以对设备表、参数表等进行读写操作，但是像 PUBLIC/系统类/表信息表、域信息表、菜单表等数据字典类的表非常关键，如果被误修改可能导致整个系统无法运行，像这些关键的表只能允许系统管理员修改，而普通具有"模型定义写"权限的角色则不能对这些特殊的表进行修改。可以设计如下：

定义角色"系统维护"和角色"系统管理"都具有"模型定义写"功能，在角色"系统维护"里定义数据表域特殊属性，对表[表信息表，域信息表…菜单表]等定义"只查询"，这样仅拥有"系统维护"角色的用户只能对上述定义了特殊属性的表（表信息表、域信息表、菜单表）查询，而不能写，而拥有"系统管理"角色的用户则可以对所有的表进行写操作，这样就增加了系统的安全性。

同样，可以对某个角色（用户）定义某张具体的图形的"禁止读取/只读/可编辑"特殊属性。

三、角色

权限管理中的角色分为系统管理员、安全管理员、审计管理员和应用管理员等四类，体现了三权分立、相互制约的思想。系统管理员用于增删功能、特殊属性、角色、用户和组等权限主体。安全管理员用于修改功能、特殊属性、角色、用户和组等权限主体的定义。审计管理员用于查看权限相关操作日志。应用管理员用于各类具体应用的权限管理，还可细分为调度员、自动化维护、自动化运行等应用管理员类的角色。只有系统管理员才可以增加、删除角色，只有安全管理员才可以修改角色定义。

角色由 1 个或多个功能、0 个或多个特殊属性组成，可以被赋予用户。角色定义的原则是：组成角色的功能之间应该具有横向或纵向的协作关系，完全没有关系的功能不应放入同一个角色之中，具有相反权限的功能也不应放入同一个角色之中，角色的定义应该尽量最小化，如果一个角色中有两类功能组合，最好定义成两个角色。例如，可以定义系统运行角色、系统维护角色和数据库管理员角色。系统运行角色包括"画面挂牌""画面遥测封锁""遥控"等运行类功能；系统维护角色包括"告警方式定义""曲线定义""采样定义""画面文件写""报表文件写""公式修改""模型定义写"等维护的功能；数据库管理员角色包括"商用库恢复""商用户备份"等数据库维护方面的功能。

四、用户

用户是权限系统中最重要的主体，是用户权限设置的最终体现，一个用户可以定义包含几种角色，那么用户就可以拥有角色的全部权限。可以单独对用户进行功能定义，比如单独增加角色中没有的功能，或者单独减去角色中的功能。还可以对用户进行特殊属性的设置。例如，定义了角色"系统维护"包括"公式修改""模型定义写"功能，还包括对表"表信息表"只读的特殊属性，角色"数据管理员"包括"商用库恢复""商用库备份"功能，定义用户 test，包含角色"系统维护""数据库管理员"，但是对功能"商用库恢复"定义了"单独减去"，对表"菜单表"定义了只读的特殊属性，则用户 test 拥有的全部权限是从角色"系统维护"继承的"公式修改""模型定义写"和对"表信息表"只读，还有从角色"数据管理员"继承的"商用户备份"，还有自己单独定义的对表"菜单表"只读，即功能列表如下："公式修改""模型定义写""商用户备份"和对表"表信息表""菜单表"只读。

只有系统管理员才可以增加、删除用户，只有安全管理员才可以修改用户的权限。

五、组

组的引入是为了对用户进行分类，组本身不是权限的载体。组和用户的关系，类似于文件夹和文件的关系。一个用户可以不属于任何组，或者只能属于一个组，但不能同时属于多个组。

【任务实施】

一、启动和退出

权限定义与维护管理界面的启动方法：登录管理员账号，在 D5000 系统控制台选择"权限管理"图标按钮，如图 4-13 所示。

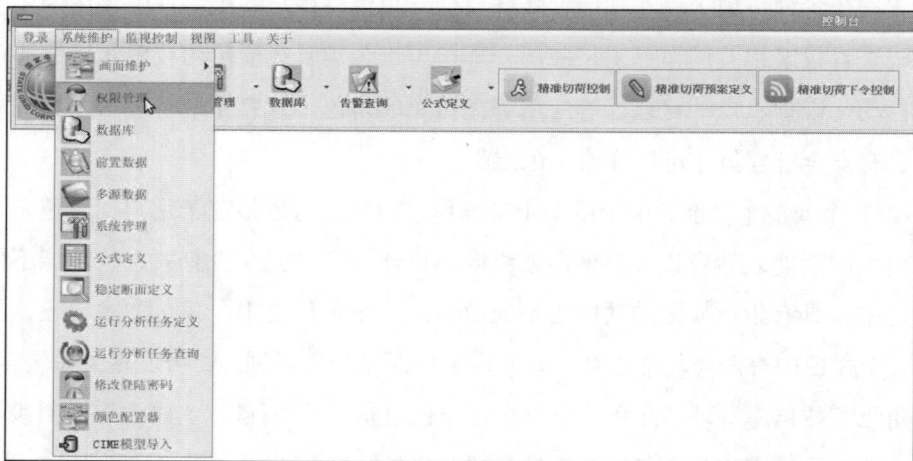

图 4-13　权限管理

注意：根据权限管理规则，由于不同级别的用户权限不同，因此启动用户权限定义与维护管理界面也是不同的，只有使用管理员权限的账号登录才能进行权限管理，普通用户无此权限。

登录后如图 4-14 所示，可以看到定义的所有的组和用户。

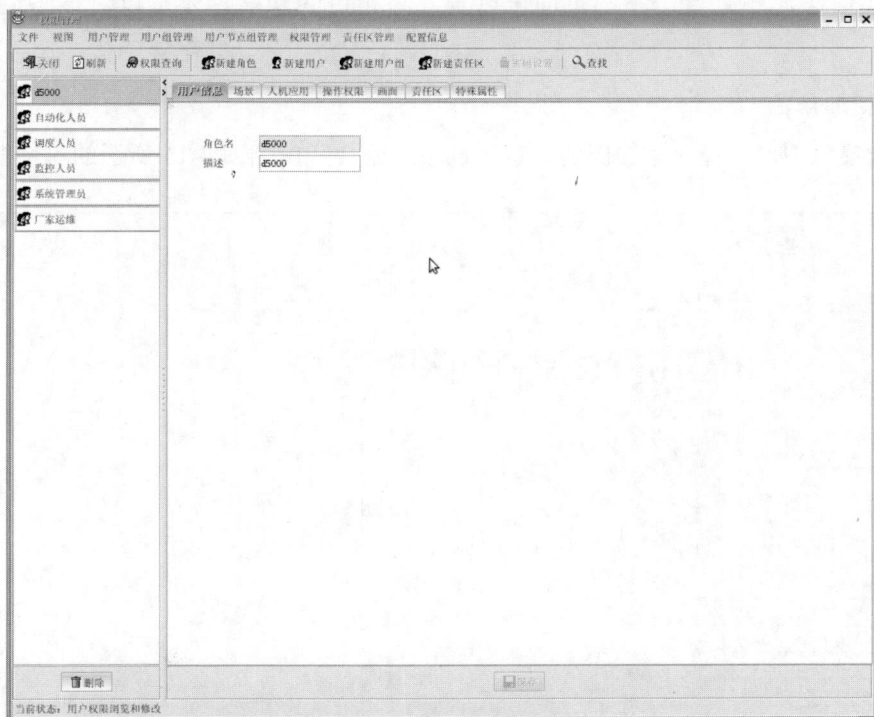

图 4-14　权限管理界面

权限管理界面分菜单栏部分和信息主题展示部分。菜单栏主要有用户管理、用户组管理、责任区管理等；信息主题展示部分的左边树状列表区显示当前已有的组、用户，右边显示当前选中信息区域。比如在树状列表显示区选中某个用户选项，则在右边就会列出所有的功能信息。功能信息包括用户信息、场景、人机应用、操作权限、画面、责任区、特殊属性。

权限管理的退出方法：点击界面右上角"×"关闭选项。

二、功能的定义与维护

功能的定义和维护允许新建、修改和删除功能，由开发人员负责新建、修改和删除功能。通常情况下，在出厂前功能会定义完毕，出厂后不需要再对功能进行修改。

新系统中最多允许定义 200 个功能，每个功能具备一个唯一的编号和名称，通常情况下，还会对应一个功能的宏定义，用于开发人员编程使用。

三、角色的定义与维护

角色的定义和维护允许用户新建、修改和删除角色。新系统中最多允许定义 31 个角色，角色可以由 1～200 个功能组成。每个角色有一个唯一的编号、名称。

当左侧树状列表中"角色"树节点获得焦点时，在右侧的列表视图中显示当前全部角色的概要信息，还有点击不同页面可以查看该角色的功能，还可以对该角色的属性进行编辑。

（一）新加角色

在下拉菜单中，选择"添加新的角色"选项，就会弹出如图 4-15 所示的对话框。

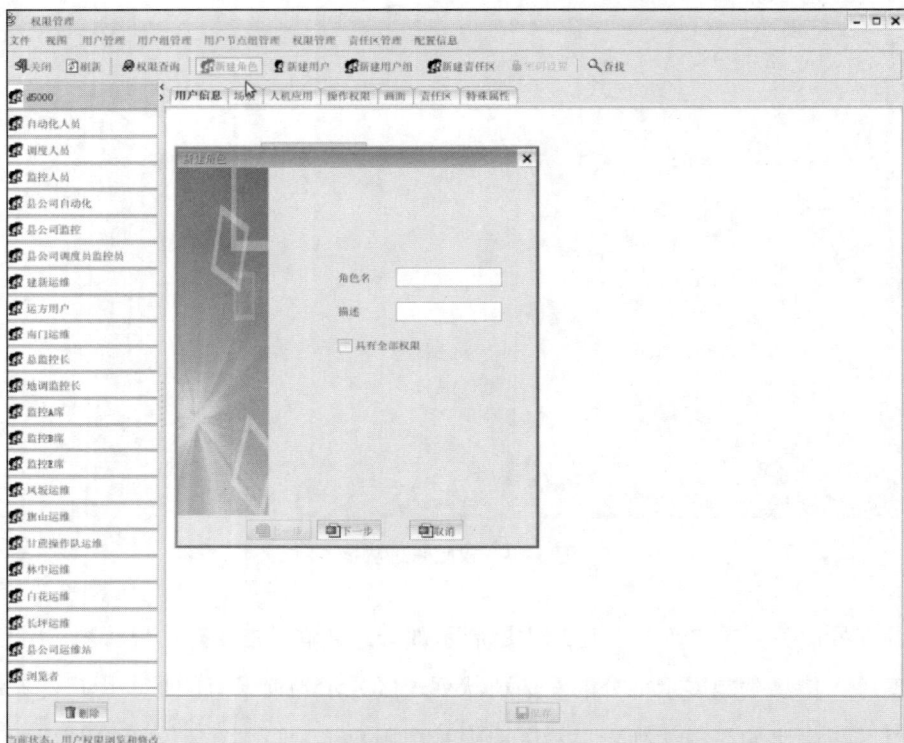

图 4-15　添加新的角色对话框

添加新的角色包括两部分：添加功能和添加特殊属性。

一个角色必须至少包含一个功能，图 4-11 中右侧的中间部分为添加功能部分，从"系统中已有的功能"列表中选择功能，通过点击"添加"按钮，添加到"当前角色包含的功能"列表；也可以从"当前角色包含的功能"列表中选择功能，通过点击"移除"按钮，删除当前角色所包含的功能。树状列表中选择一个角色，右侧显示当前角色的所有信息，包括角色编号、角色描述以及当前角色所包含的功能与特殊属性。

用户不能修改角色编号，可以修改角色所包含的功能与特殊属性。对当前角色所包含的功能和特殊属性的编辑（添加或者移除）与"添加新的角色"过程相同。

注：如果当前修改的角色没有被任何用户所包含，则只需要修改角色定义表即可。如果有用户包含了该角色，还需要修改这些用户相应的权限，同时给出提示，告诉用户这次角色的修改导致了哪些用户权限的改变。

（二）特殊属性

特殊属性分为对数据表、数据表域和图形的操作。数据表的可用权限分为禁止查询、只查询、修改、增删记录、增删改五种；数据表域的可用权限分为禁止查询、只查询、修改三种；图形的可用权限分为禁止读取、只读、可编辑三种。选择数据表、数据表域或者图形，然后再选择相应的可用权限，通过"添加"按钮添加到"当前角色具有的特殊属性"列表中；也可以在"当前角色具有的特殊属性"列表中选择特殊属性，通过"移除"按钮删除当前角色的特殊属性。

（三）删除角色

在下拉菜单中，点选"删除当前角色"选项，将删除当前选中的角色。

注：只有当前角色没有被任何用户所包含时，才能允许删除当前角色。

如果有用户包含该角色，则给出"用户包含当前角色"的提示。如果确实要删除当前角色，需要先从这些用户中去掉该角色。如图 4-16 和图 4-17 所示。

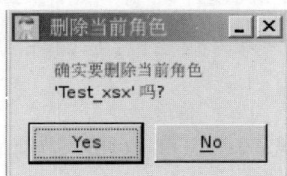

图 4-16　确认删除角色对话框　　　　图 4-17　角色无法删除提示信息

四、组的定义与维护

因为组本身不具有权限信息，因此组的定义和维护比较简单。允许用户新建、修改和删除组。

当"组"树节点获得焦点时，在右侧的列表视图中显示当前全部组的概要信息，包括组中是否包含用户的信息。

其中添加新的用户会在"用户的定义与维护"一节中具体说明，下面说明组相关的几个操作。

（一）添加新的组

选择"添加新的组"，就会弹出"添加新的组"对话框，如图 4-18 所示。

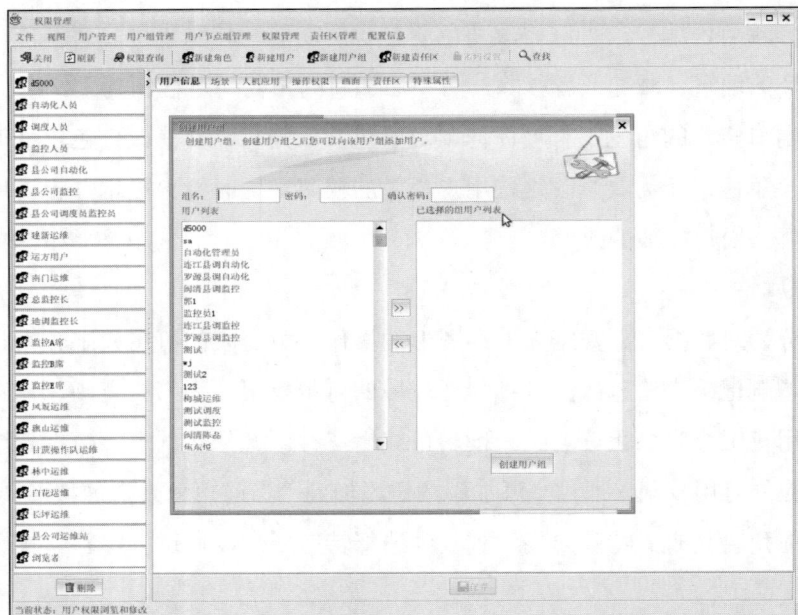

图 4-18 添加新的组

添加新组时，程序会自动从当前未分配的组编号中选出最小的一个赋给新组。组的编辑主要包括对当前组包含的终端节点以及用户的编辑。

从"系统中已有的终端节点"列表选择终端节点通过"添加"按钮，加入"当前组具有的终端节点"列表。也可以在"当前组具有的终端节点"列表选择终端节点，通过"移除"按钮从"当前组具有的终端节点"列表中删除该终端节点。只有在当前组具有的终端上，属于该组的用户才有效，否则是无效的。

在"系统中已有的用户"列表选择用户，通过"添加"按钮，添加到"当前组包含的用户"列表，也可以在"当前组包含的用户"列表选择用户通过"移除"按钮从"当前组包含的用户"列表删除该用户。

由于一个用户只能属于一个组，因此如果选择一个已经属于某个组的用户添加到另外一个组中，则这个用户就会自动从原来的组中删除。

组添加成功之后，系统提示是否为新组指定一个组长，如果选择"是"，则会弹出一个对话框，列出当前组包含的所有组，然后选择一个用户，点击"确定"按钮，所选用户就成为该组的一个组长。

（二）修改当前组

在左侧树状列表中选择具体的某个组就会显示该组的全部信息。修改组时用户同样不能修改组编号。可以修改组名称、组描述以及组中包含的用户。

修改组所包含的终端节点与所包含用户同新建组相同，每次对组所包含用户作修改之后，原来的组长就不再生效，必须重新为当前组指定一个组长。

（三）删除当前组

删除组时，如果当前组中包含了用户的话，则当前组不能被删除，系统会给出提示信息"无法删除一个包含用户的组"。

如果确实需要删除当前组，则应该先把当前组所包含用户删除，然后再删除当前组。这时候系统弹出一个要求用户确认删除该组的对话框。

五、用户的定义与维护

前面所讲述的功能、角色和组都是抽象的权限主体，而用户则是具体的、实例化的权限主体，是用户权限设置的最终体现者。用户不能直接通过功能或角色来访问和操作新系统，而只能通过一个一个的具体用户来访问和操作新系统。

用户权限的组成比较复杂，功能、角色都可以成为用户权限的组成部分。而且用户还可以附加对数据表、数据表域和图形的特殊属性。

新系统中可以定义的用户数目不受限制。理论上，一个用户最多可以同时包括 31 个角色和 200 个单独功能，用户可以附加的特殊属性数目不限。

（一）添加新的用户

选择用户管理，就会弹出如图 4-19 所示的下拉菜单。

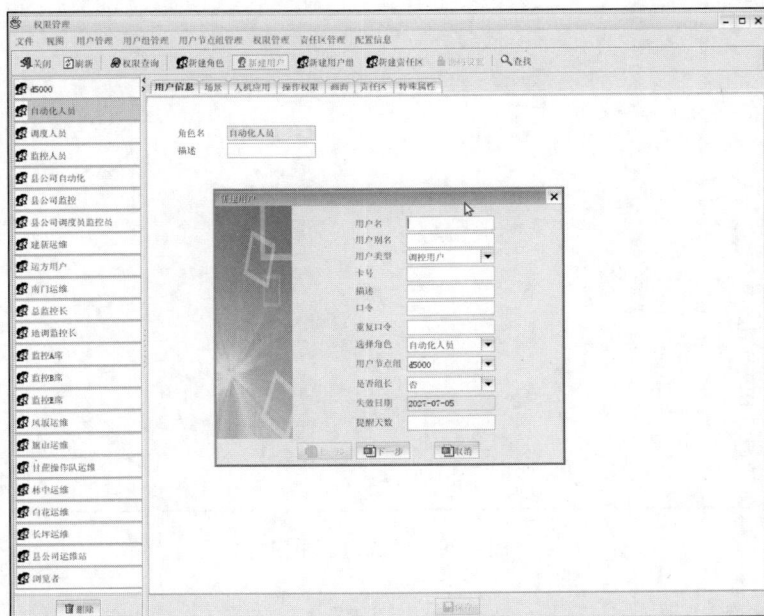

图 4-19　用户操作下拉菜单

选择"新建用户"，就会弹出一个新的用户信息配置对话框。

用户可以输入除了用户编号和创建日期之外的全部属性。点击更改密码按钮，将弹出一个新的对话框要求用户输入旧密码、新密码和确认新密码。利用"所属组"下拉框，可以修改用户所属的组。

界面上提供一个选项卡控件供用户修改当前用户的权限属性，前三个卡片分别可以修改用户中包括的角色、功能和特殊属性。

角色和特殊属性的编辑在前面已经详细说明，不再赘述。功能的编辑与上面所述略有不同。

选择一个用户再选择一个功能，通过双击鼠标左键可以在"添加的单独功能"和"减去的单独功能"之间切换。"添加的单独功能"就是在角色所包含的功能之外再单独增加所选功能，"减去的单独功能"就是在当前用户所包含的角色中减去所选功能（如果当前的角色包含所选功能）。

编辑完毕之后可以点击 "确定"按钮，执行添加用户的操作。

（二）修改当前用户

选中某个具体用户，右侧显示选中用户的全部信息，如图 4-20 所示。

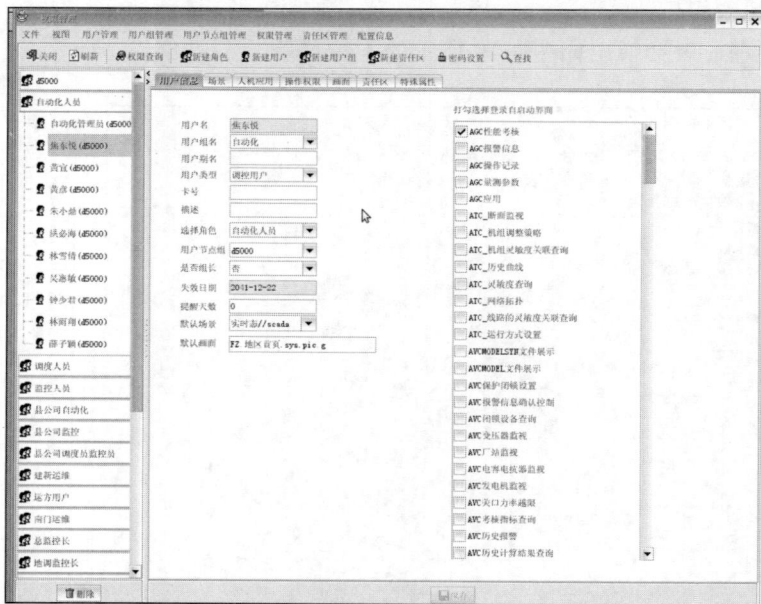

图 4-20　修改当前用户

图 4-21 中，一个用户有 7 个选项卡（用户信息、场景、人机应用、操作权限、画面、责任区、特殊属性）。第一个选项卡"用户信息"，可以显示属于当前用户的用户节点组、角色

配置、默认场景以及默认画面等信息。

除了当前用户的编号与创建日期不能修改之外，其他信息均可修改，方法与添加新用户相同。

（三）数据表域特殊属性的定义与维护

在角色的定义与维护中已经说明，特殊属性包括数据表、数据表域和图形。对于数据表和数据表域的特殊属性需要单独的定义与维护，而图形的特殊属性不需单独定义，直接根据图形信息表的相关表域进行处理。以下为具体的处理方法：

在数据库中的图形信息表（GRAPH_INFO_NET，用于存储所有作网络保存的图形）中有一个"图形权限类型"域，这个域值为"系统可读写"时说明是可以进行特殊属性操作的图形，否则就不是，从而在角色定义与维护或者用户的定义与维护中此图形是不可见的。

例如：图形信息表/地理潮流图.ln.pic.g 的"图形权限类型"为"系统可读写"时，在权限定义/特殊属性/图形/就能看到地理潮流图.ln.pic.g，可以对地理潮流图进行特殊属性定义，如果图形信息表/地理潮流图.ln.pic.g 的"图形权限类型"为其他的时候，权限定义/特殊属性/图形/就看不到地理潮流图.ln.pic.g，不能对它进行特殊属性定义。如图 4-21 所示。

序号	图形名称	图形别名	图形类别	图形权限类型	
1	0ccctest.fac.pic.g	test_xsx1	厂站接线图	系统可读写	0
2	0ccctest1.fac.pic.g	test_xsx2	厂站接线图	系统可读写	1

图 4-21　图形权限类型界面

六、权限定义实例

下面分四个步骤建立 test 用户：

第一步：添加角色"系统维护""系统运行""数据库管理"，其中"系统维护"包括"公式修改""模型定义写"功能，"系统运行"包括"画面挂牌"功能，"数据库管理"包括"商用库备份"功能。

第二步：将表信息表中的"表英文名"表域添加到"已经定义特殊属性表域"列表。

第三步：新建一个组名为"远动组"的组。

第四步：在组远动组下新建一个用户 test，并且指定为组长，并在"配置角色"选项卡下添加"系统维护"角色和"数据库管理"角色，在"配置特殊属性"选项卡下添加表信息表中"表英文名"表域的查询权限和图形可编辑的权限。

这样就在远动组下建立了一个新的用户 test，并定义了它的相关权限。

模块五　机房动力环境监控系统与 UPS 电源系统

【模块描述】

本模块主要包括自动化 UPS 电源、调度大屏幕、机房精密空调、机房环境监控系统 4 个任务。

核心知识点包括 UPS 电源系统组成、UPS 电源输入及工作模式、UPS 电源运行处置基本原则、UPS 系统日常巡视、UPS 电源运行维护、UPS 电源典型配置；调度大屏幕运行处置基本原则、异常处理、事故应急处理；机房精密空调主要参数及运维标准；机房动力环境监控系统运行处置基本原则。

关键技能项包括 UPS 电源日常例行巡视检查、蓄电池组充放电试验、蓄电池组内阻测试、调度大屏幕故障处置、精密空调故障处置、机房环境监控系统运维。

【模块目标】

通过本模块学习，应达到以下目标。

（一）知识目标

熟悉自动化系统需具备的辅助配套设施，掌握 UPS 电源日常例行巡视检查、蓄电池组充放电试验、蓄电池组内阻测试、调度大屏幕故障处置、精密空调故障处置、机房环境监控系统运维。

（二）技能目标

能够根据《国家电网公司安全工作规程　电力监控部分（试行）》、Q/GDW 11897—2018《调度自动化机房设计与建设规范》《国网福建省电力有限公司调度自动化系统 UPS 电源运行管理规定》要求，按照规范流程要求完成 UPS 电源、调度大屏幕、机房精密空调、机房环境监控系统的日常运行和维护工作。

（三）素质目标

培养动手能力及分析、解决问题的能力，严格按照规范流程及管理规定开展自动化辅助系统运行维护，提升 UPS 电源、调度大屏幕、机房精密空调、机房环境监控系统运行水平。

任务一　机房动力环境监控系统

【任务目标】

1．了解自动化机房设计与建设规范。

2．熟悉动力环境监控系统的基本应用。

3．掌握机房动力环境类缺陷处置原则。

4．能够按照规范要求完成动力环境监控系统的巡视工作。

【任务描述】

本任务主要完成动力环境监控系统巡视消缺。

本工作任务以机房动力环境监控系统为例介绍动力环境监控系统运维巡视要点。

【知识准备】

机房环境监控系统是对机房的环境和动力等设备运行情况进行实时监测管理的系统。机房监控系统通过在每个机房内设置嵌入式集中监控主机 EMH，利用该主机采集前端监控设备通信端口 TCP/IP 或 RS485，能够实现对机房内前端传感器信号的采集与处理，集中监控收集机房配电柜、UPS 电源、蓄电池、精密空调、温湿度、漏水、摄像机等环境及设备的运行参数，实现数据的记录、分析与报警。并可以通过 TCP/IP 等通信方式与监控服务器管理平台软件进行通信。同时内置 Web 结构及数据存储，保证主机的稳定性及数据的安全性，管理人员可以在同一局域网内实时远程通过浏览器进行访问。

一、机房环境

（一）一般要求

（1）自动化主机房和电源室内的温度、相对湿度应满足设备的使用要求，温度控制在夏季 22℃±1℃、冬季 23℃±1℃，相对湿度控制在：40%～55%。

（2）自动化主机房和辅助区，在设备停机时测量的噪声值应小于 60dB（A）。

（二）气流组织

（1）主机房空调系统的气流组织形式，应根据设备布置方式、布置密度、设备散热量以及室内风速、防尘、噪声等要求，结合建筑条件综合确定。

（2）主机房机柜分布，宜采用"面对面、背对背"的布置，分离机房冷热通道。

（3）主机房宜采用活动地板下送风、上回风方式。必要时，可采用封闭冷热通道的方式，采用活动地板下送风时，出口风速不应大于 3m/s。对局部过热的区域，可采用局部送风方式或局部制冷方式。

（4）采用上送风方式，送风气流不宜直对机柜和工作人员。

（三）空调系统

（1）自动化机房空调的设计应满足 GB 50016《建筑设计防火规范》和 GB 50019《工业建筑供暖通风与空气调节设计规范》的有关规定。

（2）主机房应配置独立的精密空调系统，辅助区和电源室宜采用其他空调系统，空调容量应根据机房的建筑条件、空间大小、设备布置密度、发热量以及房间温湿度要求合理选择。

（3）精密空调应冗余配置，不少于两组，每组应满足 N-1 的要求，采用不同电源供电，单组空调的制冷能力应留有 15%～20%的余量。

（4）精密空调的选用应符合运行可靠、经济适用和节能环保的要求，选用高效、低噪声、低振动的设备，并具备来电自启动功能。空调机应带有通信接口，通信协议应满足机房环境监控系统的要求。

（5）机房精密空调所在地板下方应砌筑矩形挡水坝，并应部署水浸告警传感器检测漏水并实时报警。

（6）精密空调配电柜应配置消防联动功能，并与机房环境监测系统通信。

（四）新风系统

（1）自动化机房应配置新风系统，维持机房内的正压。机房与其他房间、走廊间的压差不小于 5Pa，与室外静压差不小于 10Pa。

（2）系统的新风量宜取下列三项中的最大值：

1）室内总送风量的 5%；

2）按工作人员每人 40m³/h；

3）维持室内正压所需风量。

（3）自动化机房在冬季需送冷风时，可取室外新风作冷源。当室外空气质量不能满足机房空气质量要求时，应采取过滤、降温、加湿或除湿等措施。

（4）新风系统应在进口设置防火阀，并与消防系统进行联动。新风管路在穿越不同防火分区时，加装防火阀，新风口应避开排风口。

（五）排风系统

（1）蓄电池室应配置独立的排风系统，通风装置应采用防爆式电动机，排风系统应与消防系统进行联动，当消防系统气体喷放前将该保护区内的排风系统停机；待消防警报解除后，重新启动排风系统。

（2）排风管应选用非燃烧材料，管道上设置电动防烟防火阀，平时密闭，以保证平时机房处于密闭微正压状态。

二、消防安全

（一）消防设施

（1）自动化机房的耐火等级不应低于二级。

（2）主机房、电源室宜设置管网式洁净气体灭火系统，气体灭火系统的设置应满足 GB 50370 要求，辅助区宜设置高压细水雾灭火系统，主机房、电源室和辅助区应单独配置洁净气体手提式气体灭火器。灭火剂不应对自动化设备造成污渍损害。

（3）自动化机房应采用感烟、感温两种探测器的组合，应同时设置两组独立的火灾探测器，应符合 GB 50116 的有关规定，并应与火灾报警系统、灭火系统和视频监控系统联动。灭火系统控制器应在灭火设备动作之前，联动控制关闭机房内的风门、风阀，并应停止空调和排风机、切断非消防电源等。

（4）机房内应设置警笛，机房门口上方应设置灭火显示灯，灭火系统释放气体前，具有 15～30s 可调的延时功能。

（5）灭火系统的控制箱（柜）应设置在机房外便于操作的地方，且应有防止误操作的保护装置和手动紧急停止按钮。

（二）安全措施

（1）自动化机房存放记录介质应采用金属柜或其他能防火的容器。

（2）面积大于 $100m^2$ 的主机房，安全出口不应少于两个。面积不大于 $100m^2$ 的主机房，且机房内任一点至安全出口的直线距离不大于 15m，可设置一个出口。

（3）机房与建筑内其他功能用房之间应采用耐火极限不低于 2.0h 的防火隔墙和 1.5h 的楼板隔开，隔墙上开门应采用甲级防火门。

（4）自动化主机房和电源室应配置专用的空气呼吸器或氧气呼吸器，定点放置并有明显标识。

三、机房监控与安全防范

（一）机房门禁

（1）自动化机房安全防范应满足 GB 50348《安全防范工程技术规范》、GB/T 50314《智能建筑设计标准》要求，机房所有出入口应配置门禁，门禁电源应使用 UPS 输出电源。

（2）门禁具有联动功能，当发生突发性紧急事件时，能自动解除全部门禁。

（3）门禁系统的实时信息应纳入机房环境监控系统统一管理，具备记录、存储、报警和查询功能，每个出入口记录期限不应小于 6 个月。

（二）视频监控系统

（1）自动化机房所有出入口及机房内的主要通道应安装视频监控设备。

（2）视频监控设备的安装应考虑环境光照因素对监视图像的影响，主机房应 24h 实时录像，其他区域的视频监控设备可与门禁系统联动，进行非实时录像。

（3）视频监控设备采集的实时信息应纳入机房环境监控系统统一管理，具备记录、存储、报警和查询功能，录像存储 60d 以上。

（三）漏水检测

（1）主机房和辅助区内有可能发生水患的部位应设置漏水检测和报警装置，应能实现"独立检测、独立报警、互不干扰"。

（2）漏水检测系统的分区根据可能产生的漏水位置，每个位置可作为一个区域，也可根据检测对象的重要性，重要的单独作为一个区域。

（四）机房环境监控

（1）自动化机房应部署环境监控系统，机房的精密空调、专用 UPS、蓄电池和配电设备、机房各区域温/湿度、新风系统、漏水检测、视频监控、门禁系统等均应纳入环境监控系统，机房环境监控系统应具有本地和远程报警功能。

1）精密空调应实时监控空调的投入、制冷、加热、加湿、除湿状态信息及温度、相对湿度、传感器故障、压缩机压力、加湿器水位、风量等报警信息。

2）专用 UPS 应实时监控设备输入和输出功率、电压、频率、电流、功率因数、负荷率；电池输入电压、电流、容量状态信息及并机状态、旁路供电状态、市电故障、不间断电源系统故障等报警信息。

3）蓄电池应实时监控每一个蓄电池的电压、阻抗和故障信息，并监视蓄电池室环境温度和湿度。

4）配电设备应实时监控开关状态、电流、电压、有功功率、功率因数、谐波含量、三相负载率。

5）新风系统应实时监控运行状态、压差、新风温度、湿度、含尘浓度。

（2）机房环境温/湿度检测设备的安装数量及安装位置应根据运行和控制要求确定，当机柜采用冷热通道分离方式布置时，主机房的环境温度和露点温度应以冷通道的温度为准；当机柜未采用冷热通道分离方式布置时，主机房的环境温度和露点温度应以机柜进风区域的温度为准。机房环境监控系统应具备扩展通信接口，可纳入自动化运行监测系统。

（3）调度自动化机房监控系统软件构架图如图 5-1 所示。

如图 5-1 所示，采集层主动采集底端智能设备和传感器等信息，采集层收集到数据后进行必要的整理，去除无用和无效信息，可以从浏览器访问，实现模块化处理。

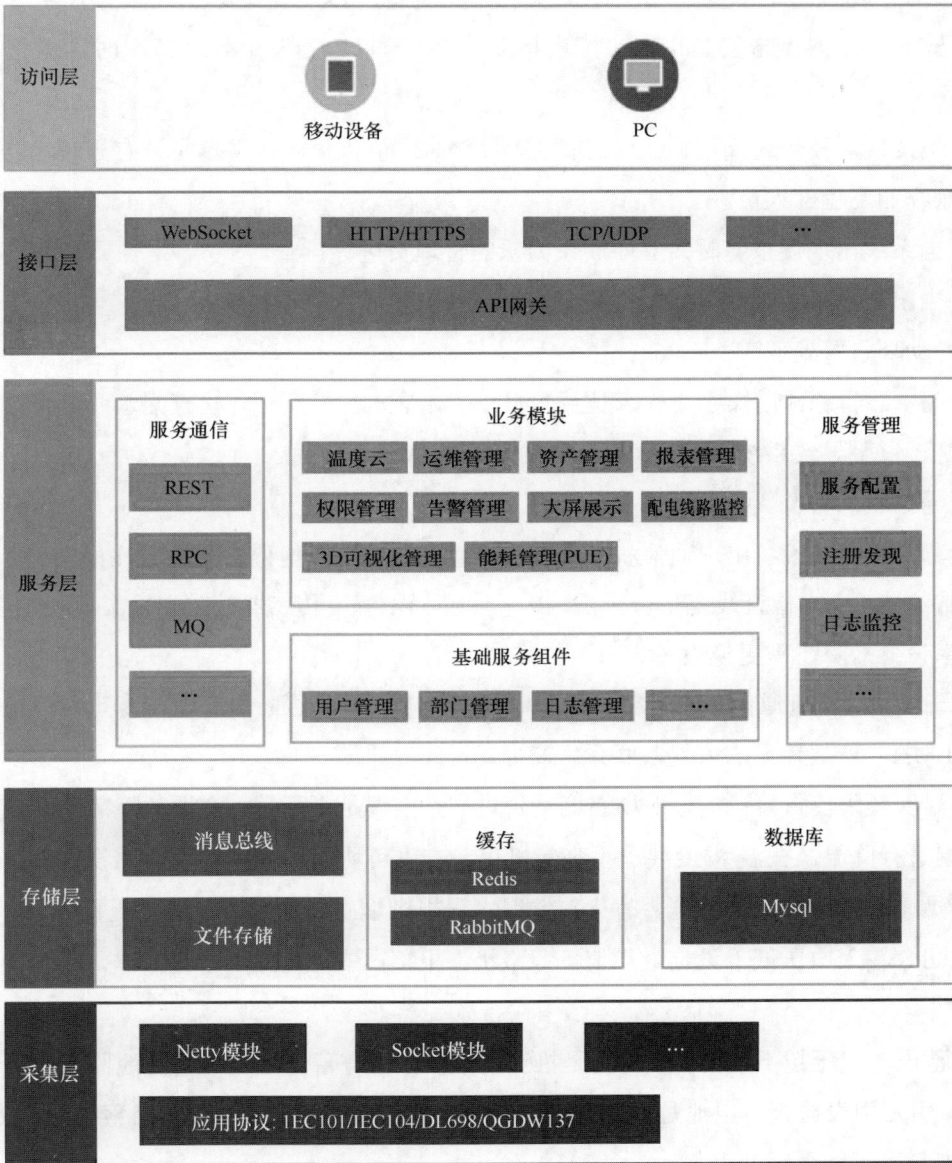

图 5-1 调度自动化机房监控系统软件构架图

采集层的采集器本身具有存储功能，并可以分析和处理，从而避免了总服务器操作系统串口下挂设备太多导致采集周期太慢的问题。采集器采集周期小于 3s，同时可以提高网络容错能力，提高可用性和可靠性。

服务层及各种面向用户需求的应用服务，提供丰富的应用，满足运营和运维的需要。同时，应用管理器对各种应用和服务的状态进行管理和优化，保证应用和服务健康稳定运行。

（4）运行处置基本原则。动环监控系统已实现机房基础设施的相关告警，主要包括：漏水线告警、温/湿度告警、市电、配电柜及 UPS 告警。当发生异常情况时，运行处置基本原则：

1）当发现监控系统漏水、UPS、市电等报警时，值班员确认现场是否有异常，若有异常情况联系物业工程部人员。

2）当系统出现误报警时，立即联系力禾的管理员进行排查。

3）当出现设备故障时，联系厂商并汇报专责。

（5）动环告警处理。

1）漏水线告警：通知物业检查是否漏水，在无漏水的情况下，检查漏水线是否接触金属物质及是否过脏导致系统误报，可用布或纸将漏水线整条擦拭。

2）通信状态告警。

a．若单个监控设备出现通信状态告警，检查是否处于断电停机状态（比如空调、UPS），设备正常的情况下，检查线缆是否正常。其他烟感、温/湿度传感器等前端采集设备通信中断，则大概率设备故障，需更换设备。

b．若 EMH 主机通信状态告警，检查监控主机 EMH 是否断电，在电源正常情况下，断电重启 EMH，若故障无法恢复，联系厂商处理。

3）温度超阈值告警：检查现场温度是否过高，空调是否正常，空调故障情况下启用临时工业风扇进行降温。在温/湿度要求不高的机房，专责可协调厂商进行阈值的设置。

4）烟感告警：检查现场是否有火灾情况，误报则烟感采集设备故障需更换。

5）UPS 输入电压低于设定最小值、旁路状态报警：该情况处于市电掉电，联系物业及专责处理。

6）蓄电池电压越下限告警：因为是推送的数据，检查蓄电池室内蓄电池监控主机电压是否正常，用万用表检查蓄电池是否正常，蓄电池本身正常的情况下，可重启蓄电池监控主机，若无法恢复，可联系厂商处理。

7）摄像头黑屏：通过 ping 相应的摄像头 IP，检查网络是否正常。可通过笔记本直连摄像头检查设备是否正常。直连摄像头正常，网络线原因重做水晶头。

（6）事故应急处理。

1）监控平台主事故应急处理。

a．动环监控页面访问异常：检查网络是否异常，登入服务器检查系统是否正常，可将进程 csupMonitor.exe 关闭，它将自动重启系统，ReRun 为自动重启软件。可重启 LIHE 文件夹下的 Tomcat 程序。

b．若服务器掉电，则先重启服务器再登入服务器内查看系统应用是否启动，没运行则将 LIHE 文件夹下的 Tomcat 程序启动，同时将 ReRun 启动。若服务器故障，则查看相应的日志故障原因。如服务器宕机，可优先重启服务器，看是否能运行，能运行情况下再启用动环系统相应程序。

2）监控设备故障应急处理。MDC 及 EMH 故障：可断电重启监控设备，若监控无法恢复则联系专责及厂商处理。

（7）巡视。

1）日常巡视。

a．系统平台运行状态。对于动环监控平台上的设备运行状态进行巡视，检查是否有设备处于离线状态，如果有应及时进行处理。统计报表：通过系统右上角→统计报表→历史数据，选择相应的机房设备、选择时间段进行查看历史数据。历史数据无缺失的情况下，则监控设备正常运行。若历史数据当前一段时间缺失，大概率设备处于假死或故障状态。观察一段时间，若还是无数据则联系厂商处理，如图 5-2 所示。

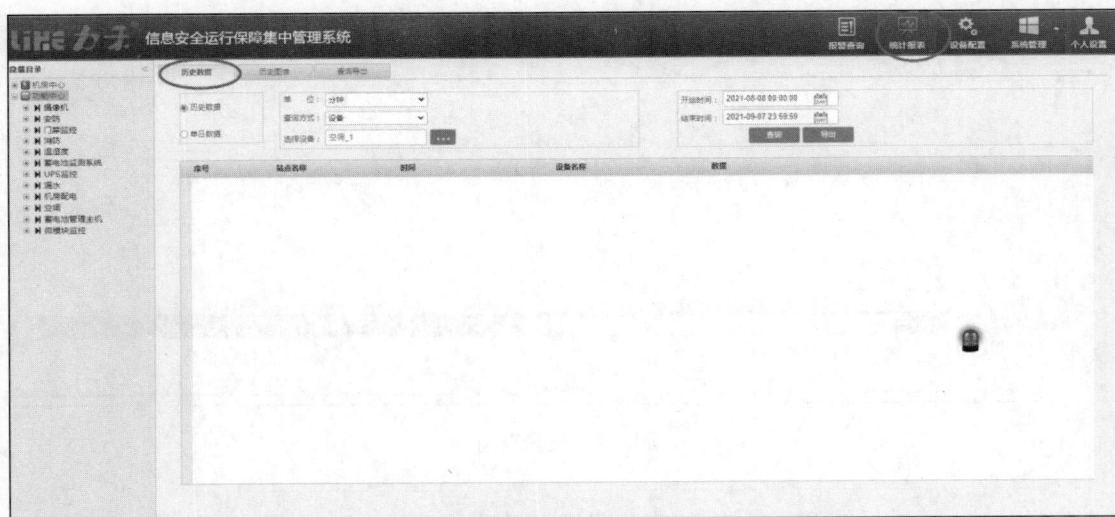

图 5-2　系统平台运行状态

通过系统右上角→统计报表→历史图表，可查看相应数据一段时间内的折线图、柱状图、数据视图，如图 5-3 所示。

报警查询：如图 5-4 中红色框所示，点击右上角报警查询，可对当前告警（未确认）、当前告警（已确认）、历史告警进行查询。

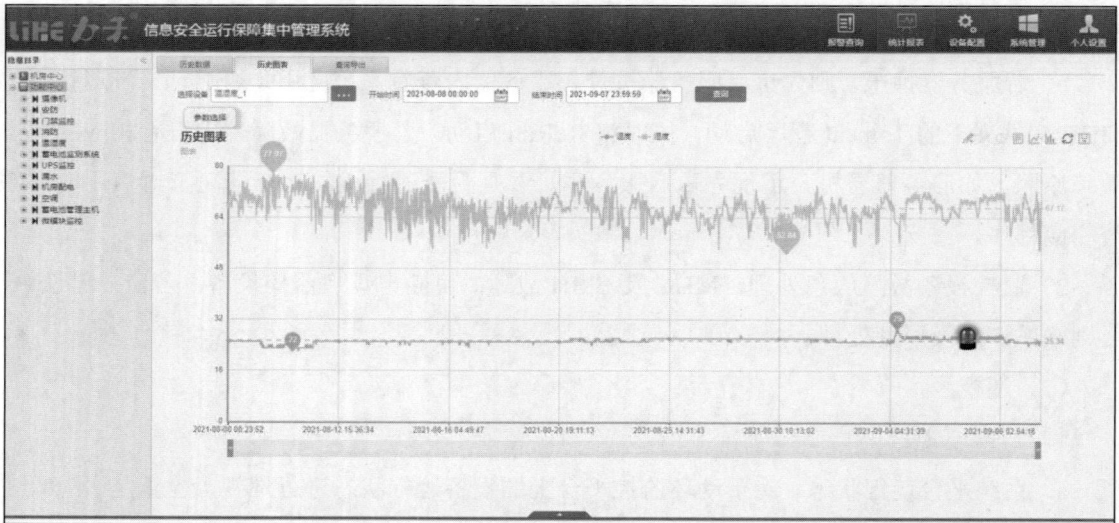

图 5-3　历史图表

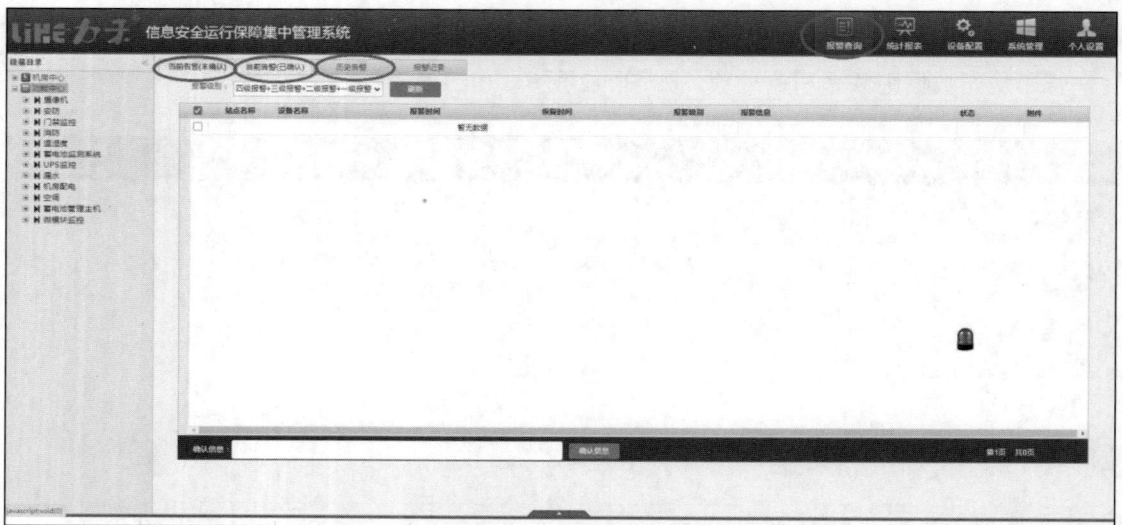

图 5-4　报警查询

　　审计日志：通过系统管理目录下"审计日志"，查看相应用户时间段内对系统进行的操作。若无审计记录，则系统出现异常，如图 5-5 所示。

　　b. 监控报警信息。通过设备配置目录下"设备属性"，选择相应的设备，通过编辑参数，对相应的设备进行测试，调整阈值，使监控设备超阈值或低阈值告警，检查系统报警是否有弹出框，有无报警信息，如图 5-6 所示。

图 5-5 审计日志

图 5-6 监控报警信息

2）周期巡视。每月或季度对系统统计报表、报警查询等目录下的数据进行查看。

【任务实施】动力环境监控系统故障处置

1. 危险点分析

本工作任务为动力环境监控系统故障处置，该工作任务的主要危险点及防范措施见表 5-1。

表 5-1 动力环境监控系统故障处置危险点分析表

序号	危险点	控制措施
1	使用未经检验合格的万用表	工作前检查万用表检验有效日期
2	使用未经加固的工作站	工作站在投运前要做好加固

2. 标准化作业卡编制

标准化作业卡是使得动力环境监控系统故障处置步骤更加清晰明确，确保不漏项的重要措施。本工作任务根据《国网福建电力调度自动化系统运行维护规程（试行）》编制动力环境监控系统故障处置标准化作业卡，见表 5-2。

表 5-2 动力环境监控系统故障处置标准化作业卡

序号	处理步骤		执行完打√	备注
1	动环监控页面访问异常处理	检查网络是否异常		
2		登入服务器检查系统是否正常		
3		将进程 csupMonitor.exe 关闭再重启		
4		重启 LIHE 文件夹下的 Tomcat 程序		
5	服务器故障处理	重启服务器再登入服务器内查看系统应用是否启动		
6		将 LIHE 文件夹下的 Tomcat 程序启动，同时将 ReRun 启动		
7		服务器故障，则查看相应的日志故障原因		
8	MDC 及 EMH 故障处理	断电重启监控设备		
9		若监控无法恢复则联系厂商处理		

3. 材料工具准备

动力环境监控系统故障处置应根据实际情况合理配置所需的工器具、材料。动力环境监控系统故障处置工具、材料见表 5-3。

表 5-3 UPS 日常巡视工具材料表

序号	名称	单位	数量	备注
1	万用表	个	1	
2	动环工作站	台	1	

任务二 UPS 电源系统

【任务目标】

1. 了解 UPS 电源系统组成。

2. 掌握运行处置基本原则、日常巡视维护、典型配置。

3. 能够按照规范要求完成蓄电池组充放电试验、内阻测试。

【任务描述】

本任务主要完成网络设备的安全加固及检查。

本工作任务以 UPS 日常运维巡视为例介绍 UPS 在运行中需要维护的工作项。

【知识准备】

自动化机房的不间断电源系统（UPS）交流输入应采用两路来自不同变电站的线路供电，两路电源电缆应敷设于两条完全独立的电缆沟（竖井）。

电源室应配置市电输入配电柜、UPS 输出配电柜，向主机房、辅助区值班室等场所提供两路供电；配电柜内各级空气开关容量、参数设置应满足级差配合要求，电源故障时不应越级跳闸。

（一）UPS

UPS 电源宜采用三进三出的机型，具备在线、离线、旁路等多种工作模式，支持多机并机、自检、状态监视、报警等功能。

UPS 的容量应满足自动化设备增长的要求。

单机系统 UPS 的实际负荷率应小于额定输出功率的 35%，多台并机系统实际负荷率应确保任何一台 UPS 故障或维修退出时系统不过载。

每套 UPS 宜配备 1~2 组蓄电池。蓄电池容量按照满负荷工作 2h 后备时间配置，应选用长寿命免维护蓄电池。UPS 的蓄电池应放置在干燥、通风良好的电源室，环境温度保持在 15~25℃之间。

主机房内宜根据业务量需求配置综合配电柜和配电列头柜，或者配置滑动母排，应配备防雷保护器、电源监测和报警装置。配电列头柜、滑动母排由综合配电柜统一供电，对各个机柜提供双路 UPS 电源，并预留备用输出回路。

设备机柜内供电模块可采用智能电源分配单元 PDU，各输出端口具备独立的隔离保护功能，可解列单台设备的电源故障，同时实时监测设备负荷及柜内多点温/湿度。

机柜内应具有 2 路 PDU 分别由 2 路 UPS 电源供电，PDU 不应串接或并接，机柜两路 PDU 可用颜色区分。如柜内有重要设备是单路电源，应配置带 STS（静态自动切换）功能的 PDU，对其进行可靠供电。

机房内 UPS 用电负荷应均匀地分配在三相上，三相负荷不平衡度小于 30%。

（二）电源室

电源室分为 UPS 室、蓄电池室，部署 UPS 设备、配电设备、蓄电池。

蓄电池室的地面应经过加固，承重不低于 $16kN/m^2$，装修应采用阻燃材料，并应有良好的气密性，应满足 GB 50174《电子计算机机房设计规范》的要求。

蓄电池室照明灯具应具备防爆功能，照度不应低于 200lx，室内照明线应采用穿管暗敷，开关、熔断器、插座等应安装在蓄电池室外面。

蓄电池室应配置空调，保持干燥，空调应具备防爆措施。

蓄电池组的布置要求如下：立放蓄电池组之间的走道净宽不应小于电池宽度的 1.5 倍，最小不应小于 0.8m；双层布置的蓄电池组，其上下两层之间的净空距离为电池总高度的 1.2～1.5 倍；不同组的蓄电池组之间宜采用防爆阻燃隔离措施；蓄电池的安装应按照 GB 50172《电气装置安装工程等电池施工及验收规范》规定执行。

（三）UPS 电源系统典型配置

UPS 电源系统由 UPS1 独立电源系统、UPS2 独立电源系统组成。UPS 电源系统主要设备有 2 面 ATS 电源输入屏、2 面 UPS 设备屏、2 面 UPS 电源输出总配电屏、9 面配电屏、2 组蓄电池组等。

UPS 电源典型配置及工作模式如图 5-7 所示。

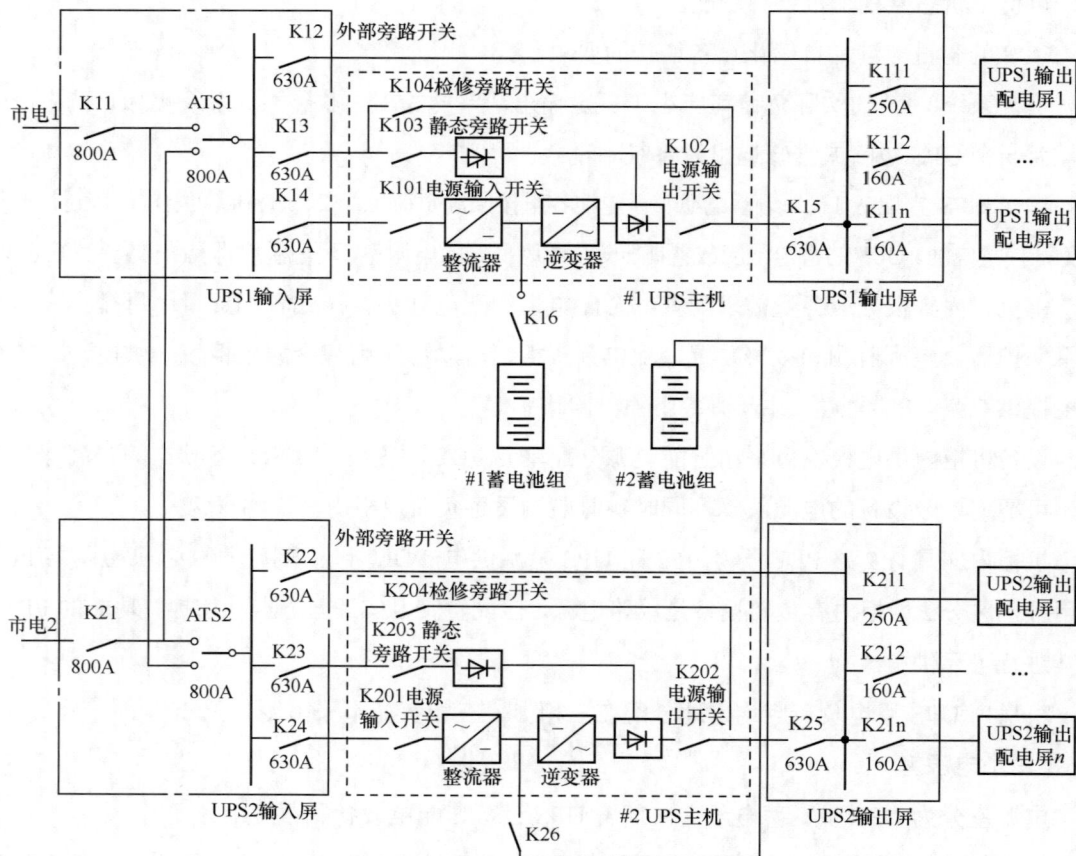

图 5-7　UPS 电源典型配置及工作模式图

UPS1 输入电源是由市电 1 和市电 2 输入，市电 1 为主输入电源，市电 2 为备用输入电源（与 UPS2 并接共用），当遇到其中一路电源停电时，ATS 电源输入屏 1 的 ATS 开关自动切换为 UPS1 输入电源正常供电，AST 切换时间大约为 3s。

UPS2 输入电源是由市电 1 和市电 2 输入，市电 2 为主输入电源，市电 1 为备用输入电源（与 UPS1 并接共用），当遇到其中一路电源停电时，ATS 电源输入屏 1 的 ATS 开关自动切换为 UPS1 输入电源正常供电，AST 切换时间大约为 3s。

（四）UPS 电源工作模式

（1）正常工作模式：UPS1 由 UPS1 输入供电，经过整流、逆变后输出交流电源。蓄电池组 1 在待用状态。

（2）逆变工作模式：当 UPS1 输入失电或整流器故障时，UPS1 自动切换到由蓄电池组 1 供电，经过逆变后输出交流电源，同时主机发出嘀嘀嘀的声音，此时整流不工作。

（3）旁路工作模式：当 UPS1 逆变故障或不工作时，UPS1 自动切换旁路工作，此时 Q4S 旁路的电子管自动导通，UPS1 由旁路直接供电。该模式下空气开关状态同上。旁路工作模式也可以长按 UPS1 面板停止键（灰色键）3s，完成 UPS1 转市电旁路供电。

检修工作模式：当 UPS 故障需要停电检修时，先操作 UPS 在旁路工作模式，合上检修开关，再 UPS 输入、输出开关。该模式下 Q3BP（检修开关）、QF4（UPS1 旁路输入开关）开关合闸状态，Q1（输入开关）、Q5N（输出开关）、Q4S（旁路开关）开关分闸状态。

（五）UPS 电源运行维护

每季度开展一次 UPS 主机、蓄电池组、配电屏/机柜红外测温，迎峰度夏期间（6～9 月）每月开展一次 UPS 主机、蓄电池组、配电屏/机柜红外测温，并做好记录。要求如下：

UPS 主机红外测温温度超过 40℃以上时应重点核查并及时处理。蓄电池组红外测温温度超过 35℃以上时应重点核查并及时处理。配电屏/机柜红外测温温度超过 40℃以上时应重点核查并及时处理。

（六）蓄电池组充放电试验

新安装蓄电池组应进行全容量核对性充放电试验，容量应达到 100%；以后每两年进行一次核对性充放电试验，运行四年后每年进行一次核对性充放电试验，容量应达到 80%及以上。要求如下：

核对性放电试验采用带现有负载方式进行，一次只对一台 UPS 的蓄电池组进行放电试验。

放电前应先检查 UPS 电源工作状态，测量每节蓄电池单体电压，并做好记录。如有同一组蓄电池中存在单体异常的蓄电池时应先处理。

断开 UPS 的交流输入电源，使 UPS 进入蓄电池逆变工作状态。根据蓄电池组放电电流及蓄电池容量，预计蓄电池放电时间。每半小时测量一次单体蓄电池电压并做好记录。逆变过程中应确保单体蓄电池电压不低于额定电压的 95%（或蓄电池厂家规定的放电终止电压限值），若在预计的放电时间内发现任一节蓄电池单体电压低于放电终止电压限值，应停止放电试验，合上 UPS 的交流输入电源，恢复 UPS 在线整流逆变工作状态，然后再更换异常蓄电池。记录蓄电池组放电测试结果。

（七）蓄电池内阻测试

每年进行一次蓄电池内阻测试，要求如下：

内阻开路或内阻值大于整组蓄电池平均内阻值的 2 倍的蓄电池单体，应立即对单体蓄电池进行活化，如活化失败，应将该蓄电池退出或更换。

内阻异常的蓄电池单体数量超过整组蓄电池单体总数 6%时，需安排对整组蓄电池进行核对性充放电试验，对容量不合格的蓄电池应退出或更换。

【任务实施】

一、UPS 日常巡视

1. 危险点分析

本工作任务为 UPS 日常巡视，该工作任务的主要危险点及防范措施见表 5-4。

表 5-4 　　　　　　　　　　　　UPS 日常巡视危险点分析表

序号	危险点	控制措施
1	使用未经检验合格的万用表	工作前检查万用表检验有效日期
2	测量时未按照低压带电作业要求佩戴护目镜、棉纱手套，存在触电风险	工作前检查个人防护用品

2. 标准化作业卡编制

标准化作业卡是使得 UPS 日常巡视工作内容更加清晰明确，确保不漏项重要措施。本工作任务根据《国网福建省电力有限公司调度自动化系统 UPS 电源运行管理规定》编制 UPS 日常巡视标准化作业卡，见表 5-5。

表 5-5 　　　　　　　　　　　　蓄电池组充放电试验标准化作业卡

序号	巡视部位	执行完打 √	要求
1	整流器		（1）UPS 主机、配电屏应每日巡视检查至少一次，蓄电池组应每周巡视检查至少一次；
2	逆变器		（2）UPS 主机巡视检查内容应包括：整流、逆变、旁路
3	旁路回路		等运行指示是否告警（正常应工作在整流、逆变状态），负载率是否越限（不超过 35%），UPS 主机输入三相电压
4	告警指示灯		（±15%，相电压 187～253V，线电压 323～437V）、电流/
5	输入三相电压/电流		输出三相电压（±1%，相电压 218～222V，线电压 377～

续表

序号	巡视部位	执行完打 √	要求
6	输出三相电压/电流		384V）、电流、蓄电池直流电压及充放电电流是否越限；
7	负载率		（3）应检查蓄电池组运行环境：内容包括蓄电池通风、照明是否完好，温度是否处于正常范围；蓄电池室空调是
8	蓄电池室运行环境		否正常运行；进入蓄电池室前必须首先开启排风扇进行通风。检查单体蓄电池有无鼓肚、裂纹或渗漏现象，检查极
9	蓄电池外观		柱与安全阀周围有无酸雾溢出；
10	输入配电屏开关位置/运行灯		（4）应检查 ATS 电源输入屏的开关位置及指示灯，检查并记录输入市电的输入三相电压、电流。应检查 UPS
11	输入配电屏电压/电流		电源输出配电屏的开关位置及指示灯
12	输出配电屏开关位置/运行灯		

3. 材料工具准备

UPS 日常巡视应根据实际情况合理配置所需的工器具、材料。UPS 日常巡视工具、材料见表 5-6。

表 5-6　　　　　　　　　　　UPS 日常巡视工具材料表

序号	名称	单位	数量	备注
1	万用表	台	1	
2	绝缘垫	张	1	

二、蓄电池组充放电试验

1. 危险点分析

本工作任务为蓄电池组充放电试验，该工作任务的主要危险点及防范措施见表 5-7。

表 5-7　　　　　　　　　　蓄电池组充放电试验危险点及防范措施

序号	危险点	防范措施
1	使用未经检验合格的万用表	工作前检查万用表检验有效日期
2	测量时未按照低压带电作业要求佩戴护目镜、棉纱手套，存在触电风险	工作前检查个人防护用品
3	放电时，单体蓄电池异常	合上 UPS 的交流输入电源，恢复 UPS 在线整流逆变工作状态，然后再更换异常蓄电池
4	未确认已完成充放电试验的蓄电池组恢复到浮充状态即开始另一组蓄电池组充放电试验	在 UPS 主机或机房动力环境监控系统确认蓄电池组运行工况

2. 标准化作业卡编制

标准化作业卡是使得蓄电池组充放电试验工作内容更加清晰明确，确保不漏项、不误操作重要措施。本工作任务根据《国网福建省电力有限公司调度自动化系统 UPS 电源运行管理规定》编制蓄电池组充放电试验标准化作业卡，见表 5-8。

表 5-8　　　　　　　　　　　　蓄电池组充放电试验标准化作业卡

序号	操作步骤	执行完打√	注意事项
1	放电前先检查 UPS 电源工作状态		
2	放电前测量每节蓄电池单体电压，并做好记录		
3	断开 UPS1 的交流输入电源，使 UPS1 进入蓄电池逆变工作状态		
4	测算蓄电池组放电电流及蓄电池容量，预计蓄电池放电时间		
5	每半小时测量一次单体蓄电池电压并做好记录		放电时间为发现任一节蓄电池单体电压低于放电终止电压限值，应停止放电试验，合上 UPS 的交流输入电源，恢复 UPS 在线整流逆变工作状态，然后再更换异常蓄电池
6	合上 UPS1 交流输入电源		
7	查看蓄电池组恢复到浮充状态，开始另一组蓄电池放电试验		
8	断开另一组 UPS2 的交流输入电源，使 UPS2 进入蓄电池逆变工作状态		
9	测算蓄电池组放电电流及蓄电池容量，预计蓄电池放电时间		
10	每半小时测量一次单体蓄电池电压并做好记录		
11	合上 UPS2 交流输入电源		
12	检查两组蓄电池运行工况		

3. 材料工具准备

蓄电池组充放电试验应根据实际情况合理配置所需的工器具、材料。UPS 日常巡视工具、材料见表 5-9。

表 5-9　　　　　　　　　　　　蓄电池组充放电试验工具材料表

序号	名称	单位	数量	备注
1	万用表	台	1	
2	绝缘垫	张	1	